完美

教養手冊

1000 個育兒小提示字典

Perfect Parenting:
The Dictionary
of 1000 Parenting Tips

Elizabeth Pantley 著

黃詩殷・唐子俊・戴谷霖　譯

目 錄

譯者簡介

黃詩殷

現職：
　　高雄醫學大學學生輔導組專任輔導老師兼諮商心理師
學歷：
　　台灣師範大學教育與心理輔導所碩士
　　台灣大學社會工作系學士

唐子俊

現職：
　　高雄醫學大學附設醫院精神科主治醫師兼心理治療督導
學歷：
　　台灣師範大學教育心理及輔導研究所博士
　　高雄醫學大學行為科學精神醫學組碩士
　　高雄醫學大學醫學系學士

戴谷霖

現職：
　　高雄醫學大學附設醫院精神科研究助理
學歷：
　　屏東教育大學教育心理與輔導研究所碩士班
　　雲林科技大學技術及職業教育研究所碩士

譯者序

　　因為長期從事青少年藥物及心理治療，也接觸了許多社區轉介的個案，發現協助青少年最重要的契機，除了提供良好治療及學習環境之外，家庭教育是其中非常重要的一環。我在和青少年家長接觸的經驗當中發現，如果家長在孩童時期或青少年早期，就能具備教養的相關知識，以及做適當的調整，可以減少許多青少年成長階段的各種問題，甚至對於罹患精神疾病的青少年而言，適當的教養方式都可以讓治療達到更好的效果。

　　我們的治療團隊，一直以來已經整理了一系列青少年相關的治療手冊，其中有許多是提供給心理衛生工作人員作為訓練手冊。這些訓練手冊雖然家長也可以閱讀，但對於家長而言，除了因應孩子的心理、病理狀況之外，仍然極需要學習更多的基本行為問題的教養常識。如果有一本很容易了解，並且有許多提示「如何實際操作」的書籍，可以讓父母親隨時參考專業的建議，對於平時問題情境的處理也可以安心許多。這本《完美教養手冊——1000 個育兒小提示字典》就是這樣的一本書。

　　由於長期協助的個案，大多是具有適應障礙和心理疾病的青少年以及他們的家長，還有受到這些個案影響的學校同儕及輔導老師，當我細細閱讀這本書裡相關的行為問題處理技巧，覺得相當實用，甚至有些部分可以操作在調整心理疾病青少年的某些行為上。

　　在後現代主義的思潮下，沒有所謂「絕對正確」的教養方式，事實上，也沒有完美的教養方式。真正實用的教養方式，是建立在父母親和孩子問題的適配關係，也就是必須要根據孩子的屬性與情況，參考使用這本書裡的許多教養策略，再加上專業人員的諮詢，建立真正適合你的

孩子、個別化的教養方式，如此才是最完美的教養。謹以這本書，獻給認真投入教養工作的父母親、教育及心理衛生工作人員。期待早期的努力，會獲致將來更美好的結果！

唐子俊

高雄醫學大學附設醫院精神科主治醫師

作者簡介

　　教導父母親教養孩子的專家 Elizabeth Pantley，是 Better Beginnings 這家家庭資源與教育公司的總裁。Pantley 女士經常在學校、醫院和家長團體裡對父母親演講，而她的演說得到熱烈的肯定與回應。她也是電台節目的固定來賓，也經常被雜誌視為教養專家，例如 *Parents*、*Parenting*、*Working Mother*、*Woman's Day*、*Good Housekeeping*，以及 *Redbook*。她發行 *Parents Tips* 通訊，分發給全國的學校，她的前一本書是《孩子的合作：如何阻止孩子吼叫、發牢騷、辯解，而讓孩子願意合作》（*Kid Cooperation: How to Stop Yelling, Nagging and Pleading and Get Kids to Cooperate*）。她與她的先生 Robert，和三個孩子、祖母以及寵物們一起住在華盛頓州。她活躍於孩子的學校以及體育活動當中。Pantley 女士同時為教育諮詢委員會服務，也是學校的家長會會長。

前言

　　這麼多年來，我自己扶養八個孩子長大，而且在小兒科工作經驗中，提供父母親諮詢也給予許多建議，並且也已出版二十三本教養孩子的相關書籍。在教導孩子的過程中，我自己也同樣學習到很多，我發現其中一個教養的難題就是：當想要解決某一個問題的時候，常常出現許多兩難的情境，而且這樣的情況會不斷重複發生。這種兩難的情況通常是：在我們面對孩子出現的行為問題以及想要去管教的同時，常常很難決定到底要採取怎樣的管教行動才是正確的。

　　在我和父母親的對談當中，有一類的問題很常被提到：「當我的孩子回嘴……打他的妹妹……不合作的時候……我應該怎麼辦？」父母親常常想要找到解決問題的正確答案，但是找到某一個問題的正確答案時，卻無法解決另外一個問題，這會讓他們不斷的感到挫折。

　　Elizabeth Pantley 是一個教養方面的專家，他對於你們想了解的每個問題，都提出許多重要的想法，也對於很多實用的主題提供了實際建議，這些想法與建議，幾乎可以包含在教養兩難情境中的所有答案。這本教養書籍設計如字典般簡單，讓身為父母的你在面臨兩難情境時，可以查閱並且整理書中所有建議，選擇最適合你的孩子以及當時情境的方法，從而找出問題的解決之道。如果所採取的方法無效，你還可以在這本書中找到許多其他的方法。

　　《完美教養手冊——1000 個育兒小提示字典》這本書，可以提供你需要的各種方法，讓你在教養孩子上更有信心。這本可以隨時拿來參考的書籍，將會成為你家庭生活中不可或缺的一部分。

William Sears, M. D.

Sears 醫師是美國當代相當受到敬重的小兒科醫師，他和他的太太 Martha Sears 擔任父母親諮詢工作已超過二十年的時間。他們常常出現在全國的電視媒體上，而且提出的見解常常被媒體引用，同時也出版過二十三本有關教養的書籍，包括《教養手冊》（*The Discipline Book*）、《注意力缺乏手冊》（*The A. D. D Book*）、《嬰兒手冊》（*The Baby Book*）、《懷孕手冊》（*The Pregnancy Book*）……等。至今，William 和 Martha Sears 是八個孩子的父母親，而且已有了三個孫子。

致謝

　　我非常感謝許多人，也因為他們給予我充分的支持，而能出版這本書。

　　我希望能在此表達我最真摯的感謝：

1. 在當代書籍裡，Susan Schwartz 是一位兼具洞察力、耐心與智慧的編輯。

2. 在 Meredith Bernstein 文學機構裡的 Meredith Bernstein，是一位活力充沛且充滿熱忱的經營者。

3. William Sears 醫師，是一位提升了數百萬為人父母生活的不平凡者，也造福了我自己。

4. Susan Beekman、Janice Boyles、Joan Comeau、John Devine、Tamara Eberlein、Len Fellez、Peter Herbst、Rona L. Levy、Kathy Lynn、Katey Roemmele、Connie Schulz 等，這些人相信這本書中呈現的所有概念，將會對家庭有很大的幫助。

5. Barbara Quick，是一位讓我有所領悟並引導我走向正確方向的朋友。

6. 對於 Michelle Feldman 和 Renée Strumsky 我一生之中無可取代的姐妹情誼，在此表達感謝。

7. Dolores Feldman，我的母親，真誠感謝妳讓我了解，愛是妳能給孩子最重要的禮物。

8. Angela Pantley，我珍愛的女兒，她啟發了我對許多事的樂趣，以及讓我感受到當母親的驚奇，並且教導我許多生活中出乎意料的事。

9. Vanessa Pantley，我可愛的女兒，她柔和的姿態和心靈為我的生活帶來了音樂、歡笑以及平靜。

本書介紹

什麼叫作完美的教養？

「完美的教養」就是「有計畫的教養」，是依照計畫去採取行動，而不是臨時的反應；需要根據知識而不只是靠運氣，要經過仔細考慮而不只是被孩子激怒，並且也需要運用一些常識。

就好比「完美的婚姻」，這句話並不是指夫妻雙方都是完美的人，因此，「完美的教養」並不表示父母親有可能達到完美，或者是盡力去追求完美。「完美的教養」指的是一個過程，父母親不過是凡人，也會有缺點和弱點，但他們盡自己最大的努力，教養出有能力、負責任且快樂的孩子。

這本書集結了許多想法，就好像一本字典一樣，它是想激發你去找出許多教養當中的正確答案，以及如何解決家庭裡的教養問題。它代表著你是可以有很多選擇和方法的，藉由這些選擇與方法，能幫助你進一步思考教養孩子的方式。

請先閱讀這個部分！

教養孩子是一個非常複雜的工作，很多時候，父母親或照顧者都需要接受一些幫忙，而且也會多一些創新的想法，這本書將這些想法彙整在一起，協助你處理每天當中孩子可能會發生的問題。你可以在書中找到一些實際執行的方法，而且了解某些基本常識和解決方案，也會讓你的生活更加輕鬆。

你必須從現在孩子常出現的問題或議題上，在書裡找到一些想法與

建議，因為每一個孩子都是不同的個體，加上父母親也各是不同的個體，因此沒辦法將固定的模式用在所有人身上。我建議你可以將書上列出的方法都看過一遍，花幾分鐘來想想到底哪些方法比較合適，將這些建議稍微做一些修正，再運用在自己家人身上，接下來要勇敢的多嘗試幾種方法，直到找出問題的最佳方法為止。

如果要讓你的孩子比較容易被管教，要記住！必須遵守某些重要的原則，不論你採取什麼方法，都必須要遵守這些原則。我稱這些方法叫作「完美教養的關鍵」。

完美教養的關鍵

 掌控全局

當你的孩子沒有意識到你才是能掌控全局的人，所以即使只是很小的問題，也會讓你很頭痛。通常你對於這樣的狀況，第一個反應是：「可是孩子應該知道誰是家裡做決定的人」，你心裡面以為他們很清楚知道，但是有很多我們傳遞訊息的方式可能讓孩子感到很混淆。這些建議將可以協助你找出一些方法，並且做某些改變。

第一個掌握全局的方法就是：孩子需要先經過你的同意才能做某些事，並且開始訓練孩子遵守你的要求。

如果有了這種穩固的基礎，你才有可能建立起充滿愛與信任的親子關係。而且更重要的是，如此才能夠引導孩子長大後，能擁有健康的價值觀、智慧以及各種生活技能，這些特質需要由強而有力且充滿支持的父母親來促成。

 告訴他們該怎麼做，而不是拜託他們

有一個父母親常犯的錯誤是，拜託孩子去做事而不是告訴他們該怎麼做，你對於孩子提出要求時的說話內容，將會影響孩子決定是要當耳邊風聽聽就好，還是一定要做到。

當你希望孩子去做某些事或者不要做某些事時，必須要說得很明白而且具體，才不會讓他們有所混淆。

我們來看看以下這兩種說法有何不同？

聽聽就好，可做可不做	一定要去做
有沒有誰很乖可以去整理一下客廳呢？	史蒂芬，請你把玩具放到遊戲間裡。艾美，請你將盤子收起來放在洗碗機裡面。
孩子們，你們不覺得這是該上床睡覺的時間了嗎？	已經八點鐘了，應該要關掉電視，並且換上睡衣。
我很希望你可以趕快下來。	這是不應該爬上去的地方，請你馬上下來。
把你的東西整理一下好嗎？	請你把自己的背包、外套、鞋子收起來。

 只要你說出口，就真的是這樣想，第一次就要這樣

有些父母親常會一次、兩次、三次，不斷地重複自己的要求，後來才真的去看看孩子是否有遵守要求。你有認識這樣的人嗎？很有可能你很親的朋友家人也都是這樣做。

孩子腦袋裡都有一個雷達，可以偵測出爸媽是否**真的**這樣想，或者爸媽只是說說而已。有些父母親心裡面**真的**是這樣想，但是要求了很多次孩子都沒有這樣去做，結果常常是父母親漲紅了臉、身體緊繃，開始大叫孩子的名字，並且張牙舞爪的握拳，最後敲桌子發出聲響，然後才說：「你們最好給我聽清楚，我這次是來真的。」

讓自己能夠嚴格遵守自己所說的話，第一次就要這樣。這個意思是說，當你清楚說出自己的**要求**是什麼時（見關鍵二），你就需要採取行動。例如，當你叫你孩子從院子裡回來，而他沒有立即回應的時候，你就必須放下手邊的工作，走到院子裡抓住他的手，並且說：「當我叫你的時候，就是要你馬上過來。」

這種行事風格就是：只要證明自己一次或兩次，孩子就會了解，當你說的時候就要這麼做。第一次就要這樣執行（當比較大的孩子已經學會可以先忽略你幾次，而不會被提醒或被指責時，他們會越來越相信，你不會真的改變。你的孩子還是**可以**經由學習重新相信，當你這樣說的時候就會真的這麼做。好好把握機會執行並且持續保持一致的態度，這絕對值得你多花一些力氣去做）。

 表達要簡潔也要具體

很多父母親都有「說教嘮叨症」這種毛病，最常見的症狀就是：情緒化的重複說一些句子，而且一直重複孩子早已熟悉那一成不變的音調，不斷重新播放著，這些都是症狀。例如，當你客氣的要求孩子上樓準備睡覺，半個小時之後卻發現他們還在打枕頭仗，這些有說教嘮叨症的父母親就會這麼說：「我半小時前就已經叫你們上樓開始準備睡覺了，你們卻沒有這麼做，現在已經八點了，而且明天還要上學，**為什麼我每天都得要一再地重複**，難道你們不能夠自動自發，非得要等到我生氣了才去做，而且為什麼房間這麼亂，難道你們不能……」（你會不會很好奇為什麼這些孩子會翻白眼？）

對於這種令人害怕的毛病，解決之道是必須要減少說教，也就是說，必須要描述得更具體化，而且用比較簡短的字句來提出要求。即使當孩子剛開始忽略父母親比較客氣的要求，這種可怕的說話方式可以被轉換成另外一種說法：「孩子們，八點半了，馬上換上睡衣。」就如同你看到的這個十分簡潔扼要的句子，不但更容易理解，而且真正的好處是加倍的。你的孩子會更常對於這種簡短、具體的要求，採取合作的態度，而不是冗長的說教；而且這種簡短的方式也更加好玩、更容易做到。

 不要被嘮叨、抱怨和壓力打敗

許多父母親剛開始的做法是對的，但是對於特別頑抗的孩子卻無計可施。當孩子運用用不完的能量，並且學會了特殊的能力來試探父母親

的弱點，通常會導致大災難。

如果你是孩子的父母親，應該會有很多次孩子並不喜歡你所做的決定，當孩子抱怨和嘮叨並且想要說服你的時候，更加證明你所做的決定是正確的，而且更加是一個癥兆，就是你需要開始和孩子保持一點空間，並且讓他們知道，即使他堅持不改變，你仍然不會放棄自己的立場。

父母親最重要的目標，**不是讓孩子時時刻刻的保持快樂**，父母親的責任就是要養育孩子成為有能力、負責任的人。孩子一定會很常對於你的決定感到不高興，通常這就表示你做的決定是正確的。我們的手邊已經有許多豐富的訊息和知識，而且比我們父母親的那個年代所有的訊息還要豐富許多。我們要好好善用這些知識和訊息，經由閱讀和思考，並且對於你的行動充滿信心。

 可以給予選擇；多問他們問題

所有孩子的主要目標都是要成為獨立的人，父母親並不需要去對抗這個自然成長的過程，而是應該要聰明的好好利用這個特色。

例如，我們來看看孩子相當常見的問題就是：臥室弄得亂七八糟。父母親有權利期待自己孩子的房間是整齊而乾淨的。父母親的最典型錯誤，就是要求孩子要清潔房間，並安排配合**父母親**的時間表以及**父母親**特定的要求。孩子典型的反應就是，壞脾氣完全爆發出來，然後會點燃父母親的一頓發怒，最後導致了一大堆憤怒以及仍然亂成一團的房間。

比較好的選擇就是：引導孩子做決定的技巧，並且使用他們本身的慾望來控制自己的房間和生活。父母親可以提出好幾個仔細想好的選項讓孩子去挑，例如，「你希望今天放學之後清理房間，或者希望明天打完棒球後再整理？」另外一個選項就是，「你比較希望先做哪件事：先換床單還是先用吸塵器吸地毯？」還有另外的選擇也可能是，「你希望自己能夠整理房間，還是我要在旁邊幫你？」我們很清楚的可以看到，孩子對於這些選項會有比較好的回應，而不是父母親說：「馬上整理你的房間：立刻去做！」

另外一個處理這個事情的方法是：經由問問題並且引導孩子自己想

出解決的方法。因此你可以這麼問：「我發現你的家庭作業丟在房間的很多地方，如果你自己設計一個放家庭作業的位置，是否會比較容易整理家庭作業？我該如何做來協助你解決這個問題？」

另外一個例子就是：和孩子花時間討論這個議題，並且詢問他的想法。「我知道你房間混亂的情形不會干擾到你，但是我卻發現很難幫你換床單或幫你整理衣服去洗。你能幫我想出一些解決的方法嗎？」

就如同你所看到的，這些技術可以讓父母親有許多的不同方式，用來鼓勵孩子投入問題解決的過程。

 ### 使用一些規則以及常規的規定

合唱團、家庭作業、吃飯時間、睡覺時間以及早上出門，這些就是我們生活組成的內容，如果你有非常具體的規則以及常規的生活方式，你就可以發現，這些事情可以運作得很好。如果沒有具體的規則，則會顯得一片混亂。一個家庭值得花時間來建立整個家庭的優先順序、規則，以及日常生活常規的時間表。

這個關鍵的第一個部分，還需要更多的時間思考，你必須要先坐下來並且花時間來仔細回想一天做了哪些活動，然後你需要開始排出事情的優先順序，還有哪些對你的家人是最重要的。一旦這麼做之後，每個主要的任務就會有相關包含的步驟以及各種圖表，例如早上的常規活動、下課以及睡前的常規活動，請你去買一個大的月曆並且貼起來，讓所有的家人都知道有哪些家庭的活動以及要求他們投入（這個部分能夠讓家庭當中的成員比較有組織的生活在一起，而且對於協助孩子也有很大的幫助）。

這個關鍵的第二個部分就是，評估你對孩子的期待是什麼。列出一系列的規則，而這些規則必須要能找出兩件東西：哪一些是**不是**被允許的，哪一些是被鼓勵的。換句話說，如果家規規定不可以打架，這只是這個方程式當中最剛開始的部分而已。「對其他人要保持和善和尊重」就可以清楚的來傳達這個概念。

當每一個人都知道你的期待，就會發現對你的抱怨和嘮叨越來越少，

這些孩子會越來越合作。

 建立愛、信任和尊重的基礎

　　想像你被邀請到朋友家吃晚餐，你的朋友在門口迎接你，然後你走進他們家中。突然你的主人大叫：「你是怎麼搞的！你的鞋子都是泥巴，而且把我的地毯弄髒了！」你覺得很不好意思，並且小聲的說「對不起」，然後脫掉你的鞋子。當你這麼做的時候又發現襪子上破了一個洞，而你的朋友又說：「嘿！你來之前都沒有想過來別人家吃晚餐要穿整齊嗎？你看起來像一個沒水準的人。」當你坐到餐桌旁，你的主人敲著你的手肘並且小聲的說：「不要碰到我的桌子。」而晚餐的對話主要是你朋友講到昨天晚上他邀請了其他朋友來吃晚餐，他們的儀態多麼的令人喜愛，而且襪子也沒有破洞。而這個故事正好也配合了你的朋友忍不住偶爾矯正你的餐桌禮儀。當你吃完晚餐後，剛站起來卻又聽到朋友說：「如果有人願意協助我整理餐桌該有多好。」

　　我相信現在你已經看懂了我的故事。許多父母親對待孩子的方式，是他們絕不可能用這種方式來對待一個外來的朋友。如果想要努力的教養出尊重別人的孩子，他們會不能了解正在傳遞給孩子的訊息，讓人並不愉快，而且好像只有重視目標而忘記過程該注意的事。

　　仔細的來觀察每天和孩子的互動。先確認給他們主要的訊息是，「我愛你，我信任你，而且我尊重你。」當孩子被愛、被信任，以及被生活當中重要的大人尊重時，他們就會顯得有信心，而且會用比較快樂的方式來做回應。

　　你要如何讓孩子收到這樣的訊息？第一，能夠給他們最想從你身上得到的：就是你花時間陪伴他們。每天給他們一小段時間，會比一個月給他們一大段高品質的相處時段還要好。第二，仔細的傾聽他們。當有人認真的去聽他們在說什麼時，孩子就會更加的努力。不論是給他們忠告或是解決問題，都比不上只是去傾聽他們來得重要。第三，每天稱讚以及鼓勵你的孩子。不論是大或者是小的理由，都要給你孩子正面的回饋。第四，告訴他們你愛他們，告訴他們你信任他們，告訴他們你尊重

他們。用你的話以及你的行動來傳達這個最重要的訊息：「我愛你，我信任你，而且我尊重你」。

 先思考，然後採取行動

如果先行動然後才思考，就是教養方式最糟的時刻。有些時候你會失去耐心，而這些可怕的時間你會開始尖叫、怒吼甚至開始打他們。這些情況常常發生在父母親還沒有準備好要擔任起教養的工作。

沒有人天生就知道如何擔任父母親，我們可以用全心全力來愛自己的孩子，但是卻沒有天生具備這樣的基因能夠讓我們知道，或者採取本能的知識，對孩子行為不檢要採取哪些正確的反應；我們也不是自動化而不用學習的知道，如何來解決孩子每天教養的問題。

我們不是碰運氣要學到完美的教養方式，這是一個需要花時間、思考並計畫的過程，才能決定每個問題要採取的最好解決方式是什麼。

我認為不論是多有技巧的廚師，都沒有辦法不經由任何的指導、食譜以及不知道任何的原料，就能在廚房裡創造出四道菜的餐點，以及五星級的甜點。如果一個人可以藉由閱讀一本最佳的廚藝手冊，並且到附近的雜貨店看看，就能增加你完成一道美味菜色的機會。如果你能夠常常運用這些概念以及解決的方案來處理教養上遭遇的問題，同樣的方式你也可以成為一個更成功的父母親。

《完美教養手冊──1000個育兒小提示字典》提供了很多的想法，來當作你的指導手冊。這本書可以當作你的基礎，當你遇到教養的問題時，可以提供更加深思熟慮、針對問題的解決方案。當你遭遇到挫折的情境，或者家庭生活中出現難題，從問題的角度花時間來看看這本書所提供的想法，其他類似的情形都可以採取這樣的方法。仔細的整理這些想法，並且調整符合你的教養方式，還有如何配合不同孩子的個性，並且注意在什麼樣的情況下會產生效果。然後開始為行動做計畫，一步一步做下去。

請你好好的享用這本充滿許多知識的手冊所帶來的好處，請你在採取行動前先思考，並且好好的享受完美的教養方式所帶來的好處。

完美教養手冊

A

零用錢

請參考：◆家務事，金錢和家務事◆金錢

情境

應該給孩子零用錢嗎？應該給他們多少呢？是否要視他們做家事、表現與行為而定呢？

思考

零用錢的目的在於教導孩子如何處理金錢。他們能從早期經驗中學會如何決定金錢的運用方式，從小額的金錢以及單純的決定中學習。孩子從幼稚園階段開始了解到金錢的意義和價值。給孩子這個學習的機會，將來等孩子長大後，成為銀行戶頭空空卻有一大堆信用卡的成年人，這樣的機會少得多。

解決方法

1 最好不要將零用錢與做家事綁在一起。如果這麼做，總有一天孩子將不再需要或不期待你給的零用錢，因而能技巧性的避開做家事。當你的孩子說：「爸爸，我這個禮拜不想要零用錢，所以我將不會洗碗和倒垃圾。」這時你該如何回應呢？（請見「家務事」）由此，不禁讓人擔心把零用錢與行為表現綁在一起的結果。

2 給孩子多少零用錢呢？除了你**必須**給孩子多少之外，更重要的是孩子有哪些金錢上的**需要**。孩子是否在學校買午餐、學校用品或衣服呢？或者零用錢純粹是給孩子「口袋中的零用錢」呢？孩子是否有其他的金錢來源，例如其他親戚？一個不錯的想法是：要給孩子足以支付其必要花費的金額，再加上少數其他多餘的部分。

3 協助孩子做出預算表，討論一連串花費、短期存款及長期存款金額。要求孩子如果他想存錢買某種想要的物品時，先了解該物品的價錢，再將總價分割成他每週（或每月）能省下的金額。做一個圖表顯示出達到目標中的過程，並且慶祝成功！

4 讓孩子開一個存款帳戶，參考銀行針對孩子提出的特別方案，通常這些方案包含一些簡訊通知以及特別的誘因。比較選出最佳方案，鼓勵孩子訂立存款的目標，以及計畫當目標達到的時候，如何給自己一些獎勵來慶祝。

5 如果孩子已經讀國中或高中，那麼可以讓孩子自己將零用錢直接存入他個人管理的帳戶。如此可以給年輕人學習到如何使用以及管理銀行帳戶。首先，偶爾檢查一兩次並且教導他如何平衡收支；經過一段時間，他將學會如何管理帳戶。一個重要提醒是：直到父母已經確信孩子可以處理並肩負責任之前，這個帳戶必須以聯名開戶，每個月也要與孩子一起檢視帳戶的狀況。

零用錢以及增加零用錢

請參考：◆家務事，金錢和家務事◆物質化◆金錢

情境

我的孩子希望增加零用錢。我如何決定是否要增加他的零用錢？

思考

　　當你的孩子要求更多的零用錢，答應或不答應是很容易的，只要使用這個難得的機會給孩子上一堂金錢課程。

解決方法

1 要求孩子將需要用的預算項目列出，也要將需要增加零用錢的理由一併寫上。如果孩子能夠表達出的要求是合乎邏輯以及經過合理充分思考的，這就表示是孩子可以擁有更多零用錢的時候了。

2 要求孩子創造出他們願意做的「額外工作」，這個應該是日常家事以外的其他工作，例如當保母照顧年幼的家人、負擔父母其中一個的例行家務（例如洗衣服），或針對父母的工作內容提供服務（例如打包、分類或裝訂）。

3 建議孩子在家庭以外尋找工作，幫鄰居工作是孩子剛嘗試工作很適合的環境，例如洗車、庭院除草、當保母、打掃房子、照顧寵物、遛寵物等（鄰居通常很願意讓孩子做這些工作）。

4 孩子常拿到很足夠的零用錢但卻沒辦法好好管理支配金錢。幫助孩子建立預算表以及教導如何計帳，如此才能記錄與監控花費。

憤怒，孩子的憤怒

請參考：◆爭執，和父母親爭執◆頂嘴◆不尊重◆吵架◆恨意，表達恨意◆惡形惡狀◆教導如何尊重他人◆自我價值感低◆兄弟姐妹間的爭吵

情境

　　我的孩子無法控制他生氣的情緒，憤怒時會用言語和肢體猛烈攻擊他人。

思考

　　作為一個教育父母親的人，其中一個我最常講的主題是「了解與管理你的憤怒」。試著問自己：「假設數百位成人都參加了憤怒管理課程，你如何能期待孩子只靠自己學會如何去控制情緒？」

解決方法

1 避免用憤怒去回應孩子的憤怒，你的憤怒將會使孩子的情緒發酵擴大，寧可先控制自己的憤怒（請見「生氣，父母親的生氣」）。以平靜、溫和的聲音回應孩子。你將較能引導孩子的行動，並且也示範了你希望在孩子身上看到的行為。

2 你的孩子需要學習到雖然憤怒的情緒是正常的，但是處理它們的方式是有能被接受以及不能被接受的。你可以藉由了解他生氣的原因幫助孩子了解這一點。通常，只要讓孩子知道你了解他的感覺就能讓他平靜下來。舉例說明，如果你的孩子因為哥哥沒問他就把腳踏車騎走而生氣，因此他正在吼叫和咒罵？請你平心靜氣的去了解他生氣的原因，並且說些話像是：「我知道當艾瑞克斯沒有問就拿走你的東西，這很讓人挫折」，當他在思索如何回應你時也讓孩子發脾氣的行為暫停下來。下一步，問一個問題去引導孩子做更正面的思考：「你覺得你要如何做才會讓他記得要先問過你？」如果他的回應還是很生氣，提醒他以更正面的思考：「生氣無法處理這個問題，你怎麼想呢？」陪在孩子身邊並且引導他找出解決方法。

3 如果孩子的情緒已經失控了，立刻制止他並且把他送回自己的房間冷靜下來。不要試著在孩子情緒反應最激動的時候處理問題。稍後，當他平靜下來，花時間讓他了解，尤其是他做了什麼是你並不允許贊同的。透過溝通與孩子約定，讓孩子計畫在未來如何避免出現這種行為。

4 跟孩子談他生氣這件事。告訴他學習如何控制自己的脾氣是一件很重要的事。建議他要學的第一件事就是學會在行為失控或口不擇言之前控制好自己。預先讓孩子知道，下次當他脾氣爆發時，你將會協助他，要求他回到自己房間去冷靜下來。告訴他當他被要求時沒有立即回房間，他將喪失一天休閒時間的權利，例如講電話、看電視或者和朋友們玩。

5 幫你的孩子發展出一個「生氣控制計畫」。選一個安靜的時間，和孩子討論關於生氣這件事，腦力激盪出一連串當他感覺自己失控時他所能做的清單。例如，他可以戴上耳機聽音樂、到外面丟籃球或者沖個澡。讓他將一些方法寫在表格裡並且放在唾手可得的地方，當他使用這些方法時要鼓勵和支持他。你可以選擇一個關鍵詞，讓他知道他現在情緒失控並且需要冷靜下來。你和孩子在對話中能使用一個詞代表暫停，以及給孩子一些時間去整合自己。

生氣，父母親的生氣

請參考：◆爭執，和父母親爭執◆合作，不合作◆不尊重◆打斷◆傾聽，不願意傾聽◆教導如何尊重他人

情境

我發現自己太容易對孩子生氣。我沒有辦法控制自己：他們真的很容易碰觸到我容易生氣的點。當他們刻意的不願意聽我的話，或者很不尊重我的時候，我常常會情緒失控，我將如何控制自己的憤怒，尤其是在孩子行為不當的時候，那種快把我逼瘋的憤怒該如何處理？

思考

真的是孩子行為不當讓你生氣嗎？或者是你對孩子行為的看法造成你生氣的感覺？這裡有很大的差別。第一個問句暗示著你沒有辦法控制

自己的情緒和行為。第二個問句則是表示只要改變你的觀點就可以改變你對他們的反應方式。

解決方法

1 讓你和惹你生氣的孩子之間有些許空間。當你覺得越來越生氣，可以暫時把你的孩子隔開，或許暫時把你自己留在原地。幾分鐘過了之後，一旦離開了惹你生氣的來源，就可以讓你的情緒穩定下來到足夠理性的程度來探討這個情境。如果在很生氣的時候，是不可能解決事情的。如果花一點時間來穩定自己的情緒，然後從你孩子的優點和強項來和他們溝通，你就會覺得好很多。

2 藉由閱讀或者是上課來學會孩子的發展過程。如果你孩子當前的行為是符合他的年齡而且是正常的，一旦學會這些知識之後，對這些行為就不會有那麼強的反應。令人訝異的是，許多孩子的發展過程都很像，只要知道你自己的孩子對於某些事情典型的反應是什麼，你就可以用比較客觀的方式來衡量這些議題。

3 如果你的憤怒會讓你直接對孩子發洩出來，你就有必要學會如何控制自己的暴怒。一種創造性的解決方法就是，將你身體的反應調整成為用力的拍手！嚴格來說，就是當你想要打人的時候，開始用力的拍自己的手、大大的拍手、很用力而且很快的拍手，而且用來當作表達憤怒的方式。現在馬上試試看，假裝你很憤怒，兩手用力拍在一起，並且告訴你想像中的孩子，你到底有多生氣。你會發現，除了讓你快要爆發的憤怒得到紓解，對孩子來說也是很清楚的訊號。

4 採取行為而不是過度反應。花一點時間來思考讓你生氣的是哪些事情，將這些事情一起列出來成為家庭的規則。仔細的衡量打破固定的後果有哪些，很清楚的表達對自己孩子的期待，預先決定到底要用哪些方法來訓練他們的紀律。如果你有預先計畫，在孩子行為不當的時候你比較不會失控。

5 當你發現自己的手已經擺到孩子身邊時，並且開始用力搖他們的
時候，一定要將自己的手抱住他們，並且去愛他們，給他們一個
擁抱。如果可能的話，最好站在一個鏡子前面或者是一個落地窗面前來
做這個動作。經過幾分鐘的安靜之後，而且你又擁抱自己的孩子，常常
會將你憤怒的情緒穩定下來，並且取而代之的是強烈的愛。

有益的閱讀

■《孩子的合作》，Elizabeth Pantley 著
第七章，「為什麼我會這麼生氣？我要如何停止生氣？」
■《當憤怒傷害你的孩子》（*When Anger Hurts Your Kids*），Matt-
hew McKay 等著

道歉

請參考：◆儀態，在家的儀態◆儀態，公開場所的儀態◆教導如何尊重他人

情境

當我的孩子傷害到別人或者是做錯事的時候，他都不願意道歉。

思考

孩子不是天生就知道要如何道歉的：道歉是一個要學習的技巧。大
部分的孩子在行為後都會覺得有罪惡感或做錯事，但是有些人要說出口
會覺得很尷尬或者很困難。

解決方法

1 教導孩子如何道歉是有幫助的。如果你的孩子丟棒球打到其他的
孩子，就應平心靜氣的對他說：「我知道你不是故意的，但是必
須要有禮貌的說：『我很抱歉把球丟到你，你還好嗎？』」

② 教導你的孩子採取行動比口頭說說還來得有效。如果你的孩子聳聳肩看起來卻不誠懇的說「不好意思」，應客氣的矯正他的行為，並且對他說：「你的弟弟已經在哭了。如果可以把你的手搭在他的肩上，並且說『很抱歉我傷害到你』，這樣做就會很好。」

③ 教導你的孩子如何在說了「我很抱歉」之後，再做一些修補的動作。例如，如果孩子丟了一個玩具而傷到其他孩子，鼓勵他們跑到房子裡面，去拿冰敷的東西來幫忙受傷的人消腫止痛。如果你的孩子打破了兄弟姐妹的玩具，可協助他們把這些玩具重新黏好。

④ 如果你的孩子仍然頑固的拒絕說「我很抱歉」，你可以經由引導他們的行為，讓他們知道應該對這個問題負責到什麼程度。「凱雅，一直到你讓泰莎覺得好一點的時候，你才可以繼續玩。在她還沒有覺得好一點之前，請你回到你的臥室隔離，暫時不能出來玩。」

⑤ 將你想要教導孩子的行為示範給他看，孩子經由你的示範能夠學習最多。

! 如果你的孩子仍然繼續行為不當，仍然沒有覺得罪惡感或覺得自己做錯事或傷害別人，最好的方式就是：將這個議題和家族治療師或者諮商師討論。

爭執，和父母親爭執

請參考：◆頂嘴 ◆不尊重 ◆打斷 ◆教導如何尊重他人

情境

我知道我的孩子長大會成為律師，當他被要求做某件事的時候，總是爭辯不休。當他被要求停止做某事的時候，總是會堅持自己的權利。當我告訴他不可以做某件事的時候，他總是會抗議。對於我們訂出的所

有規則,他總是有意見,我要如何停止這樣的情形?

思考

需要兩個人才爭辯得起來,你的孩子自己爭辯不起來,這叫作「自言自語」。

解決方法

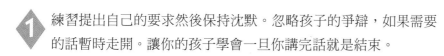

1 練習提出自己的要求然後保持沈默。忽略孩子的爭辯,如果需要的話暫時走開。讓你的孩子學會一旦你講完話就是結束。

2 只要還是保持在尊重的態度,有時候可以讓你的孩子把話說完。我們常聽到的敘述,例如:「為什麼我必須要這樣做?」不需要給答案,也不需要要求某人做什麼。有時候孩子的這種爭辯不休實際上的意思是:「因為我必須要做,我還是會去做,但是我不喜歡。」

3 某些孩子的確喜歡針對某些議題和人爭辯。如果你的孩子喜歡這麼做,設立一些規則:到底在什麼時候還有哪些議題可以拿來辯論。例如不可以提高語調、不可以罵人、要安靜的傾聽其他人的觀點。這個行為能夠提供日常生活如何談判的良好練習機會。再者,你的孩子必須要了解哪些事情是**不可以**爭辯的。有些事情是父母親才可以下決定,當某些事情不能被辯論的時候,可以給他們一個標準的回答方式,例如說:「這件事沒有辦法開放討論。」

4 訓練自己提供孩子選擇的習慣,而不是給予命令。一些好辯的孩子比較沒有機會練習由你提供選擇的方法。例如,先不要這樣說:「去做功課,馬上去做!」而對他們提供一些選擇,例如,「你想要先做功課或者先洗盤子?」(如果回答是我都不要做,你可以親切的微笑並且說:「那不是其中的一個選項,你要先做家庭作業還是先洗盤子?」)

不希望繼續上體育課或者去運動

請參考：◆不喜歡參與運動及活動

情境

我的孩子在學校有排體育課，但是後來又不想去參加，而且也不想練習。幾堂課之後，他希望再也不要去上課。

思考

第一個步驟就是要決定是什麼原因讓他不想去上這些課。你可以經由和他們談一談、和教練談一談，或者去觀察他上課以及玩遊戲的情形。可能有一個以上的原因。對於下面每一個原因都整理出他的解決方法。

解決方法

1 **孩子沒有學會運動的技巧。**通常孩子希望加入一個運動的隊伍，主要是因為他喜歡看電視上的棒球，而且喜歡和同學在公園裡打球。一旦他們加入一個隊伍，卻發現比賽比他們想像中的還要難，而且還沒有具備打好球的技巧。練習就是一種調適的態度，而他們卻想要逃避練習。向你的孩子解釋需要花時間，並且經由練習才可能表現良好。而且課程才剛開始，他必須要好好保握這個練習的機會。和他達成協議，就是在課程當中他要盡力（或者一定要練習至少到多長的時間才夠）。在達到這個協議的時間之後，他可以繼續練習，或者是停下來繼續去做其他的事情。將你們之間的協議寫下來並且貼成海報，通常孩子在比較短的時間、一定的時間長度，可以掌握得不錯，而且在這段時間的練習之後，也能夠學會適當的技巧來從事這項運動，之後他就可以有更好的條件來決定自己是否要繼續下去。

② **孩子覺得不好玩。** 有時候直接投入這個活動並不像他們想像中那麼好玩。所以第一步必須要確定教練或老師和自己的孩子是否搭配得起來。如果個性上有很大的衝突，值得考慮是否要換教練。如果孩子沒有辦法達到這個隊伍的技術水準，他就沒有辦法趕上練習的進度，也就得不到樂趣。如果這些情況都沒有問題，你可以帶孩子去看職業級的比賽，或者某些年齡比他大好幾歲的孩子所從事的比賽，來增加他的興趣。另外一個增加孩子投入活動的方法，就是在家裡有足夠的設備可以做悠閒的練習，而且要花時間和自己的孩子一起玩這個遊戲或活動。不要像正式比賽那樣的有壓力。

③ **運動花掉了太多時間。** 大部分體育活動需要父母親和孩子共同投入許多時間。如果孩子參加了一個以上的活動可能會花掉他們認為負擔太重的時間量。最好的方式是，專注在一個課外的活動上，而且一次只有一種，這樣孩子才有時間在運動完後，可以去做自由的、非結構的遊戲。

④ **孩子覺得太有壓力。** 第一次參加一個隊伍的比賽，可能對孩子來說有困難。如果孩子表現得不好，尤其顯得更加困難。其中一個解除壓力的方式就是：整個隊伍一起歡呼，而不是針對某個人給予掌聲，例如：「加油，紅翅膀隊」。另外一個方式就是：將焦點放在他們的努力、技巧和技術，「揮棒揮得好！做得太好了！」如果孩子並沒有要求你對於如何表現更好給予建議，就不要給任何意見。將這個部分讓教練去做。在比賽失敗後，觀察你自己、其他父母親及孩子，加上教練，是如何反應。學會去看這件事的正面，並且說：「這麼努力的感覺真棒！」聚焦在某些比賽當中表現很好的細節。找出額外的時間在家裡或在公園，重新來玩一場休閒式的比賽，這樣你的孩子才能夠享受這個歷程，而不需要擔心誰輸誰贏。

缺乏運動精神

請參考：◆競爭◆失敗

情境

我的孩子在輸掉遊戲後感到極度的不舒服。他踱步、抱怨以及因失敗而責備每個人與每件事。

思考

在孩子的一生當中，可能會經歷很多他無法取得勝利，或者事情並不能如他們希望那樣進行。當這些失敗的事件還相當小也容易去克服的時候，你最好就開始教導孩子如何處理失敗。

解決方法

1 觀察孩子在家裡關於勝利和失敗的訊息。不經意的評論可能會傳送關於失敗的錯誤訊息，例如，「最後一名是笨蛋」或「我打賭我可以比你早完成」。

2 不要過度保護孩子，別讓他們跟你玩的時候永遠都是贏的。在家裡這種安全的環境中失敗，可以讓孩子了解到，即使不是個贏家，他仍然可以被愛以及是重要的。

3 允許孩子表達失敗的難過情緒——沒有人喜歡失敗！但是重點在於，幫助孩子轉換過去的情緒，以及他如何為下一次的比賽做好或做計畫。你可以藉由一些有益的評論來重新聚焦他的動力，例如，「我注意到你今天在球隊裡。」「我今天注意到你是個球隊的隊員—你投了幾個很棒的球到一壘。」

4 確認家中沒有任何一個大人，會把孩子跟運動表現優異的兄弟姐妹或朋友孩子做比較。孩子可能會感覺到別的孩子比較厲害，甚至只是很細微的評論也會讓孩子覺得自己很糟。

5 檢查自己對於失敗的態度。你是否會在最喜愛的球隊贏球時，表現出有活力、很興奮的樣子；但是當球隊輸的時候就很生氣和情緒很糟呢？當孩子的球隊贏的時候，你會不會加油的更賣力更大聲呢？當孩子漏接球時或犯了個錯，你顯現出你失望的樣子呢？你所傳達出關於勝利或失敗的訊息是什麼呢？

保母，保母是祖父母

請參考：♦祖父母，祖父母和寵孩子

情境

我的父母（公婆）即將要來幫我帶孩子、當孩子的保母，我已經開始擔心事情不會這麼順利！

思考

如果這只是偶爾的狀況，不用太過苦惱。父母親把你（或你的另一半）帶大，所以可想而知他們可以順利地和你的孩子度過一段時間。如果這次是要出去郊遊，情況就有所不同。很重要的是在一開始的時候，就根據設定規則去因應新的狀況。

解決方法

1 事前決定你家中的重要規則，花時間去建立書面的規則指引。**對孩子清楚指出有哪些規則以及該怎麼做**，並且在祖父母來到之前事先和孩子複習這些規則。對祖父母說明，並且詢問是否可以保證讓孩子能遵守這些規則。這個方法，能讓祖父母清楚的知道該讓孩子怎麼做而不會觸犯規則。

2 花時間和孩子的祖父母交談，讓他們了解你的期望。別認為平時的聊天已經足夠，安排你可以談話的時間。一個安靜、沒有孩子在旁邊的時間。了解一下祖父母如何看待這個情況，讓他們知道你的期

待是什麼。決定哪些是重要的規則，以及你將會如何跟孩子做溝通。事前這麼做將會避免之後許多的誤解與問題。

 放輕鬆，不要總是苦惱同一件事。將焦點放在孩子的祖父母幫你帶孩子的種種好處。讓自己多往好處想。

保母，不聽保母的話

情境

我的孩子不聽保母的話。

思考

孩子喜歡測試規則。當換了一個新保母時，你的孩子將會偷偷的測試規則，只是想看看他們能改變多少這些規則。

解決方法

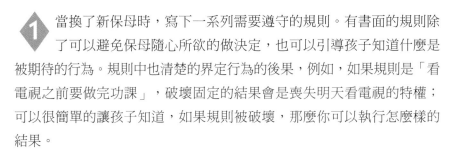 當換了新保母時，寫下一系列需要遵守的規則。有書面的規則除了可以避免保母隨心所欲的做決定，也可以引導孩子知道什麼是被期待的行為。規則中也清楚的界定行為的後果，例如，如果規則是「看電視之前要做完功課」，破壞固定的結果會是喪失明天看電視的特權；可以很簡單的讓孩子知道，如果規則被破壞，那麼你可以執行怎麼樣的結果。

在保母到家裡之前，花幾分鐘讓孩子知道，跟保母相處的這段期間你的期望是什麼。你越清楚的定義你期望的行為，孩子就越可能去遵守這些規則。如果你有每天特定的例行程序，可以讓保母了解並鼓勵她也這麼去做。

3 如果有很長一段沒有特別規劃事情的時間，或者是一個不熟悉的保母來照顧他們，通常孩子就會開始搗亂。事前做一些準備，可以借影片以及安排點心時間，或者蒐集他們能和保母一起動手做的手工藝用品。

4 許多孩子不聽保母的話是因為保母沒有良好的教養孩子的技巧。孩子會選擇也會學習到當保母離開時就不用理會這些事情。如果這個保母之後還會幫你工作，鼓勵她去學習部分教養孩子的技巧會是很有幫助的。一個簡單的方法是，去買一本教養的好書，並且把書包裝成禮物。另一個方法是，透過醫院、學校或教堂等等方式，尋找當地的教養課程，並且幫保母支付課程學習的費用。要注意你如何去提供這個建議，你不想讓保母覺得很防衛，你可以說類似這樣的話：「我剛好發現了一門不錯的課程，因為你花了這麼多時間和孩子相處，我想你可能會享受去上課的感覺。因為你所學到的會對我的孩子們有幫助，所以我很樂意支付課程的學費。」

保母，不想要的保母

請參考：◆黏著你◆分離的不安感◆在長輩前的害羞行為◆工作，不想要讓父母出外工作

情境

每當我把孩子留給保母帶，他完全崩潰，認為我將永遠地丟下他，讓他經歷可憐的一切！我該怎麼去說服他這一切將會是好的呢？

思考

關於把孩子留給臨時保母帶這件事，你需要緩和一下自己的感覺。如果你感到矛盾，你的情感將會很清楚的呈現在孩子面前。無論是因為有事必須離開孩子或者是為了休息一下，在你說服你的孩子之前，你需

要先說服自己一切將會是沒問題的。

解決方法

1 與孩子簡短而甜蜜的道別。一方面，離開時拖了很久而且承諾一切都沒問題，只會提高孩子的焦慮，因為他會想知道你離開他時為什麼會這麼焦慮。另一方面，避免在道別時掉淚，這樣的行為表現將助長混亂和擔心。反而給一個輕快的親吻、擁抱，並且輕鬆愉快說：「待會兒見了，小寶貝！」

2 選擇一個熟悉你孩子的人來當保母。一個家庭成員或者是親密的朋友，將會比陌生人更容易讓孩子去適應。試著持續的使用一、兩個人，讓你的孩子能夠熟悉這樣的安排。確認臨時保母熟悉你孩子每天的慣例和重要的事情。如果孩子能維持平常的生活習慣步調越多，那麼保母也將會比較輕鬆容易的帶孩子。

3 如果可能的話，可以安排你的孩子與臨時保母先相處一小段時間，當孩子變得比較自在適應情況時，再逐漸增加時間。對某些孩子而言，最好先讓臨時保母到你家裡來，這樣的話孩子將是處在他自己感到舒適的環境裡。對其他孩子而言，一個有很多玩具與同伴的環境，反而會有助於分散他被父母留下的焦慮感受。

4 花時間與臨時保母以及孩子一起相處。由於這段時間內你都會在那裡，另一個人將不會威脅到你的孩子，這將會給他們有時間去了解彼此。

5 蒐集一個「保母玩具箱」，裡面裝的玩具和活動只有保母來的時候可以玩。如果箱子裡的東西是很有趣的，那麼它在保母來的時間內將會是創造孩子開心的焦點，轉移他對你的注意力。另一個方法是，讓孩子自己計畫將要和臨時保母一起做哪些事。你孩子可以選擇晚餐要吃什麼、選擇看錄影帶，或者決定要玩什麼遊戲。

保母，兄弟姐妹當保母

情境

我想知道是否我應該讓較大的孩子來照顧比較小的孩子。如果我這麼做，如何能保證一切都會順利呢？

思考

決定讓一個孩子幫忙帶另一個孩子，考量的不應該是根據孩子的年齡或只是為了父母的方便性；相反的，應該考量年長的孩子是否負責任，以及孩子之間的關係而來做決定。如果年長的孩子在家庭作業、差事和個人責任等方面都表現得令人信賴，並且孩子之間通常是很和諧的關係，嘗試讓他去照顧另一個孩子會是安全順利的。

解決方法

1 當你還在家的時候，給年長的孩子幾次的機會，在另一個房間練習如何當保母。你可以利用這個時間去做一些文書工作、寫封信，或者讀一本好書。這次的練習將給孩子有機會去感受一下這些事情，並且你也能放心的看看事情進展會是如何。

2 最好能支付給孩子看顧的費用，即使是象徵性的費用。當孩子將這個責任視為「工作」，他會更認真的看待這件事。這個「被雇用」來看顧兄弟姐妹的孩子會變成一個負責任的人。（更有趣的是，當你回到家時，孩子很快地就會把責任交還給你！）另一個支付費用的好處是，可以避免這個幫忙看顧工作的孩子生氣他必須多花時間來做這些事情。

3 事先計畫一個成功的看顧情況，而不是隨便指派一個年長的孩子來負責，需要花費一些時間來發展具體的規則。事先決定一些規

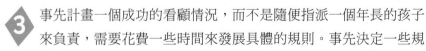

則，例如，電話的用途；看電視；吃速食；做家庭作業；對微波爐、烤箱或烤麵包機的用途；拜訪朋友；如何接聽電話和應門，以及其他的問題。並且要包括一個處理爭執的方法。

 如果規定要做看顧的工作，例如每天放學後都要，在你安排雇用保母工作之前，可以與年長的孩子討論，並且得到他的回饋和建議。

幫助他了解雖然工作不是可以選擇的，但你是很有彈性的。例如，如果他有一個特別的活動想參加，你那天下午會願意雇用臨時保母來接替他的工作。如果可能的話，打破平常的慣例，安排年幼的孩子每週有戲劇日或其他課外活動，以便年長的孩子有機會在放學後去做其他的事情。也要時常評估情況以確定一切運作沒問題。

當你在工作時，讓孩子有固定跟你聯絡的時間。如果你工作時無法接電話，可以讓他們和另一個大人聯繫。在電話旁邊列出重要電話號碼名單。在房子裡每個電話的表面都貼上地方緊急報案電話（119）。當面臨一個真正的緊急狀態，會發現就連許多大人都很難記住這些簡單的數字。給當臨時保母的孩子和另一個孩子做緊急情況的訓練。許多醫院和學校都有提供保母緊急情況應變的訓練課程，孩子們將會學會 CPR 和標準緊急步驟等等。只要有任何一個孩子大到足以去上這些課程並能理解這些內容時，那麼我建議盡可能讓孩子們都去學習這樣的課程（請記住！任何事都可能發生在保母身上，以及年幼的孩子需要知道如何尋求協助）。

童言童語

請參考：◆發牢騷

情境

我的孩子談話時會用嬰兒聲音說話發出笑聲。當他是小嬰兒時，那

種談話的樣子是很可愛。但他現在長大了還是這樣，就變得非常令人討厭。我該怎麼讓他停止這樣呢？

思考

　　這是一個正常、過渡階段的行為。這就像很多的階段一樣，在某些重要時間會讓你快要抓狂，但終將會度過的階段。你可以運用下列的建議，自然地輕推，讓你的孩子能較迅速的通過這個階段。

解決方法

1 當他使用童言童語時，假裝你不明白他所說的話。當他說「ㄋㄟㄋㄟ喝喝……」時，表現出很迷惘的表情並且看著他，「我不了解你說什麼。你想要什麼呢？」在他用正常聲音語調說話之前，都不要回應他。

2 有時候孩子使用童言童語，是一種在面對未來發展時，讓自己還能躲在童年的方式。去承認這是孩子真正的需要，並且給予孩子更多愛的關注。一點額外的擁抱或者讓孩子坐在你的腿上，也許會給他更多面對未來成長的勇氣。

3 與你的孩子討論，告訴你對於他的童言童語有多麼困擾。請求他幫忙改變這樣的行為。如果他繼續使用童言童語，啟動了你生氣的按鈕，立刻轉身背對他並且離開房間（離開比發脾氣還要恰當）。

4 誠摯的請求孩子，「童言童語真的讓我感到很困擾，莎拉！你可以用它跟你的朋友說話，但跟我說話時請用正常的聲音。」

5 交給孩子幾件差事或責任，表示他已經長大了。選擇有趣的任務，例如，幫忙準備晚餐的沙拉或清掃地板。通常當孩子看待自己是個成熟、負責任的人時，這些童言童語也將會消失。

B

頂嘴

請參考：◆爭執，和父母親爭執◆合作，不合作◆不尊重◆打斷◆教導如
何尊重他人

情境

我的孩子用很不尊重的方式頂撞我，讓我無言以對。我該如何停止
這樣的行為？

思考

頂嘴是會習慣且上癮的，所以要把它當作嚴重的冒犯來處理。孩子
一、兩次與父母粗魯的談話，很可能這樣的行為會持續下去，以及這樣
的情況會越來越糟。大多數的孩子會在某些情況下頂撞你，當父母用平
靜且權威的方式回應，那麼這樣的行為將會停止。

解決方法

1 如果孩子開始有了頂嘴的習慣，需要採取堅定的行為去停止這樣
的行為。以孩子開會並宣布你將不再容忍他頂嘴的行為，並且決
定每次他頂嘴之後需要接受的行為後果。後果也許牽涉喪失某種特權，
例如，打電話、看電視或者找朋友，也或許交付給孩子額外的差事或更
早的上床時間；然後宣布這些後果將發生的順序。「當你用不尊敬的方
式回嘴，你將喪失你白天講電話的特權；如果發生第二次，那麼晚上你
將不能看電視；如果有第三次……每天將開始重新計算」。在會議以後，
溫和且堅定的遵循這些規則。

2 每當孩子頂嘴時，立刻停止交談並且走出房間或者離開孩子。如
果孩子跟隨你，溫和堅定的宣布你不會容忍不尊敬的行為；然
後，刻意的忽略孩子。之後，當你鎮定下來時，也給予孩子回嘴適當的

後果。

3 將孩子的零用錢寫在紙上，並把紙片分成四段。告訴孩子每次回嘴，他將失去四分之一的零用錢當作「罰金」，他將會在一週結束時得到他所剩下的部分，如果你的孩子被扣光時，每一次回嘴將會增加一件差事或取消一種特權，每週將重新開始計算。這一系列事件意味著這是一個臨時的「訓練」情況，當問題似乎已被控制時，告訴孩子你讚賞他努力控制自己頂嘴的行為，並且你將不再扣零用錢。然而，也說明清楚如果這樣的行為再成為問題時，你會很高興像銀行般的跟他收費。

4 如果一個平常很恭敬的孩子做出不尊敬的評論，用眼睛看著他，並且很嚴肅、堅定的說明，例如，「這是反諷，這是不被允許的」，繼續交談就好像反諷這件事沒有發生過，期許孩子會遵從你的請求。不要陷入這個問題的爭執中而讓情況越演越烈。

洗澡，不守規矩

請參考：◆合作，不合作◆打斷◆傾聽，不願意傾聽

情境

我的孩子洗個澡要花很多時間。他玩水、丟玩具，並且用水盆把水潑到整個浴室。我該怎麼使他在浴盆裡安分點呢？

思考

想像一個有雙人床大小般的浴缸，堆滿了如山一樣的沐浴泡泡。浴缸邊放有一杯香檳和一堆書和雜誌。你是否會想進去洗個澡，並且花比較長的時間享受泡澡的樂趣呢？對許多孩子而言，浴盆是一個專屬於他的大游泳池，並且洗澡是他們想做的最後一件事情。

B

解決方法

1. 有一張清楚並且具體列出的浴缸規則。清楚的向孩子陳述你的規則，讓他確切的知道什麼是你想要的，而不是強調什麼是你不想要的。舉例說明，不要說「不要玩水把水飛濺出來」，更好的規則是「將所有的水保持在浴盆裡，保持地毯乾燥。」

2. 只在浴盆裡注入僅僅幾英吋的水。告訴你的孩子當他在浴缸裡表現良好兩次之後，你下次將會在浴盆裡放更多的水。

3. 不要在浴盆裡放入任何玩具。讓孩子進入浴盆後，迅速的洗完澡並且離開浴盆。

4. 讓孩子用淋浴的方式洗澡，而不是泡澡沐浴的方式。

5. 如果你有一個更小的孩子，可以讓他們一起在浴盆很開心的玩水玩樂。

6. 放輕鬆點！它只不過是水而且可以被擦掉的！如果你掛上透明的浴簾，當你的孩子濺水玩樂時把浴簾拉上。這樣的方式會幫助持續注意孩子在浴盆裡的情形，也幫你把水都留在浴盆裡。

洗澡，不想要洗澡

請參考：◆合作，不合作◆傾聽，不願意傾聽

情境

當我宣布洗澡的時間到了，我的孩子一直吵一直抱怨，根本不合作，最後通常演變成是我拉著喊叫他進浴室裡去。

思考

需要停下來一分鐘，並想想看為什麼你的孩子不想要進去洗澡。有沒有可能他正在做許多其他很有樂趣的事情，他並不想停止？或者洗澡時通常都有一場意志的爭鬥？有沒有可能是因為他洗澡時肥皂泡泡總跑進去眼睛讓他不舒服呢？一旦你推論到真正的理由，你就能採取步驟去將問題移除了。

解決方法

1 允許你的孩子洗泡泡浴或兒童專用的沐浴泡沫，讓他在洗澡時有更多的樂趣。買幾個很吸引他的玩具，並且可準備塑膠的廚房用具，允許孩子可以在洗澡前玩一陣子。

2 如果你的孩子很害怕當你洗他的頭髮時眼睛碰到肥皂，可以讓他在洗頭時戴上游泳用的蛙鏡或者是塑膠眼罩。

3 要非常一致的。確切在每天的同一時間讓孩子洗澡。在這個規則進行及成為習慣之前，孩子很可能會反抗。提早一點提醒孩子洗澡時間快要到了，如果你給孩子一點點小小的警告──「再十分鐘洗澡」或者「離洗澡時間只有五分多鐘」，孩子的反應將會比你在他洗澡玩樂時對他發脾氣來得更好。

4 洗澡的時間完成時大概也是睡覺時間到了，這時候是孩子和父母都疲憊和脾氣也不太好的時候。當大家都在清醒和精力充沛的時候，改變日常的習慣讓孩子在早晨做的第一件事就是淋浴或沐浴。

5 使用「當……，然後……」這個技巧，對孩子承諾在洗完澡之後可以做某些有趣的事，例如，「當你洗完澡時，我們可以讀你那本新的圖畫書」。

B

6 如果你的孩子六歲了或者更大一些，可以告訴他你認為他已經長大了，有足夠的能力自己完成洗澡的事情。第一次帶領他去經歷洗澡的這些步驟，下一次就可以在你的監督之下，讓他自己放洗澡水，準備他洗澡所需要用的東西，以及自己完成洗澡。當你已經確信他知道該怎麼做時，可以在他自己準備洗澡時，坐在隔壁房間或很近的地方，方便你透過聽與看來監督他的狀況。很多孩子喜歡在洗完澡後，很舒服、乾淨，並且穿好他們的睡衣時，走過來給你一個驚喜。

（若孩子年齡未達六歲，或者是有健康問題或行為混亂，請勿讓他自己單獨在浴缸裡，即使只有一分鐘的時間。）

洗澡，不想出來

請參考：◆洗澡，不想要洗澡◆合作，不合作

情境

當洗好澡該離開浴盆時，我的孩子會一直吵並且抱怨。

思考

同樣的道理，這個孩子可能也不想要再進入浴盆了！這通常發生在不習慣變動調整太快的孩子身上。問題發生在當他做著某件有趣的事情時（例如，在浴盆裡玩水），必須停止有趣的事以及做另一件比較不有趣的事（例如，準備換衣服上床睡覺）。給孩子一些小小動機，刺激並幫助孩子慢慢去做一些調整與改變。

解決方法

1 使用一個計時器或鬧鐘，把它設定好預先決定的洗澡時間。在計時器響起之前三分鐘，提醒並向孩子宣布，當計時器響起時，他將有十分鐘的時間準備離開浴盆和換好衣服，如此才能享受屬於他自己

的晚上特權（例如，看電視或者讀故事書給他聽）。跟孩子說明，如果他沒在十分鐘內做好這些事，你將會幫助他一起完成，然後讓他上床去睡覺。要做到自己所承諾的事情！你只需要很徹底的執行一次，便能讓孩子了解你對於這個新慣例的態度是很嚴肅的。

2 當孩子離開浴盆的時間到了，你可以站在浴盆旁邊，把毛巾遞給孩子，並且提供他選擇。例如，「你想要自己烘乾你的頭髮，或者是要我幫你？」

3 運用「當……然後……」的技巧，承諾在孩子洗完澡之後可以去做某件有趣的事，例如，「當你離開浴缸時，我會把暖氣開好讓你比較不會冷，當你穿好衣服後，我們可以一起喝熱可可。」

4 裝傻！像一個木偶般拿著毛巾並且用木偶的方式說話。運用你的想像力，「我將閉上我的眼睛，看看是否有個小精靈會出現在我的魔法毛巾裡！」把這個過程當作是遊戲競賽一樣，「我想知道在我數到一百之前，你是否能離開浴盆以及換好衣服。」

5 不要告訴孩子他該離開浴盆了，直到告訴他這次是「真的」要他離開浴盆了，當你重複六次、七次直到你這樣的說明，只會讓自己下次、下下次，繼續陷入這樣的狀況裡。

浴室裡的笑話

請參考：◆幽默，不恰當的幽默 ◆蓄意的無禮言語評論 ◆說髒話的行為

情境

我的孩子常常很誇張的談論（或者說成像玩具仿造品一樣），用很滑稽的方式描述他自己的身體（和便便）。

思考

　　許多孩子都會經歷過這個階段。雖然屬於正常的情形，但常令父母親感到相當討厭，當你越快採取行動，這樣的行為將越快停止。

解決方法

1 教你的孩子什麼才是社會上適當的行為。當浴室裡的笑話發生時，你可以保持安靜並用眼睛看著你的孩子，然後用嚴肅的態度對他說，「這是不適當的」或「在這空間裡沒什麼好讓我們開玩笑的事情」。要記住！孩子之後很可能還會跟他的朋友開這類的玩笑，因為他們全都處於相似的發展階段。

2 如果孩子在吃飯用餐時說這類浴室裡的笑話，給孩子一個警告去中止這樣的行為。如果再發生第二次，站起來，從桌上拿走孩子的餐盤，並且告訴他，「你這樣的陪伴讓我們覺得不舒服。畢維斯，你的晚餐時間結束了，請回到你自己的房間去。」有一種選擇，就是邀請他在另一個房間自己吃完晚餐，例如，洗衣房或車庫裡（**不要在電視機前面**）。

3 請注意你的孩子觀看的電視節目和電影，他也許是從這些地方學到這些行為。如果是這樣，讓孩子知道你清楚他笑話的來源，如果這樣的笑話繼續下去，他將不被允許繼續看這些節目。

臥室，打掃

請參考：◆家務事◆懶散◆混亂

情境

　　孩子的臥室看起來像是被攪拌器攪拌過一樣，我看不到地面上鋪的地毯，我走進去時必須推開地上的衣服、玩具，還有上星期吃的零食包

裝。我的孩子一點都不關心，但是我很介意。當我叫喊並且警告他時，偶爾會有某天乾淨了一會兒，但很快就回復原狀——回到那個災難般的狀況。

思考

每一次當你在臥室裡走動時，混亂的狀況讓你很不高興，直到最後，你的憤怒達到最高點、情緒爆發，並且開始抱怨。當你最後把腳放下時，你發現自己和你的孩子對乾淨的定義有很大的不同。當你想像一個潔淨而有秩序的房間時，你的孩子也許只要能走到床上，沒有路線圖也無所謂，很明顯地目標是相衝突的。想辦法找出一個較長遠的解決方法，讓你和孩子可以一起去做。

解決方法

1 當臥室已經達到像是全國性災害的程度，混亂已經越來越嚴重。這時，你必須咬緊牙和幫孩子做最基本的清潔工作。使用大量箱子、籃子或者浴盆，把孩子的衣服和東西排序歸位。清楚地標記每個箱子（襪子、書籍、學校功課等等）。下一步將會是最重要的——**每天**開始有一個打掃時間，防止混亂再度發生。每天在打掃時間以後做檢查，這時使用的是「傳統的舊規則」，也就是「玩之前先做事」。當孩子房間保持乾淨，孩子就可以出去玩。這種規則很像是「當……然後……」，「當你打掃了臥室，然後你可以打開電腦開始玩」。

2 與你的孩子坐下討論，訂出一個打掃臥室的契約。定義「乾淨的房間」具備有哪些特定的項目內容：例如，衣服放在化妝檯和壁櫥上（甚至說明是吊掛著或摺疊的）、書放在書櫃裡、填充玩偶放在上面的架子上等等。你也許可以考慮一下允許孩子有一個「雜亂的角落」，一個讓他可以臨時把東西先隨便放下的地方。請先清楚並確定的區分角落的地點與範圍，例如，櫃子的某個部分。一旦你和孩子協調好了什麼才是「乾淨的房間」，一個禮拜裡選擇特定的某一天作為打掃日。對很

多家庭而言，這樣的契約在運作得很好時，除了給家裡帶來一個乾淨的房間，也讓家庭可以優先在週末進行許多活動或娛樂的時間。在契約裡也包括了，如果房間沒有按照既定的時間打掃乾淨會有哪些後果。要把這些內容都寫在契約裡，讓大家都簽上大名，並且把契約張貼以及實行。

3 如果孩子房間的髒亂已經快超過你能忍受的極限，而且還有力氣的話，可以找一個孩子不在家的時間，把孩子的房間比平常的打掃更徹底的整理乾淨。使用一些籃子和架子，整齊的把孩子常用和多數喜愛的玩具，大約九成都裝在箱子裡，把這些箱子存放在車庫或頂樓。向孩子展示他房間整潔的情況，並且告訴他，如果他到週末還能保持乾淨整齊的狀態，那麼他每次就能贏得一個箱子，把箱子帶回他的房間裡。你能想像孩子是多麼的渴望拿回他的刀劍和槍等玩具（如果學校用品或一個喜愛的玩具錯誤地裝箱，這時是可以置換過來的）。

4 花一個週末的時間把臥室進行清洗和重新整理。如果可能的話，懸吊新的帷幕或用一條新的床罩蓋床。從頂樓裡找出化妝檯或者去二手商店搜尋買一件新的家具，搬進他的臥室裡。讓你的孩子用他喜歡的方式裝飾或繪畫這些家具，也允許他重新用圖片或海報布置牆壁。通常這樣一個全新的環境，將會鼓勵孩子努力保持「新」臥室的整潔和乾淨。

5 如果你的孩子已經十歲了，或者大於十歲，那麼基本上已經是個可以負責任的孩子，可以為他翻新臥室作為他未來住宿公寓的經驗（如果你感覺有需要這麼做時，可以採用家庭裡的安全存款）。這樣的基本規則包括：例如，有多頻繁需要換新床單、多頻繁必須吸地板，並且在屋子裡可以允許吃哪些食物。一旦雙方同意基本規則後，給孩子自己負責用他的方式去關心臥室。告訴他只要他遵守了基本規則，他將為自己的臥室負責（如果你沒辦法看著那凌亂的房間而袖手旁觀的話，那麼就把孩子房間的門關上）。

臥室，兄弟姐妹之間的隱私（孩子不同房間的狀況）

請參考：◆分享◆兄弟姐妹間未經過允許使用他人物品

情境

我的孩子們總是在沒得到允許時，就進入彼此的臥室借用玩具或者是搗亂。接下來孩子們之間的爭吵與戰爭快把我搞瘋了。

思考

看起來有時兄弟姐妹是處於愛與恨的關係裡。「我愛你，我想要接近你，但當我接近你時，我將會搗亂你的生活」。孩子被教導要與他人分享，但「私人財產」的界定卻是模糊的，例如，要更具體和清楚的界定每個孩子的臥室和個人的財產物品，如此你面對這些憤怒狀況的機會將會越來越少。

解決方法

1　和孩子坐下來一起討論，建立關於臥室固定的清單，包括違反固定的後果。由於這些規則有更多的問題是在孩子們之間，而不是在你和孩子之間，允許他們自己討論行為的後果是什麼（當然，你是有否決權的）。例如，沒先經過同意就先拿走了她的私人物品，那麼隔天你就有權利「借用」彼得的某件私人物品。一旦規則建立之後，安排孩子們將這些規則做成漂亮、令人注目的海報，並且張貼在他們的房間門上。

2　和孩子們玩「行為的棒球規則」——「如果發生三次就出局了」。告訴他們如果一個禮拜內為了彼此房間的問題爭吵超過三次，那麼他們將喪失擁有自己私人房間的權利。他們將必須一起分享房間，並且你將接管另一間臥室作為辦公室、一個裁縫室或健身房（不公平會鼓

勵爭吵），而不是再聽見另一次爭吵，我保證這麼做你將聽見孩子輕聲耳語的說：「停停停！否則媽媽將會把你的房間作為她新的辦公室！」

（如果你想知道更詳細的「行為的棒球規則」，請參閱《孩子的合作》，第4章，76頁的詳細說明。）

臥室，兄弟姐妹之間的隱私（孩子共用房間的狀況）

請參考：◆分享◆兄弟姐妹間未經過允許使用他人物品

情境

我的孩子共有臥室，而且他們為此而爭吵。兩個都常抱怨他們的隱私問題，並且我會被他們兩個煩到我解決完他們的問題為止。

思考

作為兄弟姐妹，當孩子需要自己獨處的時候，如果他們有一個屬於自己的地方撤退、躲起來，對多數孩子而言將會互動得更好。可以用一些創造性的方式給每個孩子一些屬於自己的私人空間，並且你會發現，他們在一起時會相處得更好。

解決方法

 將日程表懸掛在門上，允許孩子選擇一個小時作為自己私人的時間。在屬於他們自己的時間裡，他們將學會不去干擾並且尊重彼此的私有時間。如果有孩子糾纏打擾他人的私人時間，那麼他將喪失自己私人時間的一半（或是*所有*，如果他一直糾纏不停）。如果孩子繼續堅持不斷地干擾其他兄弟姐妹的私人時間，那麼他自己喪失的私人時間，時數可以增加到其他兄弟姐妹的時數！

即使是最小間的臥室也可以被改裝成幾個更小的私有空間。你可以把化妝檯放在房間的中間，作為牆壁把房間隔開，或者從天花

板懸吊一或兩張床單（釘幾根釘子會比總是吵架容易應付多了）。記得在由門口進入通往每個空間的通道設立「中立區」！設立一個簡單的規則：「在你進入別人的空間之前，要先請求對方的允許」。

3 允許每個孩子在房子的某處創造屬於自己的私有空間。一般對孩子而言，通常空間不需要很大孩子就會滿意了。有幾個建議的地方，例如，牆壁轉角的凹處、頂樓或地下室的某個部分，或者壁櫥的一部分。另一個很方便的區域是在沙發後方的空隙創造出來的小空間。如此，小朋友的帳篷可以設置在屋子裡的某個角落，也掛上「請勿干擾」的牌子，以及一個可愛、專屬於他個人空間的標誌。

上床時間，順利的上床睡覺

請參考：◆合作，不合作◆傾聽，不願意傾聽

情境

在我們家裡到了上床時間就是一場災難。我祈求、我懇求、我威脅，甚至有時候我大吼大叫。當最後孩子終於在夜裡安靜下來睡覺時，這讓我整個晚上都感到很疲累，沒辦法做其他的事。

思考

「歡迎來到俱樂部！」這是其中一項父母親最關心的共同話題。孩子似乎有永無止境的能量，只要加速傳動便能撐一整晚。但在同一時間，父母親的電池似乎在快速的漏電，讓孩子順利的上床睡覺變成了父母親十分迫切（有時也感到絕望）的需要。

解決方法

 做一張「上床時間表」。使用一塊大型的海報板，用數字標明每個步驟。舉一個例子：(1)穿上睡衣，(2)吃點心，(3)刷牙，(4)讀五

本書，(5)去上廁所，(6)打開夜燈，(7)親吻和擁抱，(8)上床睡覺。把這張圖表張貼在孩子眼睛高度看得到的臥室門上。允許你的孩子帶領你一步步的去做。一、兩星期之後，孩子將會習慣這樣的過程，如此上床睡覺的過程也將順利許多。

2 如果你的孩子喜歡自己閱讀書籍，為他買適合閱讀用的燈具。允許孩子在床上讀書，並打開閱讀用的檯燈，直到他準備睡覺時再把燈關掉。提醒他明天的起床時間，並且建議他需要有足夠的睡眠，明天早上精神才會很好。剛開始時，他也許會濫用這種特權，會看書看太晚。當他隔天感到很疲累，不要太過於同情孩子而放慢步調，讓他知道疲累是因為晚睡。讓他能遵守每天正常的作息時間。不要對孩子說長篇大論，只要簡單地重複日常的上床時間，讓他經由實際的經驗學會去監督自己的上床時間（所有的父母都知道，只要剝奪孩子幾夜的睡眠時間，他就會願意更早上床去睡覺）。

3 享受特別安靜、溫情擁抱的上床時間，在床邊讀書給孩子聽，然後關上燈和孩子依偎在一起，直到孩子甚至是你自己快睡著了。不需感到有罪惡感，孩子會越來越大，也會更加成熟，你將會渴望孩子更多的擁抱。

上床時間，待在床上

請參考：◆合作，不合作◆傾聽，不願意傾聽

情境

我的孩子在床上床下蹦來蹦去，就像個溜溜球一樣，沒辦法平靜的停下來。通常到最後是我對他吼叫，然後他覺得自己有罪惡感才哭著入睡。

思考

　　每天到了上床時間，似乎孩子常會跟父母討價還價要一些特權，這通常令父母親心裡感到很矛盾。要很清楚明確的說明你的上床時間規則，那麼你將會發現上床時間變得更加愉快。

解決方法

1 　　當你把孩子放到床上時，給他三張「自由下床」的卡片。你可以簡單的用紙板做成這些卡片。告訴你的孩子，無論任何原因當每次下床，他就必須給你一張卡片。如此，如果他為了喝水喝飲料而起來，去上廁所，或者想問他的生日宴會還有幾天才會到，他每次都需要給你一張卡片。當卡片用完的時候，他就必須在床上待好。告訴他如果他在卡片全部用完之後還起來的話，那麼他明天晚上就拿不到任何一張卡片。

2 　　把上床的過程設計成一種很可愛、也令人感到愉快的儀式。當你把孩子放到床上去之後，花一點時間讀他喜歡的書給他聽。之後可以唱首歌或搓搓他的背。當孩子開始想睡覺了，在一個很舒服的狀態，他比較不可能想要再下床來。告訴他如果他很順利完成上床睡覺的準備，那麼他就可以享受這個特權。如果孩子之後一直吵並且下床來，那麼告訴他他將喪失明天晚上的這個特權。你需要貫徹執行這樣的原則。如果你這樣做，你可以預期會有想發脾氣的狀況，但需要耐住性子。只要堅持這樣的原則一、兩次之後，這樣的訊息就可以很清楚、明確的傳達給孩子。

3 　　要思考孩子無法乖乖待在床上的原因，並且解決這個原因的根本問題。例如，很有可能孩子不累不想睡而想要晚點上床睡覺，或者他想多一點時間跟你待在一起，渴望在他上床睡覺之前可以多跟你抱抱撒嬌。

B

尿床

請參考：◆ 如廁訓練

情境

我的孩子已經不用穿尿布了，但他還是繼續尿床。

思考

尿床已經被公開認為是一個常見的童年問題。有百分之二十的五歲兒童以及百分之十的六歲兒童仍然會有經常性尿床的問題。這個行為很純粹只是因為膀胱系統未成熟的症狀，而且對於多數的孩子而言，當他們再大一點這個問題也將會慢慢消失。下面有些想法也許可以幫助孩子加速經歷這樣的過程。

解決方法

1 如果你的孩子五歲或更小，有一個簡單的方式是允許孩子穿著拋棄式的訓練褲上床睡覺。這些拋棄式不用清洗的褲子可以在賣尿布的商店或賣場買得到。讓孩子自己穿脫，也告訴孩子，如果當他準備好要穿睡衣上床睡覺時可以告訴你。對於尿床的問題你越低調，你的孩子將會越容易一步步的做到，進而穿上自己的睡衣睡覺。許多幼兒可以睡得很沈，也比較不會中突醒來去上廁所。

2 如果你的孩子已經超過五歲，第一步就是安排他去做一個完整的身體機能檢查。事先告訴醫生你關心的是什麼，如此你的孩子便不會在醫生診療時感到尷尬害羞。如果有任何關於健康的問題，你的醫生可確認問題所在以及幫助你解決問題。詢問你的醫生關於 PNE（主要夜間遺尿問題），是由激素缺乏造成尿床的問題，這類問題可以透過醫生處方來處理。

3 你的孩子很可能也對尿床的問題感到很羞愧，希望能真正的控制它。去理解孩子的感受，並且提供一個彙整的計畫來解決這個問題。有一些方法可以限制晚餐後喝下流質的量，上床之前先去上兩次廁所，把臥室到廁所之間通道的夜燈打開，使用塑膠床墊，預先在床邊放一套乾淨的睡衣和睡袋以做準備。讓孩子來承擔自己問題的責任，包括自己換床單和把弄濕的衣物洗好。在這段時間，你可以把床多鋪上一層。先換上一床乾淨的床單，用塑膠床墊蓋著，然後再把另一床乾淨的床單放在上面。如果孩子再尿床，那麼他就能很簡單地把濕的床單掀起來換掉，在乾淨的床墊上睡個好覺。

4 如果你的孩子已經超過五歲，也沒有任何與健康有關的問題會導致尿床，而且很想要改善這樣的問題，可以跟你的醫生或醫院討論是否須購買處理尿床問題的設備。有一塊連接蜂鳴器的墊子，可以一偵測到有尿床的情況便發生聲響，以便叫醒孩子去上廁所。一般的情況，在使用幾個星期之後，孩子變得能在膀胱漲滿了想上廁所時才醒來，也將不用再繼續用這塊墊子。

5 不要把尿床當成是家裡的一個主要問題。只要採取步驟去控制尿床的情況以及漸漸讓問題獲得解決，但不要集中太多的注意力在這個問題上。設法讓自己多一點耐心，孩子需要時間以及慢慢的長大成熟後以獲得控制。

自行車，關心

請參考：◆粗心大意

情境

我的孩子對他的自行車不負責任。他的自行車總是髒兮兮的或者停放在房子外面淋雨。他完全沒興趣保養自己的自行車。

B

思考

多數孩子不是故意對自己的東西不負責任。他們只是很單純的沒有經驗了解維護物品的價值。

解決方法

1 你可以針對保養維護自行車，決定一套非常具體規則。把這些規則寫下，也決定如果不執行這些固定的適當後果。例如，把自行車鎖起來一天；可以每天檢查孩子是否有遵循這些規則；要執行這些規則，如果有必要的話可以再加重行為的後果，不要為這件事發脾氣。

2 做出一個自行車清單並且把它放在剪貼板上；把這塊板子掛在自行車的把手上；教導你的孩子做「起飛前」和「降落後」的檢查清單——就像是飛行員在駕駛飛機起飛前需要做的事情，包括幾個維護步驟（或許沒有必要但很有樂趣），例如，檢查輪胎再用板鉗旋緊螺栓。

3 很常見的情況是：孩子對自己的東西不關心，是因為跟他自己的財產沒有關係。換句話說，如果你幫他買了自行車，那麼他知道如果這台壞了，你將會幫他買另一台。如果需要買一台自行車，或者要買其他主要的東西，讓你的孩子貢獻一半的費用，可以用他戶頭裡的存款金錢、做其他差事或臨時工作賺來的零用錢等等。孩子自己有付出金錢，會更在意照顧自己的東西。在這個時候，讓孩子知道如果要買他的下一台自行車，那麼他將需要自己貢獻一半的費用，如果他能了解的話也可以這樣告訴他：「你的一輛新自行車的費用大約要三千元。這剛好等於你十五個星期的零用錢。」這個訊息也許可以鼓勵他了解到自行車的價值，以及了解到與自己的零用錢有關。那麼也許之後會更加好好的照顧他現在的自行車。

! 如果孩子繼續濫用而不珍惜一輛好自行車，你可以把自行車放在儲藏室裡。當孩子需要用到自行車去哪裡或做什麼事的時候，可

以看報紙廣告或去當舖買一台二手的自行車。告訴你的孩子,如果他能在指定的一段時間內好好的照顧這台二手自行車,他將可以通過考驗繼續使用自己那一台好的自行車。

自行車,騎車不注意安全

情境

我的孩子騎他的自行車一直都很不注重安全。當他騎車橫跨街道時完全沒注意汽車,而且還蛇行,並且嘗試著要表現一些危險的特技動作。

思考

我很高興你想找到這個問題的答案,這是一個需要趕快處理的重要問題。如果你的孩子騎著自行車與汽車比賽對抗,他是不太可能會贏的。不要冒這樣的風險。立定腳步,並且今天就開始解決這個問題。

解決方法

1 許多孩子並沒有真正了解道路的規則,或者不清楚為什麼需要去遵守這些交通規則。讓孩子上關於自行車安全的課程對他是非常有幫助的,通常可以到學校、醫院、警察局或者青少年團體去找尋這些課程。

2 一旦當孩子學會可以用很魯莽快速的方式騎車,那麼他就會繼續這麼做。關鍵在於要讓孩子了解騎車不注意安全的直接與相關後果是什麼。首先,解釋遵守固定的原因是很重要的(你可以到警察局或圖書館找到許多可以提供參考使用的資訊。例如,除了汽車之外,自行車是造成最多兒童意外傷害事件的主要原因)。解釋你關心他的安全問題以及要求他所要遵守的新道路規則。當你第一次看見孩子又在魯莽的騎自行車,在車陣中蛇行時,用汽車跟上他,要求他把自行車放在汽車

裡，並且直接載他回家（如果是孩子很快樂騎著自行車的情況下），或者是騎著他的自行車載他到目的地。告訴他明天他還可以騎自行車出去。如果有別人報告他又有魯莽騎車的狀況，那麼他隔天就會被取消騎自行車的權利一整天。

3 要求你的孩子做一個關於自行車安全的書面報告。相關研究與證明的內容將會說服孩子注意安全。如果這項任務對你而言太過困難的話，可以讓孩子的學校老師幫助你出這項家庭作業。

! 如果你的孩子很固執、持續魯莽的騎自行車，而且當你試圖改變他的行為時，呈現出嘻嘻哈哈或討厭、不理會的反應，那麼你可以採取更激進的措施，例如，沒收他的自行車一段時間，甚至賣他的自行車。不要等待悲劇來臨，請今天就開始採取行動。

騎自行車，不戴安全帽

情境

我的孩子一直都不戴安全帽的騎著他的自行車。

思考

許多孩子看到的是：父母親很努力想讓他們戴上安全帽，就像是「你要多做的一件事」。如果你的孩子知道需要戴安全帽的原因，將會幫助他改變態度。因為不是只看到你對他的要求，而是安全帽將會保護他，然後他也將為了自己的安全而戴上安全帽。

解決方法

1 要去確認一下孩子的安全帽是不是適合他戴。戴上一個不合適的安全帽是很難受的，並且要用比較時髦一點的安全帽。孩子很容易受同儕的看法而影響到自尊，如果你孩子的安全帽會讓他出糗或被同

儕嘲笑，那麼他將不願意戴上它。

 如果你的孩子很常騎車卻沒有戴上安全帽，他將會不太情願去改變這個習慣。如果你為了沒教他騎車要戴安全帽而向孩子道歉，也許能引起他的注意。向他解釋在交通事故裡顯示，如果有戴上安全帽可以減少百分之九十的頭傷和腦傷的風險。告訴孩子因為你愛他，所以現在每當他騎自行車時都需要戴上安全帽。如果你逮到他騎車沒有戴上安全帽，要直接加強相關的行為後果，例如，取消他明天騎自行車的特權。

讓孩子很容易記得騎車要戴上安全帽。一個簡單的方法就是：當自行車停放在車庫裡時，把安全帽的帶子繫在自行車的手把上。

生日，過生日的人有壞行為

請參考：◆合作，不合作◆傾聽，不願意傾聽◆儀態

情境

我很擔心我的孩子即將來臨的生日宴會。宴會的小主人曾經有在自己生日宴會上行為不良的記錄。

思考

這是典型的狀況，因為在這樣的場合裡，孩子就像是一個被包圍的明星，讓孩子很開心、很興奮，也讓他的行為沒有表現在最佳狀態。

解決方法

避免在他的客人面前糾正你的孩子，這對孩子而言是很丟臉的一件事，而且這就像是在宴會中做了一件最令人掃興的事情。比較好的方法是，把他從宴會的現場帶到另一個安靜的房間裡，和孩子討論你所期望的行為是什麼。告訴孩子你知道過生日這件事的確很令人興奮，

並且具體地告訴他，哪些行為是讓你不開心的，以及哪些狀況是你所不希望看到的。所以不要對他說「我希望你能表現好一點」，這句話對孩子而言很模糊也沒有幫助。要表達得更具體，「哈利，我知道你今天很開心、很興奮。但你在沙發上跳來跳去，還在屋子裡跑來跑去，即使今天是你的生日宴會，但這些行為違反了我們之間的規則。如果你想要跳可以去外面的跳跳床玩，在房子裡請用走的。讓我們繼續玩、繼續慶祝吧！」

② 情況也可能是你的孩子和他的客人都出現不好的行為。這時可以把慶祝活動轉換成較安靜的方式，例如，結構性的遊戲、讓孩子當觀眾的活動，或者是吃蛋糕和冰淇淋，這些都可以讓孩子安靜下來。

③ 有時，孩子精心策劃的生日宴會實際上並不符合他所期待中的那樣，或者有時候事件發生得很突然或千變萬化，孩子可能會迷失在一團混亂中。孩子也許也為了這些混亂而感到失望或者很落寞，可以從活動中悄悄的把他帶出來，告訴他如何重組這些活動，這樣的方式也許是有用的。幫助他把焦點放在宴會裡開心的事。給他一杯水、一個擁抱，並且親親他，再握著他的手帶著他回到團體中。

生日，其他來參加的小朋友們有壞行為

請參考：◆ 其他人的孩子

情境

在我孩子的生日宴會當中，其中一個小客人持續表現出壞行為，我正在設法處理事件的所有細節。我能對這個孩子做些什麼呢？

思考

在這個時候很容易喪失你的耐心，但如果你在這個孩子面前用平靜的方式去控制情況的話，他也會越快安定下來。

解決方法

1 不要在其他人面前糾正這個孩子，這對他而言是很丟臉的，就如同你孩子行為不檢的感覺一樣；相反的，走到這位小客人面前，把你的手放在他的肩膀上，並且悄悄的在他的耳邊說話。很具體的對他評論，說哪些是你不喜歡看到的，並且他應該如何改正，「荷斯，我發現你很喜歡我們家裡的吊燈，但是請不要用手拉扯它。你可以站在地板上欣賞它。」

2 透過分派任務給孩子們做，把搗亂的孩子區隔開來。可以分派他加入某個遊戲當中、把許多禮物搬到桌子上，或者安排他做其他的活動，讓他在一段時間裡保持忙碌。這些簡單的安排就足以打斷他搗亂的行為，也讓他平靜下來。

3 如果行為已經完全失去控制了，例如，某個孩子正在打人，可以要求他坐在椅子上隔離他一段時間，不要跟孩子說：「我要把你隔離」，只要告訴他，「我想你需要一點時間安靜下來，請你坐在這把椅子上。」

4 對於較年長、正在搗亂的孩子而言，他會不會停止這些失序的行為取決於你是否有出手介入去停止。走到孩子身邊等待他平靜下來，如果你看到他又開始行為不良，就刻意在他旁邊走來走去，並且看看是否你的出現足以讓他平靜下來。

生日，壞行為，你的孩子是客人

請參考：◆合作，不合作◆傾聽，不願意傾聽◆儀態，公開場所的儀態
◆宴會，在宴會裡的壞行為

B

情境

　　我的孩子在生日宴會上是一個可怕的客人，他常常很興奮，因而在很多方面表現出很糟糕的行為，這些行為是他在家裡從未出現過的。

思考

　　孩子在宴會中很典型的行為不良原因有三種：首先，他們因為宴會裡進行中的事情感到很興奮；其次，他們對於過生日的小壽星受到大家的矚目而感到嫉妒：第三，小壽星的父母親沒有控制宴會中孩子們的行動。先確認你的孩子行為的原因，再根據原因決定該如何處理這樣的問題。

解決方法

　　❶　如果你的孩子被宴會裡的事件搞得太過興奮，把他從活動當中帶出來到另一個比較安靜的房間，例如，浴室。給他一分鐘的時間，讓他從宴會裡很興奮的情緒中抽離出來。具體地和孩子討論什麼行為是你不喜歡的，並且和他解釋你希望他怎麼去做。

　　❷　你的孩子也許是因為嫉妒，而設法用他的行為去吸引一部分大家對小壽星的注意與關心。如果是因為這樣的原因，那麼給你的孩子一點愛的關注，讓他坐在你的大腿上或者給他喝點東西。你能分配他一些任務讓他感受到自己的重要性，例如，把禮物遞給小壽星，做一些蒐集絲帶和包裝紙的工作，或者把切好的蛋糕分給其他小朋友。如果預先或者在宴會來臨之前先提醒他，那麼他將是個受歡迎的客人。

　　❸　如果小壽星的父母親沒有去控制宴會的進行，那麼你的孩子將不會是行為表現不良的唯一一個。如果你試圖去介入處理某些事可能會有點失禮。你可以把焦點放在自己的孩子身上，讓他不要出現失控的行為，或者可以邀請孩子們加入某個活動或遊戲當中。如果狀況並沒有依照你所做的而順利被處理的話，那麼最好的方式是，你只要走出房

間，去散個步，或者去浴室休息一下，告訴自己，「這不是我家，也不是我辦的宴會」。

生日，為宴會做計畫

請參考：◆生日，過生日的人有壞行為◆生日，其他來參加的小朋友們有
壞行為◆生日，你的小孩有壞行為

情境

我正在計畫孩子即將來臨的生日宴會。你有任何的建議嗎？

思考

不管對於什麼年齡的孩子而言，一個簡單的宴會可能會比一個精心策劃的宴會還要來得成功。諷刺的是，許多父母會為宴會計畫複雜的過程與內容，並認為這樣才能取悅孩子們，但其實孩子常常是為了很簡單、不在計畫中的事情而感到開心。

解決方法

1 邀請其他孩子來參加生日宴會的數量，最恰當的人數應該是在你孩子年齡的 1 或 1.5 倍之間。因此，如果你孩子是四歲，那麼大概邀請四到六個朋友；如果是八歲，那麼大概邀請八到十二個朋友。如果生日宴會是要一起睡覺過夜的，那麼就邀請一半左右的人數就好了（如果你要增加客人的人數，可以依據你有多少假期時間來處理、宴會等而決定）。

2 在和孩子討論生日宴會之前，花點時間去了解你有多少時間與金錢願意花在辦生日宴會上，事先決定什麼是你願意做或不願意做的。這樣的作法可以避免你為了取悅孩子而被迫做了某些事情之後才後悔。當你已經有了一些想法也排好了優先順序時，與你的孩子進行討論

以及決定孩子想要辦哪一種類型的生日宴會。這是屬於孩子自己的宴會，所以你需要考量孩子的想法與要求，但你才是做出最後決策的人。

3 請記住！請宴會公司辦一個小朋友的生日宴會花費會較高，但對你而言會輕鬆容易。你不需要在宴會前後做清潔打掃工作，也不需要處理孩子的飲食或烘烤蛋糕，而且你也不需要為了家裡的這一群聒噪的孩子們而大費心思。

4 邀請你的孩子一起計畫和決定宴會的進行。例如，五歲的孩子可以幫忙裝飾以及裝禮物袋；九歲的孩子則可以決定自己要邀請哪些人來參加宴會；十一歲的孩子可以自己打電話詢問場地，看看哪一天可以被預約，以及計畫當天要做些什麼，規劃整個宴會進行的過程。如果孩子參與了自己生日宴會的策劃過程，那麼他將會從宴會的策劃到進行過程中獲得更多的快樂。

5 在宴會的事前或當天，具體的和你的孩子討論關於宴會的過程與狀況。回顧在活動期間以及客人到達時期望孩子表現出什麼樣的態度。和孩子討論在打開客人送的禮物時，什麼樣的表現是適當的。確定你的孩子記住，打開禮物後要看著在場的每個人，並且對送這個禮物的人說「謝謝你送的禮物」。討論如果當他打開禮物後發現這是他已經有的東西時，怎麼樣的表現才會比較恰當，例如，只要說聲謝謝你，並且對禮物說些正面評論就可以了，我們可以之後去退換這個東西。也要提醒孩子當收到根本不喜歡的禮物時的適當反應，可以說一點有趣的評論，並且讓你的孩子記得會這麼做。例如，當小女生收到玩具卡車時，可以說：「阿姨，謝謝你的遙控巨型卡車！我的新芭比娃娃坐在駕駛座看起來一定超酷的！」

6 幫宴會做一個具體的行程表。你可以在宴會進行當中稍微修改一些，這麼做可以確保宴會如計畫中較順利的進行。孩子打開生日禮物時，將不會有其他父母正在糾正他們孩子的行為，或者他們一直擾亂並且催促你的孩子打開禮物。下面是一個簡單的例子：

2:00～4:00：宴會布置和打電話叫披薩

4:00～5:00：客人到達，進行聚會的活動與遊戲

5:00～5:30：吃披薩和聽流行音樂

5:30～6:00：切生日蛋糕和吃冰淇淋

6:00～6:30：打開生日禮物

6:30：宴會結束

咬人，孩子對成人

請參考：◆合作，不合作◆不尊重◆打斷◆教導如何尊重他人

情境

當我不順應孩子時，他會咬我。

思考

孩子的嘴巴是他一個很好用也很有用的工具。通常，他第一次咬人可能純粹是偶然間的反應。一旦孩子發現這個方法是這麼的有效，那麼他以後面臨某些狀況，將可能決定自己要用同樣的方法這麼做。

解決方法

1 確定你是不是用哀求、受害者的口吻對孩子說話，「德瑞塔，親愛的寶貝，你要知道不可以咬媽媽，這不是一件好事。現在，你要對媽媽說：『對不起！』」反而應該要用低沈、嚴肅的聲音，並且很清楚地表達你不喜歡他這麼做，很堅定的說：「停止這麼做，不要咬！」

2 確定你平常不會跟孩子開玩笑的咬來咬去，也從不會做出這類的動作。孩子很容易會模仿他們所看到的行為動作，即使在不適當的時候也這麼做。

3　當孩子咬你時，用嚴肅、驚慌的語調回應他，「噢！這很痛，不要咬！」避免使用抱怨或懇求的聲音對孩子長篇大論的說教，別讓孩子把這種事誤解為是一種可以引起注意的有趣方式，而繼續上演著咬人的事件。在你堅定的聲明之後，停止和孩子玩大概五到十分鐘。這會讓孩子知道他的行為無法引起你的注意，相對的，反而你會停止跟他一起玩耍。

4　每一次當孩子咬人時，用堅定的口吻宣布「不要咬」，然後，結束與孩子之間的互動，並且立刻走開幾分鐘。你的孩子會知道當他咬你時，會導致你「走開」，而不是他想要咬你的原因——想要引起你的注意。

咬人，孩子對孩子

請參考：◆吵架，和朋友吵架，肢體上的◆兄弟姐妹間的爭吵，肢體上的

情境

我的孩子在跟別的小朋友一起玩的時候，咬了其他孩子。

思考

透過某些機會、天生的個性或者是某些事件，或許讓孩子學會了以為自己的牙齒是一個實用的武器。需要教導孩子這是一個不適當也無法被容忍的行為。

解決方法

1　在孩子玩耍的時候，在旁邊注意看著孩子。當你看見他變得沮喪或惱怒時，介入去處理並且轉移他的注意焦點，直到他心情平靜下來。

2 教導孩子如何用安全的方式表示自己的憤怒或失望。這個課程可以透過一步步的指示、角色扮演、閱讀有關感覺和憤怒的書籍，以及討論當我們憤怒的時候，可以選擇的不同反應方式。

3 每當孩子咬人的時候，你要立刻且溫和的用手遮蓋孩子的嘴巴，並且用堅定的口吻告訴他：「不要咬人！立刻停止！」引導孩子坐在椅子上或是其他可以讓他暫停的地方，要求孩子坐下來幾分鐘，讓自己平靜下來（建議可以依據孩子的年齡決定讓他暫停時間的長短，例如，每大一歲就多暫停一分鐘）。或者你可以宣布，「當你覺得自己跟別人玩的時候不會再咬人時，你就可以起來了」。給你的孩子一個機會學會如何控制他自己的行為。

4 要確定你不允許玩咬人的遊戲，以及你會在休閒娛樂的時候咬咬孩子當作玩笑。孩子沒有辦法辨別什麼時候這種行為是可以被接受的，什麼時候是不可以這麼做的。

5 對被咬的人給予更多的關注，而不是咬人的孩子。簡單的聲明，例如，「不要咬人」之後，轉身不理會咬人的孩子，而去關心那個被咬的孩子。如果你把處理與注意的焦點放在咬人的孩子身上，會讓孩子認為咬人是一種吸引或獲取注意的方式。

! 如果孩子已經大於四歲，但他仍然持續出現咬人這類非典型的行為時，你就需要與專業的家庭諮商師討論。

責備

請參考： ♦自我價值感低

情境

我的孩子不願意為自己的錯誤負責任；相反的，當某件事出差錯的

時候，他會把過錯怪罪在其他人和其他事情上。

思考

　　孩子通常會用責備的方式來掩飾他們對於犯錯的羞愧。幫助你的孩子了解每一個人都會犯錯。鼓勵孩子把犯錯看成是一種可以學習到新事物的方式。

解決方法

1 回應你的孩子，告訴他，「我們不需要理由，我們需要的是解決方法。我們能怎麼去解決這個問題呢？」

2 教導你的孩子生活當中充滿了選擇，並且大多數的一切都是由我們自己在選擇。讓他知道無論我們做什麼或不做什麼，都是自己所選擇的。在日常生活中提供孩子更多的選擇，並且清楚的指出他是根據自己的意願所做出的決定。

3 要確定你沒有在無意間塑造出孩子表現出責備的行為，例如，很喜歡這麼說：「因為交通堵塞所以我遲到了」、「因為我很累所以我忘記了」，或者是「因為奶奶在電話裡跟我講太久了，所以我不小心把晚餐燒焦了」。

無聊

請參考：◆悶得發慌

情境

　　我的孩子無精打彩在房子附近閒晃，抱怨著「都沒事可做」。他的臥室看起來像是個縮小版的玩具商店一樣，我們也有一大堆的美術用具，還有一個大後院，在車庫裡也有很多有趣的東西，他怎麼可能會感到無聊呢？

思考

　　當我們自己是孩子的時候，從未感覺到無聊，是因為我們學會用創造性的能量去充實自己的時間。我們的父母從來沒有期望用什麼方式取悅我們。他們只是很平常的說些話，讓我們自己去外面玩，就像是「自己去找些事來做」。

解決方法

1　當你的孩子抱怨時，避免提供給他一大堆的想法。一般而言，你所想出的點子可能引不起你孩子的興趣；相反的，可以用輕鬆愉快的聲音，分派孩子做一點點家務事填滿他的時間，這通常是鼓勵他嘗試去想並且去做其他事的唯一方式！

2　把孩子花在看電視或玩電動玩具的時間記錄下來。雖然這些活動很吸引孩子、很有趣，但同樣的也會扼殺了孩子的創造性。可以限制孩子做這些活動的時間，那麼孩子將更會安排自己去做其他的活動（請參考：電視，看太多電視、電動遊戲，過度愛玩電動遊戲）。

3　讓孩子加入某個嗜好或運動的團體，這將會幫孩子創造許多可以參加活動的機會。

4　試想是否你已經成為孩子固定的娛樂來源了呢？如果是如此，將會很難改變這樣的情況。你需要開始試著離開你的孩子，讓他自己去參與一些活動，然後增加離開他的時間，讓他去嘗試其他許多事物。

5　不用太認真去聽孩子的抱怨，在聽的同時偶爾用很小的聲音回應他，例如，「喔」、「嗯哼」、「嗯」。當你的孩子發現跟你說根本沒有幫助，他就會走開和去找其他事情做。

6　鼓勵你的孩子製作一個「當我無聊的時候可以做什麼事」的清單，把它貼起來當作未來的參考。然後，每當孩子覺得無聊的時候，

B

就可以建議孩子去參考這個清單。

獨斷

請參考：◆惡霸，你的孩子像個小惡霸◆惡形惡狀

情境

　　我的孩子總是告訴其他孩子該做些什麼以及該怎麼去做。他會決定大家要玩什麼遊戲，以及自己幫遊戲訂規則。大多數的時間其他孩子會跟他玩在一起，但我擔心他的個性是否太專制獨斷。

思考

　　你很幸運！擁有堅強的意志而能領導團體的孩子，到了青少年階段比較不會像一般人一樣的隨波逐流。試著把焦點放在孩子行為的正面意義，你有一個很獨立的孩子，知道他想要的是什麼，也不害怕去爭取他所要的。另一個想法是：一個個性獨斷的孩子通常長大後會是一個強而有力的領導者！

解決方法

① 如果其他孩子似乎並不在意這樣的行為，或者他們似乎只是保護他們自己的興趣，那麼就不用去介入，讓孩子們自己去互動就可以了。

② 避免讓你的孩子在其他孩子面前感到羞愧。可以等待一會兒，或者利用私下的機會和你的孩子討論你的感覺。保持平靜的態度不要指責孩子，只要簡單地和他說你看見的狀況，例如，「珊卓，我注意到你……」，然後，問孩子他認為情況是如何。用有助益的問題來引導與孩子的對話：「你認為你的朋友會有什麼感覺？你可以想想看有沒有什麼不同的方式去做？」鼓勵你的孩子成為一位正面的領導者。教導你

的孩子，一個跋扈獨裁的人跟有主見而被人尊敬的人之間的區別是什麼。

3 讓你的孩子加入團體活動中，例如，棒球、籃球、童軍團，或者是教會的少年團體。成為一個團隊中的一員，也許讓你的孩子感到有歸屬感和得到同儕的尊敬，可以幫助他減少專制獨斷的行為。需要花時間選擇一個由有經驗的領導者帶領的團體。一個把團體帶得很順利愉快的教練或領導者，會讓孩子在團體中感到開心，並且很投入團體活動中。

4 看看孩子周遭是否有其他很專制獨斷的人，例如，他的哥哥姐姐、保母，甚至是父母（自己是否也是如此？）。如果你能改變這個人的態度，當他對孩子提出要求時更有禮貌，那麼這個人將能成為一個正面的榜樣。可以提供孩子有所選擇，而不是要求孩子服從的方式，或者運用「當……然後……」方法。「當你穿上睡衣之後，然後你就可以看電視」，會比「現在關掉電視並且穿上睡衣」要來得好。

5 給孩子一些他可以負責的具體任務，例如，照顧家裡的寵物或者庭院澆水的任務。這些差事可以鼓勵孩子獨立，並且可以滿足孩子想要控制也能完成事情的需要。

6 如果你的孩子年紀還小，或者他是獨生子，那麼要確定你並沒有因為常屈服於孩子的要求，而間接地鼓勵他獨斷的行為。鼓勵他表現出獨斷行為的另一個原因，可能是你和他玩遊戲的時候都是根據他所訂的規則，即使當你不想要用那樣的方式玩；相反的，你需要鼓勵孩子學會如何尊重其他人的想法以及妥協。

自誇／吹噓

情境

無論是什麼，我的孩子總是對其他孩子自誇。「我是這個城裡最快

的、最聰明、最好笑、最了不起的孩子」。這個狀況讓我感到很不舒服，我也擔心這會影響到他的友誼。

思考

童年裡的不安全感會導致孩子誇大的表現，設法贏取其他人的認同以及自己的存在感。用他們的方式會這麼說：「這是我！我做某些事很棒！我是重要的！」

解決方法

1. 透過你和孩子的說話與互動，你可幫助他了解他是被愛的，被愛是因為他是誰，而不是因為他做了什麼。避免把你的孩子標籤為「了不起的運動員」、「很棒的歌手」、「好男孩或好女孩」，或者是用其他具體的行為特徵去標籤他。反而去指出孩子什麼做得很好，使用具體的例子：「你一定對自己可以獨奏感到很自豪，你所有的努力都有了成果」、「你今天是一個非常好的聽眾」。很固定的做出讓他感到被愛的評論，而不是有關他的所作所為。例如，「我很喜歡你這個寶貝」、「跟你在一起很開心」，並且告訴他「你對我非常重要」。

2. 不要在別人面前糾正你的孩子，這會讓孩子感到很羞愧，也會讓大家更注意到孩子自誇的行為。稍後，和孩子私下相處的時候，可以和孩子回顧他之前說過什麼，以及教導你的孩子如何改變他的說法與評論，才不會聽起來像是在自誇。例如，「愛因斯坦，你應該及早告訴麗蓓嘉說，你在你的數學課裡是最聰明的孩子」。我知道你是為你的算術能力感到驕傲，這是件好事。但這就是你在自誇說自己是最棒的，你可以想想看是否有其他的方法去表達而不是自誇。如果這麼說呢？「我很認真的學習我的時間表，而且我現在做到了」。

3. 要注意孩子參與了多少的競爭或比賽。太在意這些競爭會導致孩子強烈的想要獲勝，這會刺激孩子用自誇掩蓋他不適當或表現不好的行為。

4 幫助你的孩子製作一個記憶剪貼簿，包括證明、獎項和相片。剪貼簿裡也包括了非競爭性但是值得紀念的事，例如，是從別人、故事、詩詞或玩笑中得到的啟發或感想，而寫在小筆記或卡片裡。提供各式各樣的工具用品，讓他把這本書製作得很有吸引力、很有趣，讓這件事成為一種嗜好，也促進孩子的價值感與自尊。

5 教導你的孩子，接受他做錯事是人生很重要的一部分。就像是擊出一支全壘打是很棒的一件事，但他不可能永遠揮棒時都可以擊出全壘打！讚賞孩子對團隊的承諾，稱讚他對其他成員的鼓勵以及孩子的其他好特質。清楚的告訴他，當他喜愛的主要隊員出局時，這並不會讓他成為一個失敗者。

早餐，不吃早餐

請參考：◆吃東西，飲食障礙 ◆飲食，挑食的孩子

情境

我的孩子早上都不想吃早餐。

思考

早餐對你的孩子很重要，因為會讓他擁有一個很有精神的早晨。你需要用一些方法鼓勵孩子在早上吃點東西。

解決方法

1 早上剛起床不久，有些孩子還不會覺得餓。可以允許孩子晚一點起床，讓他先穿衣服準備上學，幫他準備午餐，以及準備他的包包。等到過一會兒，說不定孩子就會想吃東西了。

B

2 購買很多種類的早餐飲品。有些很像奶昔飲品卻含有豐富的維生素。把飲料倒入杯裡並蓋上杯蓋，讓孩子邊走邊喝養成早上的一種習慣。

3 讓孩子早餐的食物有更多種類的選擇。有些孩子不想吃典型的早餐，卻可以被說服吃其他東西，例如，之前剩餘的雞肉、湯，甚至是披薩，都可以當作很好的早餐食物。

4 把瑪芬蛋糕或者貝果麵包、優格和一片水果包裝起來，讓孩子可以「外帶」，這樣孩子可以在搭公車時，或者你用車子載他上學途中吃早餐。

打破東西

請參考：◆粗心大意◆笨拙

情境

我的孩子打破了客廳裡的其中一盞燈。我該怎麼處理這個情況？

思考

要找出這個事件發生的真正原因。孩子不經意的打破了東西，是否是因為粗心大意，還是生氣的行為反應，或者是分心？是否孩子試著在做的事是他還沒有能力做的呢？一旦確定了實際的原因，你將能去處理這些情況。

解決方法

1 承認發生的事是個意外事件並不是故意的。教導孩子即使犯了錯，就必須去承擔這個責任（可以與另一件事做比較，讓他了解。例如，大人出了車禍，也必須支付車子損傷的修復費用），讓你的孩子承

擔責任。他可以打電話詢問幾家店，了解打破的東西價值多少。幫助他找出並決定要請哪家店來修理，讓他決定他要如何支付更換或修理費用。如果打破的東西相當昂貴，他也許可以從自己的存款當中支付一部分，另外在家裡附近找一些差事賺點費用來補貼。

2 如果孩子還沒有某種能力就去做某件事，可以當作一個指標，表示孩子已經準備好要承擔更多的責任。透過訓練和實際操作的經驗，將幫助他學會如何自己完成這個任務。

3 如果是因為孩子在發脾氣而打破了東西，除了修理或更換的責任之外，你可以決定再加上更多的行為後果。孩子需要了解到，有時會有生氣的感覺是很正常的，但是必須要控制自己生氣的行為。如果是這一類的狀況，那麼加強基礎的訓練以及取消孩子的某些特權，都是很適當的處理方式（請參見：憤怒，孩子的憤怒）。

惡霸，你的孩子像個小惡霸

請參考：◆憤怒，孩子的憤怒，獨斷◆吵架，和朋友吵架，肢體上的◆恨意，表達恨意◆惡形惡狀◆教導如何尊重他人◆自我價值感低。

情境

我被通知說我的孩子在學校裡威脅其他的孩子。

思考

起初，你可以想要責怪告訴你這件事的其他孩子或大人。你需要誠實面對自己並且去確認真相。如果你的孩子真的表現出攻擊性的行動，那麼你要幫助孩子與其他的孩子建立更好的互動關係。你的孩子需要你現在就開始在他身邊，幫助他學會如何控制他自己的行為。

B

解決方法

1 不要指責你的孩子，也不要把自己的孩子標籤成「惡霸」。反而針對具體事件討論。詢問孩子一些問題，以確定孩子行為的原因。和他一起腦力激盪，思考很多他可以選擇的其他行為方式去取代現在的行為。幫助他學習新的方式去處理其他孩子所引起的衝突；使用角色扮演的方式，幫助你的孩子練習運用新的方式去回應其他孩子。

2 如果可能的話，可以讓孩子有更多的時間和一個年紀更大且負責任的孩子相處。如果你沒有比較親近的家族成員或朋友適合擔任這樣的一個角色，可以找尋一個「大哥哥」或「大姐姐」團體，幫助你的孩子找到一個可以引導他學習更好的社交技巧的人。

3 如果你必須為了某件事而懲罰孩子，例如，在學校打另一個孩子，必須很謹慎的決定以及考慮後果。對孩子吼叫、打孩子或者苛刻的處罰，只會鼓勵你的孩子繼續他的攻擊行為。應該要尋找建設性處理方法，例如，分配家裡的差事或者寫道歉信給受傷的孩子。

4 要阻止孩子和有攻擊行為的朋友相處（請參見：朋友，不適當的選擇朋友）。鼓勵你的孩子投入組織性的青少年活動中，參與一個隊伍或團體，通常可以讓孩子學到他所缺乏的社會經驗。另一個選擇是，讓孩子參加社交技巧課程，通常可以在學校、教會和醫院等找到這類課程。

5 讓你的孩子報名武術課程學校。在你對孩子提到這個想法之前，自己可以先去參觀學校，並且觀看學校裡的幾種活動。選擇一個班級規模較小的課程，一個可信賴的課程將會教導孩子學會克制、尊敬和自我控制。一位好的武術老師將表現出安靜、內斂的自信心與自我控制。可以在孩子去上課前，與老師談談，讓老師知道你關心你孩子的行為問題，以及你希望他能在課程中學到什麼。一位經驗豐富的老師應該會讓你感到有信心，並且認為你為孩子做了一個正確的選擇。這也許就

是你的孩子需要學會去控制身體力量以及發展出自我紀律（如果看到孩子如何的學習，及聽到他回話最後都加上「先生」或「夫人」的尊稱，這將會讓你很感動）。

! 如果你的孩子顯現出持續攻擊的行為模式，他也可能有其他的消極性行為。這也許透露出他低自尊的癥兆、學校裡的問題、很多時間都自己獨處，以及對於控制自己憤怒的情緒有困難。如果是如此，比較明智的方式是為你的孩子尋找專業諮商，讓問題的原因能真正的被發覺，並且孩子能學會控制他的情緒以及有較成功的社交互動。

惡霸，你的孩子是被惡霸欺負的受害者

請參考：◆朋友，沒有任何朋友◆吵架，和朋友吵架，肢體上的◆自我價值感低◆在平輩間的害羞行為◆戲弄

情境

有個惡霸老是欺負我的孩子。

思考

雖然你很想要自己介入去處理和解決這個問題，但對你的孩子而言，最好的方式是教導他自己如何去解決這個問題。一旦他學會了能支持自己的技巧，他在其他生活情況也可以使用這些技巧。

解決方法

1 教導你的孩子如何比較大膽且堅定的方式去回應惡霸。在家裡可以用角色扮演的方式讓他練習，示範膽怯畏縮和低聲說話之間的區別：「喂，走開！請離我遠一點」，挺直的站著，用低沈、大聲的語調，並且很堅定的說：「不要靠近我！」

2 建議你的孩子都和兩個或更多的孩子走在一起，無論是在操場、公車站，或者無論哪裡都能和惡霸面對面。如果他是在一群人裡，大多數有攻擊傾向的孩子都不會理會他。

3 如果惡霸問題是發生在學校裡，告訴你的孩子如果無法自己成功的去處理面對惡霸的問題，那麼可以請求老師幫忙。可以跟孩子排練一下，當他要跟大人求助的時候可以怎麼說，如此在需要被幫助的時候，才不會聽起來只像是在抱怨或閒聊。「麻煩你了，渡邊先生，傑生一直追著我並且對我丟石頭。我要求他停止但他沒有。」如果你的孩子在家練習說這些話，那麼他求助時所說的話，將會聽起來很可信並且得到老師的協助。

4 對於喜歡口頭上欺負別人的惡霸，教導你的孩子只要轉身走開，不用說任何話。去忽略不理會這個惡霸，可能會讓他放棄不再欺負他。

5 確定你的孩子是否有和其他孩子建立健康良好的友誼。如果你的孩子是一個經常被欺負的受害者，而且也沒有很多朋友，發展更好的社交技巧對他是很有幫助的。鼓勵你的孩子邀請朋友到家裡來，或者邀請他們一起去郊遊（請參考：朋友，沒有任何朋友）。

! 如果你的孩子嘗試過許多不同的方法，但還是連續遭受到惡霸的騷擾，或者是身體上的攻擊，那麼你可能就需要介入。這並不常見，但如果真是如此，有效的方法是直接去找惡霸或他的父母親，除此之外，也找學校的校長或者另一個具有權威的人士一起參加。如果你發脾氣和喊叫，是不太可能會得到你所需要的幫助。反而需要時間考慮你在會議裡需要處理哪些問題。概述有關你所關切的具體問題，回顧說明你曾經設法停止行為的方式，並且獲得幾種處理方式的建議。在與校長會面時，用平靜、就事論事的態度。你應該能彙集出一個計畫，以控制這些你關切的情況。

悶得發慌

請參考：◆無聊◆兄弟姐妹間的口角

情境

因為天氣的關係，我們被關在房子裡好幾個星期。孩子感到枯燥乏味，也開始焦躁不安了，並且他們吵架吵到快讓我瘋掉了。

思考

可以試著去看看事情的光明面，被困在房子裡卻不需要逃命。實際上，這可以是一個難得且美好的時機，可以加強你的家庭關係。換句話說，就像把酸檸檬調和成美味的檸檬水一樣！

解決方法

1 在家裡舉辦一場舞蹈比賽。把家具都移到旁邊去，打開音樂並且開始跳舞，可以頒獎給表現最好笑、最動感的人。如果你想要很有創意，可以打扮盛裝參與，並且打造一個有聚光燈的舞台。

2 拍一部電影或創造一齣戲劇。讓孩子自己創作出劇本、服裝等等，並且把電影拍下來或者演出這場戲劇。孩子可以製作入場券以及賣零食給觀眾。

3 享受一頓在室內的野餐。把午餐包裝好並且放置一條毯子在房子很少使用的角落裡。越不是平常常用的地點，孩子們將會享受更

多的野餐樂趣。

4 讓孩子使用桌子、椅子和毯子建立他們自己的堡壘。可以讓他們建立起來的堡壘保留好幾天，並且讓他們在堡壘裡玩耍、吃東西，以及在裡面睡覺。

5 玩一個尋寶遊戲。在房子裡留下很多紙條，紙條的內容將引導下一步的尋寶（例如，「請看洗碗機」）。盡可能的多做一些、多創造一些有趣的線索，例如，「請看一個會讓企鵝感到愉快的地方」。最後找到會有一個獎賞。另一個選擇是讓**孩子**創造尋寶的內容，孩子彼此之間或者是跟你玩。

6 可以玩「復活節彩蛋」方式的尋寶。在房子裡到處藏了許多的小玩具或銅板，並且讓孩子去尋這些寶。（可以準備藏這些東西很多次，這樣孩子可以很開心的享受尋找的過程。）

7 拿出棋盤玩一場遊戲，訂披薩當作晚餐並且放輕鬆。你甚至可以在家裡拿出睡袋露營。

8 烤餅乾！做你喜愛的口味。（誰說不能在三月中烤你喜歡的聖誕餅乾呢？）

汽車，在後座打架

請參考：◆吵架，與朋友吵架，肢體上的◆吵架，與朋友吵架，口語上的
◆兄弟姐妹間的口角◆兄弟姐妹間的爭吵，肢體上的◆兄弟姐妹
間的爭吵，口語上的

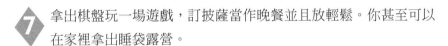

情境

情況總是這樣。只要我開車上路，吵嘴就開始了。「他拿了我的筆！」「他捏了我！」「他故意看屬於**我**的窗子！」如果汽車有隔音裝

置可以隔離後座，那麼我會第一個排隊把它買回家。

思考

你把兩個精力充沛的孩子約束在就像玩具箱大小的空間裡，沒有可以逃離的路線。事實上，他們之間發生的種種複雜問題，都是因為他們平常在家裡共同相處已經很難了，更何況是在一個這樣大小的空間裡共存。可以採取一個具體行動計畫來改變這些狀況。

解決方法

1 當孩子開始吵嘴時，很平靜的把車停在路邊。走出車子並且拿出你的支票本，並且假裝讀它（或利用這機會處理它）。在一、兩分鐘之內，你的孩子將會問你在做什麼。這時你可以宣布，「正在吵架時我沒有辦法開車，可以告訴我什麼時候吵架會結束。」

2 計畫一次「訓練課程」。開車帶著孩子朝向玩具商店或者是一些孩子們很喜歡的地方。當車內的騷動開始發生，宣布當有人吵架時你拒絕駕駛，立刻把車掉頭並且回家。讓孩子生你的氣，讓這樣的衝擊持續影響他們。如此一來，在未來的旅途中，你就能宣布，「如果你們繼續吵架，那麼我們就直接回家」。因為孩子們知道你以前真的因此而回家了，所以他們會相信你仍然會這麼做。

3 創造「汽車規則」。把這些規則寫下來，並且把它們放在汽車裡。每次進入汽車時你可以回顧一下規則，計畫違反規矩的後果。例如，當回到家之後，違反規則的孩子將要負責洗車。

4 枯燥乏味可能引發孩子們之間的吵嘴。在車內放一些書籍、賓果遊戲卡片或無線電耳機等等。保留一些健康的零食在車內也是有用的，例如，麥片或椒鹽脆餅等等。正在玩或在吃零食的時候是沒什麼時間吵嘴打架的。

在車裡花時間跟孩子們說話可以避免吵嘴打架的情況發生。例如，可以問一些孩子必須思考而回答的問題，或要他們詳細敘述這星期發生的事情，或者一起玩戲劇猜謎。

打開你最喜愛聽的電台，把音量開大並且唱歌。

汽車，拒絕繫安全帶或者坐汽車安全座椅

請參考：◆合作，不合作◆打斷◆傾聽，不願意傾聽

情境

我的孩子總是不配合坐汽車安全座椅，也不願意繫上安全帶。每當我們準備好要開車出去時，我們總是需要為這件事而爭辯。

解決方法

習慣是一件強而有力的事，只要幾個星期繫上安全帶或坐在位子上，那麼將來不再是需要爭辯的問題了。所以要保持堅定態度以及維持在控制中來打贏這場仗。遵守規則，「直到每個人都繫上安全帶之後我們才會開車」，直到所有人都繫上安全帶之前，可以拒絕上車。如果你看起來像是一直處在自己的世界裡（例如，看自己的錢包或者是把你的唇膏放進去），孩子將會跟你反應（讓他們知道你正在趕時間，然而他們缺乏服從，所以阻礙了你要做的事，也是導致他們開始等待和抱怨的原因，希望他們坐車時要繫上安全帶，這麼你才能開始開車）。

在家可以試著讓孩子在汽車安全座椅上玩耍，坐在上面看電影或者用貼紙去裝飾它。如果讓它成為更像是孩子自己私人的財產，它將會被邀請到汽車裡。

3 裝一箱或一袋在汽車上可以玩的玩具，當孩子繫上安全帶時，就可以開始玩這些玩具。

4 舉行一場比賽：「我打賭我進去汽車裡並繫好我的安全帶會比你還快！」比較誇張的表現出「很快」的樣子，摸索一下你的座位，因而讓孩子贏得這場比賽。在他贏了之後，可以大聲的說：「下次，我一定會贏回來！」

汽車，誰可以坐在前座

請參考：◆兄弟姐妹間的口角

情境

當我們每一次進入車子裡的時候，孩子們總是搶著要坐在前座。這個狀況讓我感到很厭煩。

思考

在某天第三次坐車後，最後你說：「沒有人可以坐前座！請進入車子裡！」我們為什麼這麼做呢？為什麼我們要每次為了同樣的問題卻沒有辦法解決而感到生氣呢？我們是否真的能想像有一天孩子會過來告訴我們說：「讓你猜，媽咪？我們決定了吵架而讓你感到很煩，所以我們再也不會因為爭前座而吵架了，我們是不是很貼心呢？」

解決方法

1 如果你有兩個孩子，平均的分配某幾天是第一個孩子坐前座，其他天則是另一個孩子坐前座。使用這個方法作為一個固定的安排。所有你必須知道的，就只是今天是哪個孩子坐前座的日子。當然，有很多時候你根本不會出門旅行，或者有很多天你會一直在旅行，但從長遠來看，這是一個很平均的分配方式。每當孩子有怨言時，平靜地向孩子

解釋這個規則。如果你有三個孩子，那麼一個星期每個孩子分配兩天。在星期天，可以把前座空下來，或者讓他們可以交替輪流坐前座（保留一個筆記簿在置物箱裡，以維持這種固定的運作）。

2 分配永久的固定位子。起初，孩子將表示憤怒，覺得這是一個十分荒謬且不公平的做法。但你每次上車都說：「每個人坐在我指定的位置」，過了一、兩個禮拜後，他們將會接受它，雖然似乎有點可憐，但孩子怎麼可能總是愉快的接受你的決定呢？你可以在每個月的第一天改變每個孩子被分配的位子，如果你想要這麼做的話。

3 在車子放一個骰子，每次要搭車時可以擲骰子來決定座位（擲出最高點數的可以先選擇），或者做一組卡片看誰抽到第一個選擇權。

4 徵求孩子的合作。在這個狀況下表現出你很困擾的樣子，並且請求他們找到解決的方法。通常，如果你請求孩子的幫忙，用尊重的方式對待他們，他們將會找到最好的解決方法。

5 可以運用車禍事故統計的資料來幫助你解決這個問題。在車禍事故中，坐後座的孩子比起坐前座高出百分之三十的存活率。國家安全運輸委員會已經要求國家立法，限制十二歲以下的孩子坐在前座。目前在澳洲以及幾個歐洲國家已經對兒童坐前座有立法上的限制。還有一點很重要的是：前座會有安全氣囊的裝置，會有警告標語建議孩子不宜坐前座，以免因氣囊爆開時造成危險。根據這個資訊，你可以在你的車裡張貼一個規則：「十二歲以下的孩子禁止坐前座」。

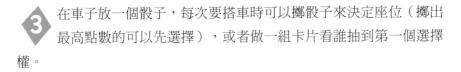

粗心大意

請參考：◆打破東西◆笨拙◆健忘

情境

　　我的孩子好像平常做事都不用心，總是忘東忘西、打破東西，並且犯了許多錯。他真的很粗心大意。

思考

　　沒有孩子**故意**要讓自己粗心大意。通常在孩子行為的背後還有隱藏其他原因。如果你能先放下你的情緒幾分鐘，真正的去思考孩子的狀況，那麼你可能能確認出真正的問題所在。

解決方法

1 有時，看起來是粗心大意的孩子其實只是比較笨拙而已。有些孩子在發展協調功能時步調比較慢。這些孩子可以去參加一些體操、芭蕾、武術，或者其他體育活動，這些都能對他有一些幫助。

2 有些很粗心的孩子其實只是比較沒有組織。可以幫他們買一個大型吊掛的月曆和筆記本。幫助他寫出他所有的活動和要做的事，讓他在筆記本裡製作一個每天要做的事的清單。為他張貼一張圖表：圖表中包括家務事、家庭作業，或者其他該做的事。

3 孩子也許很隨便的把事情做一做，也可能是因為他誤以為時間是最重要的，要趕快做完。孩子需要學會工作的品質也是一樣重要的。教導他如何一步步的完成任務，並且當他順利的做好一件事時，給他一些鼓勵。設法讓他對於一步步慢慢的做、很確實的去努力完成的工作感到興趣。例如，刷油漆、做模型、縫紉或者刺繡等等。當孩子能學會同樣的享受努力的過程和結果時，你會發現他不再那麼粗心大意了。

4 孩子也許一下子要做太多事情了：學校、功課、友誼、家務事、體育等等。他很努力的要做到這些事情的進度，所以他在行動上看起來會變得很像是粗心大意。如果實際情形是這樣的話，在他長大成

熟、比較有能力掌握這些事情之前,試著把他生活裡的事情安排得簡單一點。

輪流接送,壞行為

請參考:◆汽車,在後座打架◆其他人的孩子◆旅行,開車短程旅行

情境

我和其他家長輪流開車接送孩子們,當其他孩子在汽車裡搗亂時,我不確定該如何處理這個狀況,因為不太可能直接去處罰別人的孩子。

思考

對所有的父母親而言,輪流接送是很棒的方式,就像是有私人計程車的服務一樣。當然,其中的挑戰是,設法讓粗暴的孩子文靜斯文一點。這是可以做到的!這需要一個好的計畫、貫徹的執行,以及一個冷靜的頭腦。

解決方法

1 建立汽車規則清單。把這些規則寫下來。在你每次早上接送孩子們時先回顧這些規則。告訴孩子們如果違反了規則,那麼他一路上就必須要跟你一起坐在前座(雖然**你的**孩子可能會想和你坐在一起,但通常其他孩子並不想)。從這時開始,當有人破壞規則,即使只是簡單的拉扯,立刻要求這孩子換到前座跟你坐在一起。

2 當不良行為發生的時候,立刻把車開到路邊並且停下來。這樣的動作也是為了給孩子很深刻的印象,讓他們知道要注重安全。用眼睛看著孩子,並且很禮貌的要求他停止這樣的行為。「馬文,如果你停止踢我的座位後面,我會很感謝你。謝謝!」

3 在車裡做一些簡單的活動，例如，汽車賓果遊戲、紙牌遊戲，兒童雜誌或者書籍。有事做的孩子比較不可能搗亂（讓這些遊戲活動是不具有競爭性的，也不要真的去做什麼很大的事情。如果是一個無線電耳機，那會讓所有的孩子搶成一團）。

作弊，在比賽當中作弊

請參考：◆失敗◆自我價值感低

情境

我的孩子在玩遊戲時作弊。

思考

以一個成人的觀點，當我們看見孩子欺騙作弊時，我們會假設這種不良行為可能是未來犯罪行為的開始。多數孩子會作弊只是他所學會的不當遊戲方式。出現這些行為也是一個機會，可以讓孩子從嘗試錯誤中去學習到正確的道理與方式。

解決方法

1 如果孩子還不滿六歲，他都不遵守比賽的規則，這種狀況並不是成人用語裡所說的「作弊」。幼兒並不了解遊戲的規則與邏輯，或者也不了解為什麼不遵守規則是不對的。一般而言，當他們玩的時候改變規則，而讓自己最後可以成為贏家（一種很棒的想法，如果你能這麼想）。平靜地告訴你的孩子，如果他想要和你或者其他孩子玩，那麼他玩遊戲必須要遵守規則；如果他想要用自己的規則玩遊戲，那麼他可以跟他自己玩。教導他因為有一定的規則，所以全部人都可以用同樣的方式玩在一起。

2 你的孩子可能對規則了解得不夠清楚。先暫停遊戲並且回顧規則，回答他的任何疑問，然後再敘述遊戲接下來怎麼進行，例如，由你開始，如此規則就會被孩子所了解。這種方法能尊重孩子，也讓孩子知道你發現他作弊，並且作弊是不對的。

3 有些孩子作弊是因為他們不喜歡當輸家。當孩子輸的時候會非常生氣，並且丟東西發脾氣，那麼他需要學著去了解沒有每次贏也沒關係。可以透過一些簡短、簡單的遊戲，例如，猜謎等，讓孩子練習去接受失敗的感覺，這對他是有幫助的。此外，他也可以多參加沒有競爭性的遊戲，在遊戲中沒有贏家也沒有輸家，這也會對他有所幫助。

4 當你自己輸掉的時候，正好可以示範一個合宜的態度，讓孩子了解輸了並不代表世界末日到了。「哦，我輸掉了！不過這個遊戲真的很好玩。」

作弊，在學校作弊

請參考： ◆ 在學校的行為問題 ◆ 自我價值感低

情境

我的孩子考試時作弊被逮到。當我問他為什麼那麼做時，他只是聳聳肩並且說：「大家都會作弊。」

思考

孩子在學校作弊有不同的原因。想要被注意、焦慮和懶惰，是幾個常見的狀況。它幫助了解你的孩子作弊的原因，如此一來，你比較能了解孩子違規的狀況。然而，作弊是錯誤的基本觀念，是你需要表達讓孩子了解的重點。

解決方法

1 當孩子在一次的考試裡作弊，那麼他可能是因為沒有準備充分而且很害怕沒辦法通過考試。如果他為自己的作弊行為感到羞愧和後悔，那麼他已經從經驗中學到了一個教訓。和孩子談論情況並且做一個特定的讀書計畫，或者為孩子請一個家教，以防止孩子再繼續作弊。

2 如果你發現孩子考試作弊或者是抄襲家庭作業，可以讓孩子的老師約談孩子，並且安排孩子重新考試或者重新把作業做好。因為被叫去和老師談話以及被分配額外的工作是孩子所不喜歡的，或者這可以避免孩子再度發生作弊的情形。

3 孩子可能會因為父母親期望他表現很好，但自己在該方面卻無法達到父母的期望而感覺到壓力。誠實的檢視自己對孩子的期望，去確認這些期望是符合實際的情況。告訴你的孩子，用很積極的態度、盡自己最大的努力，這才是最重要的。

4 對自己期許很高的孩子會很在意成績，以至於想透過任何方法去達到自己想要的目標。他需要學會享受學習的過程，以及為自己其他的特質而感到自豪。幫助他去發覺自己的優點（請參考：作業，完美主義）。

5 有些孩子可能有腦部的問題或者是未曾被診斷出來的學習障礙，也許會因為害怕而作弊。如果你懷疑孩子可能有這類的問題，可以和孩子的老師或者是諮商師談一談。

6 請確定你是否有給孩子機會，讓他自己去嘗試新的東西、完成任務，而沒有去幫忙或拯救他。如果父母親幫孩子完成了他的科學作業、餅乾食譜和家庭任務，孩子接受到的訊息是：他做得不夠好，以及他可以接受別人的幫忙。

C

> 如果作弊不是一個單純問題，可能伴隨著說謊、偷竊，或者其他的問題行為，那麼最好是諮詢專業的諮商師或者治療師。你也可以從學校諮商師或護士那裡獲得一些了解或建議。

家務事，抱怨做家務事

請參考： ◆家務事，如何完成家務事 ◆抱怨

情境

「為什麼我必須做這麼多事？」「賴利的媽媽從來不會叫他做家務事！」「這一點都不公平！」每當我要求孩子做一些家務事時，我總是聽到這些話。我很厭倦聽到這些話了！我該怎麼做，才能讓孩子願意去做他的家務事而不是一直抱怨呢？

思考

孩子總是不配合且抱怨，一個很簡單的原因在於，孩子認為父母親總是有數不清的家務事要他們去做。做個深呼吸，並且使用這些解決方法來減少孩子的抱怨。

解決方法

1 讓你的孩子知道，這些家務事不是他可以選擇的，並且你試著去忽略他的抱怨。告訴他——去做就對了。

2 使用殘破記錄的技術。舉個例子：父母說：「請你去倒垃圾。」孩子爭論，「為什麼我要去做這裡所有的事情？這不公平！」父母可以平靜地反應，「請去倒垃圾。」然後孩子又說：「為什麼妹妹不用做任何家務事？」接下來父母再回應他，「請去倒垃圾。」最後，孩子會從經驗中推測，和父母親討價還價是沒有用的，而且他將會去倒垃圾。

③ 也許這是允許孩子換成做其他家務事的時候了。通常，如果孩子每天都在做一樣的事情，那麼他們會覺得很厭煩，這些事情變得繁瑣又單調。換家務事做也許會帶給你一些樂趣！把家庭裡的家務事列出一張明細表，並且觀察換其他家務事做是否可以提振大家對家庭責任的態度。

④ 邀請你的孩子坐下來跟你談一談，把寫字白板放在桌上，幫每個家庭成員畫出一個欄位。向孩子宣布你要回顧家務事的內容。寫下家裡所有的家務事以及負責這件家務事的人的名字。你剛開始可以這麼說：「好，我們來看買菜的工作是誰負責的？那是我。付帳單是誰呢？也是我。做晚餐？是我。洗衣服？是我。送你去踢足球？是我。修理汽車？是我。丟垃圾？嘿！那是你的其中一項！」孩子看到無止境的家務事清單以及你的名字，那麼他會突然感覺到自己負責的三件家務事好像是很容易去做的。

⑤ 當你和孩子兩個人心情都很不錯的時候，可以和孩子好好談一談，告訴孩子他對家庭的貢獻有多麼重要。跟他解釋我們是家庭團隊，一起去處理家裡的家務事。真誠的要求他的幫忙也可能是解決他抱怨的一種方法。和孩子腦力激盪的一起做計畫，讓他不再抱怨。在閒談當中，你將可以看到孩子順從所做的努力。在這個時候很關鍵的重點在於，要去稱讚他並且表揚他令人愉快的態度。

⑥ 給你的孩子上一堂歷史課。告訴他在十七世紀時，美國清教徒希望孩子在七歲時就學會做事，而成為社會上有生產力的成員，當然，當時只有大約百分之七十的孩子可以存活到七歲。接下來指出，一八四二年在麻薩諸塞州訂定了法律，限制十二歲以下孩子的工作時數，所以孩子每天工作不能超過十個小時。依據孩子的反應，你可以告訴他你所知道的這些事，或者鼓勵他利用圖書館或者網路來研究童工的相關內容。

C

家務事，如何完成家務事

請參考：◆臥室，打掃◆混亂，孩子持續的混亂

情境

除非我一直嘮叨和抱怨，否則我的孩子總是忘記做他的家務事，或者根本不去做。通常到了最後，不是我發脾氣，就是我自己把事情給做完。

思考

分配孩子做家務事是幫助他們建立自尊心與能力感的最佳方式。規定要做的家務事幫助孩子建立做工作的習慣以及良好的態度。讓孩子做家務事也教導他們生活的價值，並且讓他們知道完成這些事情才能讓家裡正常運作。當孩子長大後把家務事當作是生活裡很正常的事，那麼他成年後將會更有責任感。

解決方法

1　根據孩子的生理與智力發展，選擇他們年齡可以勝任的工作。很多父母這個時候通常會低估孩子的能力。要記住！孩子能玩一個複雜的電腦遊戲，那麼他也可以很容易的使用洗碗機。學齡前的兒童可以處理一、兩個簡單的日常工作。年長一點的孩子則能自己完成兩、三個每天要做的工作，以及一、兩個每週要做的工作（請參考：家務事，建議的清單）。

2　花點時間訓練孩子。不要假設因為孩子看過你做某些事，那麼他就會自己做。透過你很具體的指示，並且一步一步做給孩子看。下一個階段則是讓孩子幫助你做這些事，孩子跟著你做家務事，並且你可以監督他做的情形。在你認為孩子已經可以掌握這項工作，那麼他就

能接受這項的任務與責任。

3 孩子需要每天可以看得到的提示，提醒他們持續的做他們所負責的家務事（這要根據你的需要，比較一下是要每天做計畫或者是做出一個清單）。做一個孩子的家務事表格，當孩子每天完成的時候可以在上面做記號，這是一個很有用的技術。另一個選擇是，在一個有翻轉裝置的架子上，上面列出每個孩子所負責的家務事。當孩子完成某件家務事時，孩子就可以翻轉過來做標記。那麼在晚上，父母親就能檢查有哪些沒完成的家務事，在孩子準備好上床前，要孩子把這些事情完成。

4 可以使用「當……然後……」技術。舉例說明：「當你餵完寵物時，你可以吃你的晚餐。」可以把孩子的餐盤蓋起來放好，作為一個安靜的提示，意思是要孩子「趕快去餵寵物，然後你就可以回來吃你的晚餐！」其他「當……然後……」很常見的建議是，「當你的家庭作業完成時，然後你就可以去外面玩」，以及「當你睡衣穿好也刷完牙時，然後我們就一起來讀故事書」。如果你每天都遵循著「當……然後……」的原則，效果將會比較好。

5 你用很具體的方式指示孩子。例如，「打掃你的房間」這句話是很模糊的，而且有很多不同的解釋方式；相反的，你可以明確的說：「把你的衣服放進你的衣櫃裡，把書放回書架上，盤子拿到廚房裡放好，以及把玩具收在玩具箱裡。」

6 有時可以增加一點樂趣，讓某天成為「銅板蒐集日」。在孩子完成他的家務事之前，把銅板、零錢放在家裡他要做的家務事地點附近。當孩子完成所有的家務事並且令你滿意時，孩子將能保留他所得到的獎金。

家務事，金錢和家務事

請參考：◆零用錢◆金錢

C

情境

　　我有幾個朋友會給孩子做家務事的薪水。我想知道孩子做家務事時是否應該給他們錢？

思考

　　你最後一次因為煮晚餐、洗衣服、打掃房子而拿到錢是什麼時候？

解決方法

1　　如果要付薪水給做家務事的孩子，那麼當他們不想要錢的時候，他們就可以選擇不去做家務事。「嘿，老爸！我這禮拜不需要錢，所以你可能要自己去倒垃圾和洗盤子。」我確信這一定不是你想要看到的結果，所以這是一個不付錢給孩子做家務事的好理由。而且你應該也不會想要鼓勵孩子認為，在生活中做一些日常差事都會有金錢獎勵。另一個我不認為你應該付錢給孩子的原因是：孩子應該每天對家裡做一些貢獻，因為他們是家庭中有生產力的成員，而不是因為他們想要贏得幾塊錢。

2　　可以為了想賺錢的孩子提供一個有薪水的特別家務事清單，這個清單的內容應該要在日常規定的家務事以外的任務。有幾個想法：包括清洗車庫、地下室或者頂樓；組裝壁櫥或抽屜；洗車；裁切優惠券；地板打蠟；把銀器擦亮；修理破掉的東西；洗窗戶；擦亮鞋子；或清潔冰箱等等。如果你有在做生意，也許可以提供孩子另一些有薪水的任務，例如，影印、貼標籤、摺東西或者排順序、歸檔或者清潔工作。

3　　鼓勵你的孩子在家裡附近找份工作。如果孩子有動機想要賺錢，在鄰居間可以找到很多機會，可以考慮幫忙照顧寵物、整理庭院、當保母、洗車、送報紙，以及其他臨時工作。

家務事，散漫或緩慢的工作

請參考：◆粗心大意◆懶散，在家懶散◆拖延

情境

當該做家務事的時候，我的孩子總是拖拖拉拉的。當他終於開始去做的時候，他通常慢吞吞而且是很散漫的完成這些事情。

思考

「玩我的新電腦遊戲、整理我蒐集的石頭或者去倒垃圾？我會決定先做哪件事呢？」做家務事理所當然會被排在最後一個名單。不只是孩子，你自己也會有這樣的傾向。當看到大人也會把該做的事情拖延到比較後面再做，孩子比較成熟時也學會可以這麼做。在這個時候你需要去幫助他。

解決方法

1 可以跟會拖延的孩子一起工作，這樣可以輕輕推他一把讓他開始做事。有些孩子比較難自己主動開始去做，因為他們不知道該從哪裡開始，也不知道什麼是他們確切該做的。

2 去認同孩子所做的工作而不是批評他的工作品質；去讚許孩子完成了工作，而不是抱怨他花了太多時間。孩子傾向於在你的認同與稱讚中繼續努力，而不是在你的批評與抱怨之下。

3 你的孩子也許對他目前負責要做的家務事感到厭煩無聊。增加任務的挑戰以及你對孩子的期望，讓孩子試著去掌握他的責任。給孩子新的任務和不同的家務事，或許會激發更多興趣和承諾。

4 要克制自己重新做孩子做過的家務事，或者一直糾正孩子犯的差錯。這麼做將會讓孩子下次不想再嘗試，也將變得越來越散漫、隨便做。因為孩子知道你將會幫他做好這些事情。

5 每天都必須做的家務事可能會變得很繁瑣。允許每星期有一天（通常是在星期六或星期天）不用做任何家務事，除了有些一定要做的事，例如，照顧寵物或洗盤子。

家務事，建議的清單

請參考：◆家務事，如何完成家務事

情境

我努力在思考有哪些家務事是適合我的孩子去做的。

思考

你可以根據家務事的建議清單，從裡面選擇一些適合你孩子的工作。你的孩子無法很神奇的勝任所有的事情！簡單地去看清單裡的內容，請思考你孩子的年齡、能力和個性，並且精心挑選出適合你孩子做的家務事。學齡前的兒童可以做一、兩個簡單的工作。當孩子更大一點和能力也更好時，他們就可以處理比較大量而且更複雜的工作。

二歲到三歲：把玩具收好、把寵物食品放在寵物盤裡、把衣服放進洗衣籃、擦溢出來的水或者是灰塵、把書或雜誌疊起來、選擇自己要穿的衣服或者自己穿衣服。

四歲到五歲：包含以上所說的，以及自己整理床鋪、去倒廢紙簍、拿郵件或報紙、把桌子清乾淨、拔雜草、使用手持式吸塵器把麵包屑吸乾淨、澆花、從洗碗機裡把碗盤拿出來，在水槽清洗塑膠盤，或者幫大家把麥片裝在碗裡。

六歲到七歲：包含以上所說的，以及疊洗好的衣服、打掃地板、處

理個人衛生問題、整理和清潔桌面、幫忙做午餐以及把午餐打包、用犁耙除雜草和掃落葉、保持臥室整潔、倒自己要喝的飲料或者接電話。

八歲到九歲：包含以上所說的，以及把要洗的碗盤放進洗碗機、丟掉雜物、使用吸塵器、幫忙做晚餐、自己準備點心、在餐後清潔餐桌、把自己洗好的衣服收好、縫合鈕釦、自己洗澡、自己做早餐、削蔬菜水果的皮、烹調簡單的食物（例如，烤吐司）、擦地板、帶寵物去散步或者打包自己的行李箱。

十歲或更大：包含以上所說的，以及使用洗碗機、處理要洗以及洗好的衣服、清理浴室、洗窗子、洗車、在有人看著的情況下烹調簡單的餐點、燙衣服、洗衣服、照顧弟妹（成人也在家的時候）、割草坪、清理廚房、清理烤箱、改變床具或位置、用現成的材料烤餅乾或蛋糕、計畫生日聚會，或者幫社區鄰居做其他工作，例如，照顧寵物、庭院工作或者送報紙。

黏著你

請參考：♦分離的不安感♦害羞♦工作，不想要讓父母出外上班

情境

我的孩子完全不想跟我分開。他抱住我的手臂或腿，而且根本沒辦法把他拉開！他不要跟其他孩子玩，也不願意自己玩。

思考

孩子都會經歷過這段黏著父母的階段。一般而言，這只是一個很短的階段，而且孩子也將會不斷長大。如果父母親很討厭孩子這種黏父母的行為，最好避免用動作去推開孩子，或者是告訴他，「不要像個小嬰兒一樣，自己去玩」；相反的，要使用以下的一些想法來鼓勵你的孩子更加獨立。

解決方法

1 允許孩子和你待在一起。告訴他，「只要你想要的話，你可以待在這裡和我在一起；或者你也可以先去玩，如果想要我抱抱的時候隨時可以再回來。」很有趣的是，當你**允許**讓孩子黏著你，通常結果是會鼓勵他離開你身邊。

2 經常在面臨變動或者壓力時，孩子會變得很黏著你，例如，兄弟姐妹的生日、父母親離婚，或者搬新家以及開始去上學。如果這是實際的狀況，允許孩子很自然的黏住你，因為你的孩子需要慢慢習慣新的情境。

3 帶孩子去你希望他去的地方，例如，公園的遊戲區。和你的孩子一起玩幾分鐘；然後，往旁邊走幾步並且站在旁邊看著他，就這樣逐漸的拉開和孩子的距離。如果你的孩子開始恐慌，可以向前走近幾步，說些正面的話，「哇！你看，這個溜滑梯看起來好好玩喔！你可以用你的肚子滑下來嗎？」最後，你就可以離開孩子一段比較長的時間。跟孩子說你將會在哪裡——「我將會坐在這個椅凳上」——因此，孩子看到你走開時將不會擔心。

4 你可以給孩子你的某個貼身物品，例如，一條小圍巾、一個舊錢包，或者是一張照片，這樣他可以拿著這些東西，感覺到父母親還在身邊。

5 給你的孩子一個「不可思議的銅板」，並且告訴他它將幫助他有安全感以及感到開心（我建議使用一般的銅板，而不要用其他特殊的象徵性物品，因為如果孩子不小心弄丟的時候，很容易可以替換）。

6 注意你的言語和行動。你可能會透過身體語言、表情，以及一些擔心的口吻，不經意的鼓勵孩子黏著你的行為，例如，「喔！親愛的，這沒關係！真的不用擔心，我很快就會回來。」讓孩子知道再跟

他保證，你有信心當他不在你身邊時也會很愉快、很安全的。

⚠ 如果黏著爸媽的行為持續超過六個月，那麼這種狀況或許持續太久了，孩子可能有合併其他的害怕等行為，這時候找專家討論孩子的行為會比較有幫助。

衣物，粗心大意

請參考：◆臥室，打掃◆粗心大意◆混亂，孩子持續的混亂◆濕答答

情境

我的孩子都把衣服堆得像一座小山一樣。他穿著很好的衣服去玩耍，常把衣服扯破了或者是弄髒了。以前我會花錢為自己買些衣服；現在，我所有的預算幾乎都花在他的衣服上了！

思考

作為父母，我們有時候反而陷入一種行為模式，無形中鼓勵了孩子繼續他們粗心大意的行為。對衣服很不愛惜就是個很好的例子。當他們還是嬰幼兒時，我們幫他們穿衣服，也承擔了他們所有東西的責任。反過來，他們會認為這些情形是理所當然，也是他們應得的，甚至沒有意識到自己是不負責任的。當你做出一個理智的決定，把管理維護自己東西的責任交給孩子時，他將學會更好好的照料這些東西。

解決方法

1 當父母幫孩子買所有的衣服時，孩子經常會不愛惜這些衣物，因為他知道當他需要的時候父母會再買給他。你可以透過增加孩子的零用錢，增加一個「買衣服零用錢」的項目來改變這樣的狀況。孩子必須為了上學以及休閒娛樂所需要穿的衣服來使用這部分的零用錢，也包括內衣和襪子。讓孩子買這些東西時自己做選擇，也不提供額外的金

額給孩子，即使孩子只是想買一個很小、很便宜的東西，或者是他的衣服壞了或不見了。把這個責任交給孩子，那麼孩子將會很快的學會衣服的價值以及愛惜衣物的重要性。

2 創造一個新的規則：你的衣物要放在你的抽屜或掛在你的衣櫥裡。如果有任何你的衣物在其他地方被發現，那麼它們會被放在車庫的一個箱子裡，直到下個月才能拿出來使用。**要堅定並且徹底的**執行這樣的規則。對有些孩子而言，你可能需要把箱子藏起來，防止他們偷偷的把他們喜愛的東西拿走。當你的孩子很在意也很生氣這些東西要到月底才能拿出來用時，那麼你下個月會在他的衣櫥和抽屜看到更多的衣物，而不是在其他地方！

3 教導你的孩子如何使用洗衣機和烘乾機（這對他是很容易的任務，因為使用這些機器比複雜的電腦遊戲容易多了）。當你確定他已經可以處理任務時，把維護他衣物的責任交給他。告訴他這些機器每次可以運作多少件、可以洗多大的東西等等。當他開始抱怨他沒有乾淨的衣服可以穿的時候，告訴孩子，要跟那個負責洗他衣服的人（也就是他自己）談。

穿衣，咬衣服

請參考：◆*習慣，壞習慣*

情境

　　我的孩子習慣咬他衣服的襯衣袖子和衣領。在襯衣磨損邊緣並且留下一個濕的大斑點，這讓他看起來好像髒髒亂亂的樣子！

思考

　　這是孩子很特別的共通習性。當孩子開始長臼齒的時候，他們就會很喜歡咬東西的感覺。這是孩子牙齒發展並且成長的某種情況。

解決方法

1 不要指責孩子的這個習慣，或者是讓他感到很羞愧。請幫助孩子去控制這種行為，通常很快的這個行為就會消失了。有一個方法是，給孩子一小塊布或者是某件舊運動衫，就讓他咬這些特定的東西。

2 當孩子很想咬東西的時候，允許你的孩子在家咀嚼無糖的口香糖，或者鼓勵他啃蘋果。

3 和你的孩子討論關於他的這個習慣，並且讓他承諾會試著去改變這行為。如果他看見你一直設法想幫助他，而不是不斷地嘮叨這件你不喜歡的事情，那麼孩子將會更容易去做改變。設定某種暗示，可以在他又開始咬並且你要他停止時去提醒他，例如，輕輕拍拍他，或者說某些暗號。

衣物，選擇衣服

情境

我的孩子有一整個櫃子的漂亮衣服，但他總是選擇穿同一件舊衣服，也常搭配得很奇怪。

思考

所有年齡的孩子都可以從這一點顯示自己已經與父母親分離而獨立。實際上，每個世代有不同的流行與觀點，那麼孩子選擇與搭配的樣式自然會和父母親習慣的樣式有所不同（可以回想你父母親的選擇是否是你喜歡的呢？）。

解決方法

1 不要為這件事和孩子爭論。如果孩子穿的衣服是適合當時的天氣，並且看起來還算是乾淨、樸素的樣子，那麼就隨孩子喜歡吧！如果你的孩子穿出去的衣服真的很古怪，那麼這是個機會，讓他知道你並不會挑剔他。

2 把孩子的衣櫥、衣櫃、梳妝檯重新安排放置衣服，讓他在選擇搭配衣服時更加容易。這樣做可以幫助他在不同的地方分別找到他上學要穿，或者出去玩要穿的衣服。你可以先配好成套的衣服並用橡膠圈把每一套套起來；你也可以使用各種籃子、箱子，把不同的衣服做排序或分別放置。

3 為衣服訂定具體的規則。在某個你限定的範圍內讓孩子可以自由的選擇。例如，印有誇張圖案或片語的 T 恤，可以在家或晚上睡覺時穿，新的衣服只有上學時才可以穿。

4 帶著孩子一起逛街購買衣服，花多一點時間仔細選擇。大部分的孩子會一直穿他最喜歡的那幾件，如果買衣服的時候他們可以自己選擇決定，那麼你平常挑剔他穿衣服的煩惱將會減少很多。

穿衣，穿衣服時到處遊蕩

請參考：◆拖時間

情境

當我帶孩子上樓換衣服時，他很容易因為所有的小事而分心。通常到最後會讓我一直對他嘮叨甚至是吼他，所以常因此而晚出門。

思考

　　嗯！當他還是個孩子，他並不喜歡無時無刻被你監視注意著。你可以確認一下你的事情，去做一些還沒做好的事情。例如，先去洗衣服，享受一下做事時的輕鬆愉快心情，幫襪子找出配對，或者看一隻灰灰的松鼠從地上跑過去。唉呀！還有很多事可以做，也還有很多安排好的事，父母親的工作就是讓這些事情繼續運作下去。

解決方法

1 一些年幼的孩子換衣服時顯露出到處想玩，無論是他是不是真的如此，對他而言穿衣服是很複雜的，例如，那些拉鏈、鈕扣和領帶。可以選擇比較簡單的衣服款式，讓孩子覺得穿衣服是一件比較輕鬆簡單的事情。

2 可以運用「當……然後……」技術，跟孩子說：「當你穿好衣服時，然後你就可以過來吃你的早餐。」

3 開發一個具體的早上規則。把要做的事情寫下來並且張貼在孩子臥室的門上（如果你的孩子還不識字，那麼可以用圖片來表示）。幫助你的孩子遵守這些慣例，直到幾個星期後這些將會成為孩子的習慣。然後，只需要簡單的問孩子：「你的早上規則做好了沒啊？」就可以輕鬆的督促他的行動。

4 把孩子的衣櫥和梳妝檯重新安排整理，如此孩子在穿衣服時就可以很順利的找到他要的衣服。如果孩子需要先從一堆衣服裡找到他要的，那麼速度將會變得很慢。可以把一切保持整潔，並且在抽屜或籃子上都做好標示。把搭配成套的衣服摺疊放在一起也很有用，例如，孩子可以直接找到放置在一起的整套襯衣、褲子、內衣和襪子。

5 形成一個新的慣例，就是當孩子晚上要換睡衣時，把所有衣服攤開，讓他自己選擇。

6 設定一個新的規則，當你的孩子吃完早餐也穿戴整齊後，並且完成他早上需要做的家務事，那麼他可以在出門前多出來的時間做任何他想做的事，例如，玩遊戲或者是看書。

7 決定在某個時間內必須要換好衣服，例如，七點三十分。如果你的孩子在時限內沒有完成，那麼他必須要接受你事前聲明過的後果（例如，當天晚上要早十五分鐘上床睡覺、摺疊洗好的衣服，或者是隔天要早十五分鐘起床準備上學）。在時間到之前五分鐘可以警告他，讓他更有機會在時限內完成這些事。

穿衣，常改變

情境

每當我看見我的女兒時，她總是穿不同的衣服。現在更糟的是，她挑選衣服時，把她不要穿的都丟在臥室的地板上。當衣服堆太多的時候，她會簡單的把這座小山堆整齊一點，並且盼望家裡的「洗衣工」來處理它。嗯！我這個洗衣工正準備罷工！

思考

當孩子對他們的外型、表現更有想法、更在意時，他們會開始挑剔他們衣櫥裡的東西，他們會覺得好像沒有一樣是好的，而且不同心情的時候會想選擇穿不同的衣服。孩子這樣的行為是正常的，讓自己稍微去適應一下，給孩子一些自由，雖然你希望的是一個乾淨的房間以及洗少一點的衣服。

解決方法

 重新安排孩子的臥室，利用各式各樣的箱子、架子與衣架等等，把一部分隔出來當作是一間「更衣室」。或者把衣櫥裡很舊、很

破爛，或者是根本不會再穿的衣物清掉，創造一個整潔又有組織的衣櫥。

2 讓孩子自己負責整理自己的衣服。教他如何使用熨斗、洗衣機和烘乾機。如果他沒有遵守這樣的規則，可以開始跟他收取整理衣物的費用，這些費用可以從他的零用錢裡扣；或者讓他自己買肥皂，用手洗滌自己的衣物。

3 和孩子討論問題的解決方法。平靜的解釋你為什麼覺得衣服的情況是一個問題，真誠地請求孩子幫忙找出解決方法。和孩子一起腦力激盪，直到想出一個實用的計畫，並且為這個計畫簽名，同意要遵守計畫的內容。每天和孩子溝通，當孩子有進步或符合計畫的要求時，記得要恭維並且稱讚你的孩子。

穿衣，不要自己穿衣服

請參考：◆合作，不合作◆傾聽，不願意傾聽◆倔強

情境

我的孩子有能力自己穿衣服，但他卻不願意自己穿。

思考

許多孩子會很開心的穿著他們的睡衣一整天。穿衣服雖是一件簡單的事情，但如果當他們正在做喜歡的事情時，會不願意花時間去換衣服，而且他們也不覺得換衣服是一件很急迫的事情。這需要父母親發揮一些創造力讓孩子願意合作。

解決方法

1 訂一個固定的規則：「當你自己穿衣服的時候，你可以從你上學穿的那些衣服裡自己挑選及搭配；如果要我幫你穿的話，那麼就由我來選擇決定你穿什麼。」起初孩子會讓你選擇，因此重要的是，你

要選擇孩子所不喜歡的樣式（這一招很詐，但很有效）。當他抱怨的時候，你只要平靜的回應他，「如果是我幫你穿，那麼由我來選擇；如果你要自己穿，那你可以自己選擇你想要的。」對孩子自己的選擇保持彈性，如果他們穿的衣服是適合天氣跟場合的，就不要太在意孩子比較奇怪的配色或者是層次很多。相信我這麼做，你將會是一個幫助孩子獨立，以及建立他個人責任感的好父母。

2 用不同的方式因應這個問題。當你很急的時候，幫你的孩子穿衣服，但當你有時間的時候，你花點時間鼓勵他、提醒他，讓他自己穿衣服。等孩子大概五或六歲時，大部分的孩子會長大成熟，而不再需要你的幫忙。

3 設定具體的時間限制以及運用「當……然後……」的方式，給孩子自己處理事情的優先權利。「我會把鬧鐘設定十分鐘，如果你在鬧鐘響之前穿好衣服，然後我們在出門前，我會有時間唸故事書給你聽」，或者「當你穿好衣服，然後你可以吃早餐」。

4 裝傻或者玩遊戲。你可以藉由玩一個打扮的遊戲、比賽或者是裝傻，來化解早上的緊張。例如，對一個年幼的孩子說：「嗨！在這裡！我是小彼得，我是一件有魔力的 T 恤。如果你把我穿上，那你也將會有魔力！」

5 讚美孩子的成功表現！正面的鼓勵可以讓孩子在正常的軌道上繼續前進。

耍寶

請參考：◆浴室裡的笑話◆幽默，不恰當的幽默

情境

我的孩子從不正經，他甚至只是看著吐司麵包就可以搞笑！當然啦！

有些時候他真的很有趣，但是大部分的時候我很討厭他這樣一直要寶。

思考

我知道這很讓人困擾。但是去處理它，會比抱怨、煩惱或者尖叫還要來得容易！

解決方法

1 當他們出現這些不適當的表現時，不要因為孩子滑稽的行為或言語而笑。保持一樣的表情並且忽略他的這種行為。

2 給你孩子的幽默性格找另一個出口。幫他報名參加表演班，或者讓他加入很輕鬆愉快的團體或活動。

3 用愛與耐心教導你的孩子確定哪些時候是搞笑的適當時機。如果孩子裝傻或者不配合，就把他帶到身邊，並且說：「請你現在保持正經的態度。」

4 當孩子表現出適當的行為時，給孩子正面的關注。有時候孩子要寶是為了想要得到他人的注意。如果不用要寶的時候也可以得到很多關注，那麼孩子將不再那麼喜歡要寶。

5 去享受孩子帶來的歡樂！或許你的孩子將會是下一個羅賓·威廉斯（美國著名演員）。

笨拙

請參考： ◆打破東西 ◆粗心大意

情境

我的孩子總是打翻東西、撞到東西或者打破東西。我大概每天需要對他說一百次，要他「小心一點」。

思考

　　許多兩歲到六歲左右的孩子是比較笨拙的，這個時期他的感覺統合正在協調開發當中。尤其對某些孩子而言，這些笨拙的情況特別明顯。在快速成長或青少年期間，笨拙的狀況其實不斷的在培養他的能力。所以請保持耐心，孩子並不會自己選擇當個笨蛋。去找出一些有用的方法，幫助你的孩子快速通過這個笨拙的階段。

解決方法

 提供安全的保護。使用有杯蓋的杯子以及塑膠製的盤子，並且把會打破的東西移到他拿不到的地方。

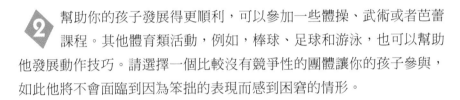 幫助你的孩子發展得更順利，可以參加一些體操、武術或者芭蕾課程。其他體育類活動，例如，棒球、足球和游泳，也可以幫助他發展動作技巧。請選擇一個比較沒有競爭性的團體讓你的孩子參與，如此他將不會面臨到因為笨拙的表現而感到困窘的情形。

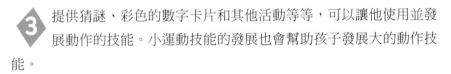 提供猜謎、彩色的數字卡片和其他活動等等，可以讓他使用並發展動作的技能。小運動技能的發展也會幫助孩子發展大的動作技能。

 鼓勵孩子嘗試新的事物並且實際去做，直到他能夠做得很好。通常，充分的練習之後，笨拙將不再出現。

！ 有時候，如果孩子表現出過度的笨拙，可能是視覺或者運動發展問題的癥兆。如果你懷疑孩子可能遭遇這些難題，你應該去諮詢小兒科醫師或者專業的醫療人員。

競爭

請參考：◆缺乏運動精神◆失敗

情境

我的孩子覺得所有的事都是比賽，而且他每次都要成為優勝者。

思考

對孩子而言，有一些競爭性是健康的，這可以刺激他表現出最佳的狀態以及測試他的極限。如果過度的重視競爭性，也許剝奪孩子生活中的許多樂趣，因為他都把焦點放在「勝利」而沒有享受過程。另外，一個有強烈競爭性格的孩子很難接受失敗的結果，但沒有人能一直不斷的勝利。所以針對這個情形，目標會放在讓孩子的競爭性回歸到一個比較自然平衡的狀態。

解決方法

1 和孩子玩遊戲時不要計分：在後院打棒球時，不要區分隊伍，而是讓大家輪流打擊；或者在網球場時，練習自己來回接球；或者投籃並且記錄投了幾次，而不是去數投進去幾個。幫助你的孩子不要去在意分數，而是去享受遊戲的過程。

2 介紹自己覺得很棒的事情，焦點只針對做這件事時帶給自己很好的感覺，而不是在於其他人所看到的。

3 多稱讚孩子的努力與態度，以及他所學會的技巧，而不是去稱讚結果。當孩子很認真的嘗試、技巧有了進步，或者是他很會鼓勵別人時，對他做出正面的評論。當你的孩子談論他的得分時，把對話的焦點引導到談論比賽的其他方面。

4 檢視你自己的行為。你是否當他勝利的時候，不自覺地讓他感覺到你對他的愛或認同，甚至是讓他覺得他更棒呢？當他得到冠軍時，你是否曾大肆的為他慶祝呢？你是否會為他慶祝勝利，但是當他的隊伍落敗之後，又表現出失望的樣子呢？你是否會把覺得孩子做得很棒

的美術作品張貼出來，然而卻把其他的放在抽屜裡呢？你是否會特別關注某個孩子特別傑出的能力，而沒有鼓勵其他孩子去發覺自己的特點呢？誠實的檢視自己和其他的大人，是否有傳達出一種訊息讓孩子感覺到輸贏的差別與重要性。

5 阻止孩子把一切都視為競爭的需要。當他說：「我的這片是最大的煎餅！」你可以回應他說：「很好！等一下大家吃第二片的時候，我知道你應該飽了，不需要了。」

抱怨

請參考：◆家務事，抱怨做家務事◆發牢騷

情境

每當我要求孩子做某件事時，他就會抱怨。他會去做，但他會告訴我那時候他有多麼的不快樂。

思考

學會「必須」去做某些事，即使是我們不想要做，這是長大必經的過程（甚至最成熟的我們也會在事情當中或事後抱怨）。了解如何用一個適當和尊重的方式表達我們的看法，是一個很有學問的技巧。

解決方法

1 重新對孩子聲明，要用你想要聽到的方式來表達怨言。例如，孩子說：「狗屎！我恨這種蔬菜！」你回應，「我希望聽見你說的是『爸爸，我不想要吃菠菜』。」

2 讓你的孩子知道你會忽略他的抱怨，而且繼續去做。當你要求孩子做某事而他用抱怨來回應你時，只要重複的說一次你的要求，並且從房間裡走出去。

3 使用「壞掉的唱片」這個技術。用一種平淡、沒有感情的方式繼續重複你的請求。你的孩子將會聽到很煩，而且會接收到你想要傳達給他的訊息。

4 告訴你的孩子什麼是你想要聽見的。「莎莉，如果你用正常的聲音，並且說出思考之後的評論，我聽到這些將會很高興」，然後結束討論。

5 在孩子抱怨完了之後，回應他說：「好的，我聽見了你的問題。你認為有什麼是可能的解決方案呢？」不要用惱怒或者諷刺的方式詢問，而是鼓勵你的孩子去思考解決自己問題的方法。

6 確定沒有因為自己的評論而塑造出孩子抱怨的行為，例如，「為什麼你不能把你的東西拿走呢？我是這裡唯一做事的人。你們這些孩子從來不自己打掃，我覺得很煩也累了……」（這些通常都是父母親在房子裡跟在孩子後面收拾時，自言自語的這麼說著！很明顯的，這個行為會是抱怨的最佳示範。）

合作，不合作

請參考：◆打斷◆傾聽，不願意傾聽。

情境

我怎樣才能讓孩子願意跟我合作呢？我經常嘮叨並且抱怨，也沒辦法讓情況好一點！該怎麼辦呢？

思考

這是全世界的父母親排名第一的抱怨。這對父母親影響很大，因為有太多的事需要孩子配合去做（或不去做）。如果你等待你的孩子自己有意願開始合作，那麼你可以先去打包午餐。事情不會自己改變，需要

採取一致、有效的教養技巧,來改變孩子的行為,以及鼓勵孩子經常性的願意合作。對父母親而言,這很需要耐心和堅持,一旦你稍微改變了你的方法,你將發現在準備睡覺時不再祈求他們趕快上床,而是和孩子們一起享受那段時間。

解決方法

1 不要做出帶有暗示的評論,暗示著什麼是你想要做。例如,「如果某人可以幫我打掃那就太好了」。不要在言語中表達出孩子可以選擇合作或者是不合作,例如,「你願意……嗎?」「你可以……嗎?」「你是否……?」或句子的結尾總是「可以嗎?」要把你的要求表達得清楚、簡短以及具體。例如,「請把你的盤子放在水槽裡並且把桌子擦乾淨」,或者「現在已經六點了,帶著你的家庭作業到桌子這裡來」。

2 使用「當……然後……」技術,又稱為「老祖母的規則」。簡單地告訴孩子他的優先順序:首先是要先做事,然後才是玩。「當你完成了你的家庭作業時,然後你可以玩新的電腦遊戲」、「當你穿好睡衣時,然後我們可以讀一本書」、「當盤子洗好了,然後你可以騎自行車出去玩」。

3 提供你的孩子一個選擇:「你想要掃地板還是擦乾碗盤?」你也可以使用一個順序讓孩子選擇,例如,「你要先穿睡衣還是先去刷牙?」另一個方式使用的選擇是以時間為焦點的選擇,例如,「你要在八點整還是八點零五分開始做?」如果孩子自己創造出第三個選擇,簡單的對他說「這並不是其中一個選擇」,並且再次聲明你原先的選項。如果孩子拒絕選擇,那麼由你來為他選擇。

4 使用幽默來獲得孩子的合作。一點愚蠢好笑的互動可能會解除緊張的狀態,並使孩子願意與你合作。

5 避免被你的情緒所控制。不要對孩子吼叫、威脅、批評或者輕視孩子；相反的，大聲說出來，問自己：「問題是什麼呢？」然後說明事實，例如，「在電視房裡有骯髒的盤子和零食外包裝」。暫停一下保持沈默，並且用眼睛凝視著孩子。令人驚奇的是，孩子將會清楚的知道你在想什麼。通常，他們會開始去打掃。如果他們仍然不這麼做的話，可以再嘗試其他的解決方法。

6 請閱讀我出版的另一本書籍《孩子的合作》，書中會有更多的建議和實用的做法。

哭泣

請參考：◆發牢騷

情境

我的孩子很常哭，經常為了不重要的理由而哭，以至於附近的鄰居都知道這裡住了一個愛哭鬼。當他因為小小的受傷又哭得很慘的時候，都沒人要理會他了。

思考

當你的兒子是小嬰兒的時候，他的哭聲會引起很多關愛和注意。他只是還沒學會如何用更成熟的方式來代替哭泣，以尋求別人的幫忙。

解決方法

1 不要對孩子說「不要哭了！」因為這麼說根本沒有用，只會讓你更加生氣，而且孩子哭得更慘烈。反而要告訴孩子什麼是你想要的，「我需要聽見你說話。告訴我你怎麼了？用你的大男生聲音告訴我」。有時，可以幫他起個頭開始說話，「喬治，告訴我，跟我說：『媽媽，我想要……』。」

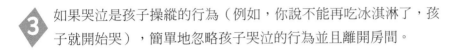

確認孩子哭泣的原因，並且去了解他的感覺。「因為你想要吃餅乾，所以你覺得很沮喪」，或「我知道你真的很想跟爸爸一起去」。哭泣通常是孩子希望能透過這種方式被了解。確認原因可以幫助你了解孩子需要被了解的部分，也可以幫助他停止哭泣，以及轉移他難過或生氣的情緒。

如果哭泣是孩子操縱的行為（例如，你說不能再吃冰淇淋了，孩子就開始哭），簡單地忽略孩子哭泣的行為並且離開房間。

要確定哭泣是否與睡眠不足或者不良的飲食習慣有關。如果是這樣的情形，那麼及早準備上床，或睡個午覺，或者有一些休息充電的時間。並且，觀察孩子的飲食習慣，確定他很正常的三餐飲食，還有健康的點心，讓吃東西的間隔不超過三個小時。

增加孩子在生活當中與他的重要成人一對一的相處時間。有時哭泣是為了要獲得關注。記得要在孩子哭泣之前去關心他，而不是在他哭泣時給他關心的獎勵。

了解你的孩子天生就是一個比較敏感特質的人。運用常見的原則和這類型的孩子相處，使用堅定的口氣去強調你所要表達的，並且試著使用其他原則方法，例如，讓孩子分心，或者用幽默的方式讓他不再哭泣。要避免太過嚴格，因為這將導致孩子繼續哭泣。

使用索引卡片（或小紙片），做十張顯示愉快表情的卡片，在卡片上畫上明亮的黃色。在卡片背面畫上難過的表情，並且著上藍色。在卡片角落戳洞並且用毛線穿過，把卡片串在一起。可以把卡片掛在紙板上或者是鑰匙圈上，在早上向你的孩子顯示微笑表情的卡片，跟孩子解釋每次當他哭泣時，你就會把一張愉快的表情翻過來變成難過的表情。如果每天結束時，愉快表情的卡片比難過的表情更多時，那麼當孩子穿上睡衣時，你將會讀一本故事書給他聽（或者可以用孩子希望的事情代替）。通常，只要表情卡片就足以激勵孩子的表現（可以預期到

的是，當你第一次將愉快表情的卡片翻轉成難過表情時，孩子會有很強烈的反應。因為孩子可以很直接看到這個變化，這時候孩子通常會很生氣）。

D

怕黑

請參考：◆上床時間◆害怕

情境

我的孩子很怕黑，而且不希望晚上關燈的時候還是一個人。

思考

怕黑是兒童害怕當中相當常見的。如果你回想自己的童年，你可能記得會害怕到一直沿著樓梯往上跑、心臟怦怦跳，而且你會想像某些不知名的怪物，可能慢慢爬到你的腳跟上。因此你會特別注意某些恐怖電影的畫面，隨時會在燈光暗掉之後發生。

解決方法

①　了解孩子的感受：「我知道你不喜歡在昏暗當中一個人，可能是因為你害怕看到房間裡面的什麼怪東西。」向他們承認你自己是孩子的時候也會怕黑，向他們解釋當你越來越了解這個世界的時候，你的害怕就會逐漸減少，讓他們了解燈光關掉之後，整個房間還是和原來一樣。可以開始實驗在房間關掉燈的時候，四周看一看，在房間走一走，甚至在不同燈光亮度不一的時候試著去做前述的這些事情，當一天所有的燈光暗掉，只拿著一支小小的手電筒，再試試以上的這些事情。然後選擇一個黑暗當中看起來很怪異的影子，然後重新用手電筒照這些影子，看看這些怪怪的影子到底是什麼。

2 容許孩子睡覺的時候開一盞比較亮的夜燈，甚至是習慣性的將燈打開。許多孩子都喜歡耶誕節的燈，或者是有綠色或藍色的小燈泡，會在房間裡閃爍發光。大部分的孩子即使在最明亮的光線打開時，都可以睡得很好，而這種需要燈光的行為終究會逐漸消失。

3 嘗試著讓昏暗的這個情形變得不那麼神祕。我們可以嘗試燭光晚餐，或者在起霧的時候全家去散步，或者是家裡嘗試用手電筒或微弱的燈光，躲進著被單大家一起玩遊戲。我們可以買一些有關於星座的書，然後坐在院子當中鋪著毯子，在一個晴朗的夜裡大家來看著這些星星。

4 不要對於孩子怕黑的情形過度反應，甚至你可能讓這個情況變得更大。採取平常心的方式看待，一般的孩子會隨著年齡的增加就消失了，如果你一直去檢查床底下或櫃子裡，讓孩子相信每件事是沒問題，孩子就會開始覺得很奇怪，即使是你知道那裡根本沒有任何東西，他也會懷疑你為什麼要一直看著那些地方。

5 避免你的孩子看恐怖電視影片或電影，或者閱讀恐怖的書籍。這些規則必須要運用在每天所有的時間，因為孩子的記憶力非常好，他們早上看過的東西晚上還會記住（必須要小心的注意你的孩子；因為他們覺得很害怕的東西對你來說可能一點都不可怕）。

拖時間

請參考：◆穿衣，穿衣服時到處遊蕩

情境

我的孩子常常在我需要他快一點的時候，走路的方式卻特別慢，動作也很慢。

思考

孩子所生活的世界當中，時鐘轉的速度比成人慢很多，他們常常在做這件事情的時候不會想到下一件事要做什麼，他們喜歡享受每一個當下的時刻。當他們看著貓睡覺的時候就暫停了，檢查地毯顏色，以及一直在想自己為什麼會長腳指頭的時候也會暫停。如果我們無法學習跟著孩子的時間過生活是十分遺憾的。因為我們每天的時間表，不允許我們享受這種活在當下的奢侈生活。嘗試著讓自己不要聽起來像是個嚴苛的監獄管理員，而且也不要像鸚鵡一樣，每次只會說兩個字：「快點！」

解決方法

1 避免讓你對於時間的不同感受造成一些問題，你還是需要很清楚的、具體的去描述，不要讓他們有誤會的空間。例如，不要只是說出模糊的話，「趕快準備好要走了」，而是需要更清楚的說出，「現在，請你把你的鞋子穿上，並且穿上外套，馬上上車！」

2 如果孩子常常拖延時間其實是一種習慣，父母親總是會說「應該要去睡覺了」，但往往因為一聽電話或家事還沒做完，而沒有辦法執行。孩子常常會預期你真的要他們去做之前，還會再說很多次相同的話。我們開始練習：在說之前先思考一下，請做出一個非常具體的要求，然後嚴格遵守。

3 有些孩子主要是因為分心或忘記他們要做的事，如果要修正這些部分，一次就指定孩子做一件事情，當這件事情做完，再指定下一件事情。另外的想法就是，開始寫下要他們做事情的順序，而且給孩子一支筆，當他們做完這些事情的時候，把完成的這些事做一些記號。

4 避免用這些話來逼自己的孩子：「快點！」這種要求常會讓孩子很挫折，因為他要讓自己的動作快起來，常常要花更多的時間來處理忙中有錯的這些錯誤。因此我們可以做出具體的要求，而且是他可

以做到的。「請你將你的拼圖放在盒子裡面，而且上樓到臥室去。」

5 鼓勵你的孩子來完成一個任務「當……然後……」的這種描述，例如，「當你穿上你的睡衣，然後我就會唸故事書給你聽。」

6 檢查你每天的時間表，而且誠實的反省，是否自己想要做的事情太多。如果是這樣，開始在你的生活當中，先放在一定要做的事情上，然後把自己調慢一點。

白天的照顧，當離開的時候他們在哭，怎麼辦？

請參考：◆哭泣

情境

當我把孩子放在白天的保母那裡，他們每天都在哭。

思考

當你停止思考孩子每天都在哭的理由，你就會覺得比較不那麼挫折，並且會採取不同的觀點來看待這件事情，而且會增加更多的耐心。你的孩子主要是因為他太愛你了，而且沒有辦法忍受沒有你在身旁照顧的生活，所以才哭起來。這種愛的方式，在人生當中是不太容易遇到的。

解決方法

1 上午的時候不要太趕，早一點把孩子叫起來，這樣他們才能夠在被帶到車子裡面之前，就開始適應這一天的開始。讓你的孩子在口袋當中放一些東西，這樣離家的時候比較不會寂寞。例如，有一張家人的照片、他很喜歡的玩具，或者有一件 T 恤聞起來類似媽媽的味道。

2 差不多準備五分鐘的時間，讓你有時間來白天照顧他的中心便他安頓下來，可以問他：「在我五分鐘後離開之前，是否有哪些東

西你要給我看呢？」讓他開始對環境的東西有興趣，而且讓你的孩子開始一天的活動，這種相當短暫的時間可以協助孩子開始適應白天的托兒中心（不要讓這個時間延長，甚至延長更多的時間，你的告別動作應該要相當的短暫而且甜蜜）。

3 你可以建立一個特定的告別常規的動作，這個常規動作包括：例如，要抱多少次，或者親他多少次，或者很有趣的方式來跟他道別。讓你每天的常規動作快速而簡單，而且之後可以馬上離開，然後揮手微笑。如果你離開的時候充滿痛苦，你的孩子會吸收這些情緒，自己要表現堅強一點，好像孩子也能夠擁有很棒的一天。將這些訊息經由你的話、身體語言以及行動傳遞給他。

4 讓你的孩子明確的知道，在他這一天活動結束的時候，你將會回來。例如，「我在你點心時間結束之後就會回來」，讓你的孩子知道你在離開的時候會做什麼事情，而且讓他覺得這些事情很無聊。「我將會去我的辦公室，然後我會坐在我的書桌旁邊，並且對著電話講話。」

5 大部分的孩子在你離開的五分鐘內就會停止哭泣，你可以詢問白天照顧的保母，是否你的孩子也是類似這樣。如果你覺得沒有辦法離開一個哭泣中的孩子，你可以嘗試著先到工作的地點，然後打電話回到中心，或者到家後打個電話，這樣你可以更加確定孩子已經停止哭泣，或者是開始遊戲了。你可以問問看其他把孩子放下來的父母親，詢問他們是否曾經看到你的孩子玩得很高興？過得如何？你也可以嘗試看，沒有預警的每週一到兩次，偷偷去看你的孩子，讓自己安心。

! 如果你嘗試這些所有的解決方法，給他們三十天的時間來達到效果。然後你的孩子經過這麼久的時間，仍然會哭泣超過十五分鐘，或者有時候甚至整天都在哭。那你有可能需要做一些改變，或許你的孩子還沒有準備好要離開你這麼長的時間，那麼你要考慮是否要減少把他放在白天托兒中心的時間，或者將你的孩子留在家裡幾個月以後，再嘗試看。找一次機會來看看白天托兒中心的環境，說不定那邊有太多的孩

子，或者你的孩子有某些原因覺得很不舒服，如果真的是如此，考慮換到另一個中心，或換到比較小型的托兒中心，這樣可以比較適合你孩子的個性。

白天照顧，把他們放下以及接送他們

情境

我的孩子，當我把他們放在白天托兒中心時，他們動作很慢而且充滿抱怨，會認為他們根本不想去那邊。奇怪的是，當我下午去接他們的時候，他們還是一直重複這樣的行為。

思考

某些孩子對於適應生活的改變不容易調適，甚至每天都是如此，他們希望每天的生活都是一種可預測的方式。如果讓他們現在在做的事情受到干擾，對他們來說是一種警報，這些孩子需要更長的時間來思考，如何協助他們來掌握每天生活當中環境的變化。

解決方法

1 如果找出特別具體的常規活動，常常可以協助孩子覺得更舒服。所謂**特別具體**就是說：當你每次把他們放下車或者接他們的時候，你所說的所做的要完全一樣。例如，停在同樣的地方，經由同樣的門進去，在同樣的地方掛上外套，檢查他們每天應該要做什麼，而且對他們每天被指定要做的事情給一些評論，接著抱他們兩下和親他們兩下，然後說：「待會兒見，小鱷魚！」

2 每天在同樣的時間到達和接送他們，對孩子來說是非常安心的，他們知道每天都會按照特定的活動來進行。例如，下午的點心時間。

3 當你把孩子帶到托兒中心的時候，然後你又去接他們，可以給他們五分鐘調整的時間（這個時間是相當值得的，因為你可以省掉十五分鐘混亂的時間）。當你到達中心的時候，記得讓孩子注意你，你可以給他們一個飛吻，伸出五個手指頭告訴他們「我們將要在五分鐘內離開」，然後讓你的孩子玩耍或者可以拿什麼東西給你看五分鐘，當時間到要離開的時候，可以使用一個有趣的動作，例如，在他們脖子搔癢，或者抓了一個玩具，或者是你的鑰匙圈，讓它告訴你的孩子（用一個有趣的聲音對他們說話），因為車子在等我們，我們要走了。

4 在開車回家的途中可以建立一個有趣的常規活動，可以放一個點心的袋子在孩子的位置上，每天都有不同的內容。例如，有時候有餅乾、乾的麥片、小餅乾、水果，以及其他的小點心。在停車場的時候，當你要走到汽車之前，可以玩一個固定的遊戲，可以計算停車場裡紅色汽車的數目，或者是計算自己走了幾步。當你的孩子很期待回家時，可以提到某些事情，例如，要求他們閱讀一本新的圖書館借來的書，或者提到祖父將要一起來吃晚餐。

白天照顧，不當的行為

請參考：◆合作，不合作◆傾聽，不願意傾聽

情境

我的白天托兒中心打電話告訴我，我的孩子整天在托兒中心都有不當的行為。

思考

除了這樣的事情讓你覺得孩子的行為很煩之外，當別人告訴你你的孩子很壞，一定覺得很痛苦。你的第一個反應可能是很生氣或者是很防衛。嘗試著去處理這些情緒，然後你可以找出真正問題的所在，對孩子

有所幫忙，而且可以找出一些方法來解決這些問題。

解決方法

1 立刻和白天托兒中心約個時間談一談。盡量不要產生防衛，採取開放的心情，詢問到底這些行為實際的內容是什麼？什麼時候發生？發生的頻率有多高？請這些照顧的人提供特定的建議或解決方法。

2 好幾次在沒有預先告知的情況下到中心看看，不要讓孩子看到你，看看他和其他孩子與中心老師互動的情形。你比其他人都更加了解孩子，而且可以很簡單的找出這些行為的原因。

3 分析孩子一天做什麼，包括他在家的時間以及在中心的時間。是否有哪些重要的改變可能會影響孩子的行為，或者可能這些改變很細微但的確可能影響孩子？常常我們會忽略了造成行為改變的理由，例如，可能有一個朋友離開白天托兒中心，重新被指定一個不是本來就喜歡的老師。有時候很奇怪的是，一些簡單的小改變也可能造成孩子產生許多負面的行為，例如，只是重新改變他拿的畫筆，或者在魚缸當中他最喜歡的魚消失，也可能造成變化。必須要更加詳細的觀察，你才可以發現行為改變的真正原因。

4 你的孩子真的清楚了解白天托兒中心的規則與常規規定嗎？經常看到的情況是，因為和家裡面不同，所以這些孩子即使在造成行為問題時，都覺得很困惑；如果真的是如此，我們需要重複告訴他們白天托兒中心是什麼規則，然後在家裡面也要提醒他們。例如，老師頭上的小燈泡閃閃發光的時候，就是「每個人都要靜下來，而且要注意聽」，在家裡面也可以使用同樣的動作。如果你的孩子仍出現類似不當的行為，在家裡面觀察到的這些行為，就需要跟白天托兒中心的老師保持聯絡，雙方都要用同樣的方式來控制這樣的行為。

5 和中心的其他父母親談一談，他們的孩子適應得怎麼樣？是否他們對老師訂的規則覺得愉快？是否也曾經出現一些問題？這樣的

訊息可以讓你清楚了解中心的整體狀況，而不是單獨了解孩子的狀況，如果你發現其他父母親也有類似的問題，說不定當前的這個議題比孩子單純的行為問題還要複雜許多。

6 因為中心的孩子數目太多，而覺得慌張不安，該怎麼辦？或者是他有某些個性和其中一、兩個孩子或老師有衝突，如果是這樣，你的孩子可能用這種方式來表達，自己也處在這樣的掙扎當中。如果你可以指定一個具體、不相干的問題，並且解決這些問題，說不定不當的行為就會消失。真的是如此的話，你必須再去尋找一個新的白天托兒中心，或許比較適合自己的孩子。

7 和你的孩子談談在白天托兒中心發生哪些事情，採取開放性的問題來詢問他們，鼓勵你的孩子在沒有太多訊息之下盡量發表，因為孩子常常會發出大人口中講的想法，然後把這些想法放大。如果你詢問某些特定問題，有可能希望他們不是只有回答有或沒有、是或不是。必須要保持耐心，讓孩子有足夠的時間來想和回答。你的孩子可能沒有辦法用很好的言語說出他們的問題，但是如果你詳細的去聽，就會發現到底孩子發生了哪些事情。

尿布，不願意被換

請參考：◆合作，不合作◆如廁訓練

情境

我的孩子充滿了許多能量，他不願意躺著不動，而且不願意躺著被換尿布，他會哭、亂動或者逃跑，這種簡單的問題變成是一個兩人之間的大戰。

思考

許多活潑學步期的孩子，無論他們的尿布乾不乾淨都不會在意。他

們比較忙著去關心的是生活中的瑣事。可能對你來說不是很重要，但對孩子來說必須是先處理的事情。

解決方法

1. 對這個尿布給予命名，並且使用尿布當作玩偶發出好玩的聲音。讓這個尿布當作玩偶叫你的孩子，並且在換尿布的時候，用玩偶的方式說話（對許多孩子來說，這常常是解決這個問題唯一需要使用的方法。如果你嘗試著做出 dweezle 尿布的說話方式，你就會記得到底我們在說的是什麼）。

2. 可以用手電筒在尿布後面讓它有亮光，讓孩子在換尿布時跟它們玩。有很多很好玩的孩子手電筒，上面有許多可以換燈光顏色的按鈕，甚至燈光形狀都可以改變。我們可以把這個手電筒叫作尿布的手電筒，當尿布換完的時候就可以把手電筒移開。剛開始他會哭、會抱怨，你必須要採取堅定的態度，不久之後他就會很期待被換尿布，因為很好玩。

3. 如果你的孩子夠大了，可以嘗試著訓練。因為他不願意被換尿布，等他們夠大時就可以開始訓練他們使用小便壺。讓他穿上一件可以丟棄的訓練用的褲子，在這段訓練時間可以讓他穿著。

不尊重

請參考：◆爭執，和父母親爭執◆頂嘴、打斷、惡形惡狀◆教導如何尊重他人

情境

有許多行為我都可以處理，但是這種不尊重的態度常常會讓我很生氣，而且幾乎要發狂。當同一個孩子以前都很尊重我，現在卻用連我自己最痛恨的敵人都不會用的話來侮辱我，我完全不知道下一步該怎麼做。

思考

「不尊重」常常是孩子沒有清楚了解到，家裡面你才是老大。因此，不尊重本身不能當作個人的問題處理，它其實是一個更大問題的癥兆或症狀。我們必須要誠實的看待你教養的方式而且開始做一些改變，改變你和孩子整體的關係。可能需要花一些時間，但是一定要有耐心，而最後的結果，你就會得到一個尊重你的孩子，這種結果是絕對值得的。

解決方法

1 需要從昨天開始，採取五個步驟：第一，讓你自己採取權威的角色，要求孩子要遵守你的規定；第二，可以花相當長的時間來列出到底有哪些不適當的行為，尤其讓自己常常陷入征戰當中，因此你需要有一個計畫；第三，少說多做，而且當你說出口的時候就真的要執行；第四，必須要繼續嚴格的遵守；第五，學會並且使用好的教養技術。

2 注意看看當自己對孩子不高興的時候是用什麼方式和他講話，孩子會從你身上學到榜樣。其他的行為也是如此，如果你是用大叫的、罵他髒話，採取粗魯與不尊重的態度來表示你的生氣，你將會常常看到孩子身上如同鏡子一般出現自己的行為（例如，「你到底是怎麼搞的？為什麼你一次都做不對？你看起來就像是一隻沒有人要的動物！我實在對你十分討厭，而且實在是受不了這種行為」）。

3 如果一個正常、會尊重別人的孩子，現在卻表現出不符合個性的這些評論，則必須要採取短暫、肯定、心情平靜的敘述，包括「你現在講的話，感覺很不尊重人。當你學會尊重別人的時候，我才會願意聽你講話」，然後離開這個房間，當你的孩子追過來的時候，你可以走到浴室或臥室，接著將門關上，然後將你前面的敘述重複說一次。

4 在沒有爭吵的時間，和孩子談一談他的行為，為什麼他讓你這麼生氣，還有你期待他有哪些行為，甚至可以寫下契約，包括你期

待他哪些行為，哪些部分是沒有辦法被接受的，如果沒有遵守契約的時候會有哪些後果。然後你們雙方簽訂了這個約定，放在醒目的地方，當需要的時候就要遵守這些約定。

5 讓你的孩子預先知道，假設任何的時間他不尊重你，當你要求的時候，他就必須馬上到你的房間，如果他沒有這麼做，他將會失去某些特權（例如，使用電話、看電視、去外面玩，或者比較晚睡覺），之後採取一個平靜態度，加入方法3。

6 當你的孩子採取尊重的方式來表達他的憤怒，我們就會希望和他討論，並且達成某些妥協。這種回應的方式顯示出，你是一個可以討論的人，而且用適當的方式你是願意接受的。

當叫他們的時候沒有來

請參考：◆爭執，和父母親爭執◆合作，不合作◆拖時間◆傾聽，不願意傾聽◆教導如何尊重他人

情境

我常常在他真的要回應之前，要叫我的孩子好幾次，他的耳朵看起來好像塞了棉花，我沒有辦法忍受這麼被忽略。

思考

如果你的孩子知道當你叫他沒有來的時候，會有哪些不好的結果發生，這就是他必須要重複去聽你對他的叫喊，他可能就會決定你是很輕易可以被忽略的，然後他就會學會不需要在乎你叫他，直到你的臉開始變紅了、血管開始突起、脖子血管脹起來，開始罵他的時候，他才準備要回應。

解決方法

1. 孩子會經由經驗學習，當你持續叫他但是一直到他準備好他才出現，你實際上是在教導他如何忽略你。我們可以採取以下步驟：先用眼睛直接找到他所在的地方，叫他一次等三分鐘。走到孩子身邊，抓住他的手，然後說：「當我叫你的時候，我就是希望你到我這邊來」，然後把他帶到期望他去的地方。如果你在他的朋友面前做一次到兩次，我向你保證他馬上會改變這種態度。

2. 你可以觀察家庭當中的大人們如何相互的叫其他人，而且當某人被叫的時候，這些大人是如何回應的，是否叫別人的這個人是在兩、三個房間外大叫？或者叫的這些聲音很小聲「一分鐘之內要來找我」，然後要在他們有回應之前還要被提醒很多次，這些都是孩子的模範，讓孩子學習。改變你們相互之間回應的方式，你會發現孩子也做了某些改變。孩子會在他們生活環境中學習。

3. 有時候要從正在從事的活動當中換到另外一件事情，對許多孩子是很困難的。如果我們不是這麼叫他「現在馬上到這邊來」，開始嘗試有兩聲的警告「威樂，你必須要在五分鐘之內過來」，幾分鐘之後「威樂，剩下兩分鐘」，然後「威樂，馬上到我這邊來」，在這個時候，等一分鐘，如果他還是沒有回應，走到他旁邊抓住他的手，然後說：「當我叫你的時候我就是希望你過來。」

4. 可以理解孩子希望繼續玩的心情，之後做出一個肯定的聲明，然後採取行動讓他能夠遵守。「我猜你可能希望永遠的浸在水盆當中，但是現在要走了，這是你的毛巾。」

5. 我們可以用晚餐的鐘，或者一個計時器來叫孩子，告訴他們當他們聽到鐘響時，在他們算到五十之前就必須要到達現場。在經過幾次練習之後，你可以開始告訴他們，如果沒有根據鐘響而來到現場的時候會有哪些結果，例如，他們吃不到點心。讓你的孩子知道這些特定的規則之前，公平的先被告知！

E

吃東西，飲食障礙

請參考：◆ 自我價值感低

情境

我的女兒看起來對食物很挑剔，她相當挑食，只吃自己喜歡的東西，她會計算熱量以及脂肪的重量，其實她的體重和高度都是正常的，但她常常抱怨自己太胖。

思考

飲食障礙越來越流行，即使在孩子十歲至十一歲時也常常可以看到。媒體傳遞某些不合實際的想法，讓孩子得到錯誤的訊息，就是什麼樣才是正常的身材還有體重。父母親的工作就是對抗這些負面的訊息，提供他們更多恰當的訊息。

解決方法

1 指出電視明星和雜誌模特兒並沒有辦法代表一般人，而且這些模特兒在圖片當中看起來的樣子和真實的生活不同，因為電腦本身會修改他們的外型，而且看起來會更修長。鼓勵孩子去注意便利商店當中看到的一般人，購物中心以及學校看到的人身材是如何的。請他從時裝雜誌當中剪下一張模特兒的照片，還有一般廣告當中正常婦人的照片（我們必須要很難過的說，這項任務有時候的確是一個挑戰），然後請他們貼在不同的兩張紙上，把他們帶去購物中心、便利商店、圖書館，

然後找一張椅子坐下來，大約花一個小時，看看路上走過的行人。在兩張圖片上面，看到類似身材的人，就在上面做一個記號。我相信最後結束的時候，你會看到在正常的婦人的這張圖片上，有許多的圈圈和記號，模特兒這邊則非常少，讓孩子討論這些記號數目的意義。

2 教導你的孩子有關於營養和健身的概念，而不是皮包骨。教導他們皮包骨是一個不健康的情形，我們可以訂一些雜誌或者買一些書籍，焦點是放在健康和健身，避免把食物標籤成「好」的或「不好」的，而是注意它們的營養價值。還有協助你的孩子了解，例如，在很熱的天氣偶爾去吃聖代冰淇淋並不是一個道德上的瑕疵。

3 要小心關於自己身材的評論和自己的行為。女兒可能看到母親每天早上都在量自己的體重，聽到母親一直在唸自己充滿肥肉的大腿，然後不願意在公共場所穿短裙，甚至在天氣很熱的時候都不願意穿清涼的服裝。這是在傳遞一種非常強烈的身體心像的訊息，如果女兒的身材和你類似，這些行為會特別的危險，必須要避免對於自己身體外觀挑剔的對話。並且要提出一個概念，就是所有的人都是不一樣的。而所謂的正常是來自於非常大範圍、差異的人所組成的。

4 不要讓食物議題成為家中一個主要的戰場。要求孩子要吃某些特定的東西，或者是在某些特定的時間吃東西，常常讓孩子覺得自己的獨立性受影響而不願意吃東西。我們要採取教導他們的方式是：買給他一本好的營養以及健身的書看，讓他參加某些專門設計給年輕人的特定主題活動，培養正確的飲食觀。

5 讓你的孩子知道你非常重視他，而遠遠超過重視他的外表。聚焦在他某些正面的人格特質，而刻意去忽略或者是刻意不去根據他的外表做稱讚。協助你的孩子能夠非常欣賞自己是什麼樣的一個人，鼓勵你的孩子多參加一些音樂課程、社團的聚會或者是球隊。這會協助他們聚焦在某些更有建設性的東西，並且在這個過程當中建立自信心。

如果你的女兒已經太瘦，或者你發現她已經開始催吐或使用瀉藥，這是一個需要尋求專家協助的問題等級，必須要立刻跟你的醫生約定時間。

吃東西，和孩子在外面吃東西

請參考：◆儀態，餐桌的儀態◆儀態，公開場所的儀態◆公開行為

情境

我們很喜歡帶孩子去外面餐廳吃東西：就是一個人會端上面裝有食物的盤子，而且會有銀的器具，我們真的非常喜歡有一次這樣的晚餐，但是每一次要嘗試類似這種冒險的時候，最後的結果總是希望我們不曾出去吃，乾脆在家點披薩就好了。

思考

諷刺的是，這個問題是一個越練習會越好的情形，但是整個經驗是很痛苦的。這個吃飯的時間常常在最後結束的時候，會讓人覺得不知價值在哪裡。如果有特定的遊戲計畫，你就可能會增加孩子在餐廳當中的行為表現勝算。

解決方法

①　如果你在家裡的吃飯習慣是非常休閒的，當他們坐在餐廳時，就不要希望你的孩子表現會變得很正式。必須在家裡就開始練習餐廳禮儀。可以每天花一些時間來學會好的儀態。下一步，我們可以排定固定的時間表，甚至是每個月一次，來一次所謂的正式家族大餐。我們可以真實的使用好的瓷器，這些盤子在你的烤箱當中先稍微加熱；然後桌子上鋪了桌巾、點上蠟燭，讓你的孩子能夠協助你準備菜單，能夠讓他們協助做出桌上的菜盤、正式的餐點。很有可能成為相當棒的家庭傳

統。

2 不要根據餐廳上的菜單來選餐廳,而是根據他們對孩子是否友善。到底哪些是重要的?也就是是否有孩子個人的菜單,包括孩子平常真正會吃的東西,而且不會有相當長的排隊要等待。有另外加強的椅子或高的椅子。有一些私人的座位甚至私人的小房間,而不是一個大的開放空間。

3 先整理一下自己期待孩子在餐廳當中有哪些行為。必須要非常具體,而且不要有任何沒有注意到的地方。我們可以列出所謂的餐廳規則,包括坐在位子上,使用比較小聲的聲音,使用自己的餐具而不是用手指,講話的時候要客氣,不要大吵,如果不喜歡某些東西,就把這些想法放在心裡面,然後盤子當中就放別的食物;如果需要使用洗手間,必須要私底下詢問你,而且你會帶他去。

4 如果你的孩子餓了,他會變得很緊張,沒有辦法等待食物。你可以考慮先點開胃小菜,讓他們很快的先吃到食物,這樣就能讓他們穩定下來。

5 如果你的孩子失控了,把他帶到廁所或車子裡暫時隔離;如果他繼續行為不好,不要害怕,必須要離開餐廳,不要硬留下來而覺得很痛苦。如果可能的話,找一個保母當天晚上照顧他,或者之後的某一個晚上照顧他,然後帶著保母一起去用餐,讓他坐在孩子座位的後面,小聲的告訴他父母期待的行為是什麼。

吃東西,吃太多

請參考:◆過多的垃圾食物◆自我價值感低

情境

我的孩子常常看起來一直都在吃東西,而且胃口好得不得了。

思考

　　孩子常常會有長大的需求，他們可以從早上吃到晚上，如果你的孩子身高和體重都是正常的，你就不需要太過擔心這個階段。比較需要注意的是，他們是否有選擇各種不同的健康食物種類，而不是只吃垃圾食物。

解決方法

1 如果你的孩子吃太多，而且造成他過重，最重要的就是，採取某些步驟來修正他這些行為。預防將來他的身體狀況變不好，養成不好的習慣，而必須要長期的跟體重對抗。聚焦在某些健康的選擇，而不是使用節食的方式。如果體重的問題很小，最好不要特別讓孩子覺得他有這樣的問題，而是去做一些輕微的食物調整，減少他吃垃圾食物的數量，有比較多健康的食物或點心。有時候讓孩子有某些特權，招待他們一下，不然會偷偷跑去買熱量高的糖果棒。

2 孩子不應該節食，而是應該學會有更多的食物選擇。當飢餓的時候吃東西，吃飽了就要停。阻止他們在電視面前或閱讀時吃東西，是因為你的孩子可能吃了太多的東西，自己卻沒有察覺到。你可能必須要改變你們家裡吃東西的習慣，例如，高脂肪、高糖分的垃圾食物。讓他們不能隨時拿到，孩子可能常常吃、吃很多，如果食物跟點心沒有好好的監控與選擇，就可能造成吃太多的情形。

3 找一些方法鼓勵孩子多活動一些。幫他們報名一個體育活動，讓他們去騎腳踏車，穿溜冰鞋，或滑輪，鼓勵他們有更多遊戲時間，而且整天排比較多的活動。再來，限制他們看電視的時間不要超過一天、一小時，甚至再少一些。因為研究顯示，兒童看的電視越多，體重超過正常的機會越大。如果你的孩子比較會選擇健康的食物，而且身體能夠更常活動，她就會變得更加的身材合適且健康。

4 家人當中不應該採用食物當作獎勵，或者是舒適的方法。我們不用提供給他冰淇淋來當作做好一件工作的獎勵，而是採取非食物的獎勵。例如，帶他們去最喜歡的公園玩，或者多花一點錢讓他們買玩具，或者有特定的特權，例如，停留在一個地方多半小時，限制假日的時候給太多食物來讓他們高興。例如，讓他們感恩節的籃子當中有很多填充的玩具。給他們一些娃娃、螢光筆、一些銅板，而不需要給他們一堆巧克力或糖果（還是可以給他們一些好玩的東西）。

5 示範比較健康的飲食習慣，更加了解營養方面的知識，讓自己作為孩子一個好榜樣，在這個過程當中，正好也可以改變你的生活和飲食習慣。

6 某些孩子比較容易比正常人的體重還要重。協助孩子學會接受自己，更加重視自己的樣子和價值，也尊重別人有不同的個性和特質。瘦本身和快樂並不能畫上等號；相反的，許多廣告卻引導你去相信這些，其實瘦並不是通往富有、快樂與受歡迎的門票。

! 如果你的孩子體重過重，他的身體健康和自尊心可能受到影響，必須要特別重視這個情境，在這個情況下，最好找一個專家來協助你的孩子，學會如何控制這部分的生活。可以去找當地的醫院，你的小兒科醫師、營養師，還有能夠成功控制體重的門診，他們提供一些特殊的訓練計畫給兒童。我們找到一些適當的計畫能夠聚焦在身體健康和健身，而不是只減輕體重。一個好的計畫不是只協助孩子調節自己的體重，而是發展出健康的生活習慣，這種計畫能夠提供給他支持系統，包括這個問題的情緒面，而且能夠教導他如何調節自己的行為，以達到長期生活的成功（不要讓你的孩子去吃成人的代餐，或者去參加成人的減重計畫）。

飲食，挑食的孩子

請參考：◆早餐，不吃早餐◆吃東西，飲食障礙◆過多的垃圾食物◆蔬菜，孩子不想吃

情境

我的孩子只希望吃兩種喜歡吃的東西：麥片和花生醬，以及塗滿果醬的三明治，其他食物都吃得非常少，一旦我們放在他前面，都會充滿抱怨。

思考

當你的孩子身高和體重都是正常的，你對他的食物的態度可以放鬆些。你擔心太多或者責備他，兩個人為了食物的爭奪戰就會更加劇烈。如果你有特定關於食物的規則，可以用比較和善的方法來和他們討論，你們之間的爭吵就會減少。

解決方法

1 必須要限制高脂肪和高糖類的食物，讓他們不容易拿得到。提供健康的選擇，不需要擔心偶爾他們會拿不到食物，評估孩子每個禮拜的飲食，而不需要根據每天來做評估。大部分的孩子如果給他們有營養的選擇，經過一個禮拜的時間，他們都會選擇比較平衡的飲食。

2 如果有一個具體的時間表讓他們何時吃飯、何時吃點心，其他時間就不可以吃東西。如果你的孩子當正餐的時候是飢餓的，他就比較願意吃放在他面前的食物。如果改變吃東西的時間，能夠符合孩子一天當中比較飢餓的時間給他們吃東西，例如大部分的孩子當他們從學校剛回家，一走進門就真的很餓，利用這個時間的優點，讓他們在那個時間吃晚餐，那後面可以再吃一點小點心，這種方式孩子就會比較去吃

健康的飲食，而不是整天在吃點心，甚至在等吃晚餐時也在吃點心。

3 每一次給他們比較少的食物，你的孩子的胃相當於你的拳頭那麼大，可能比你想像中的小很多。如果你讓他們用比較小的盤子，而且每次食物量都比較少，給他們吃正餐的時候，對孩子來說，就不會看起來那麼多、那麼可怕。

4 讓你的孩子即使吃正餐的時候，旁邊可以有一小碟自己喜歡的食物，例如，可以有一半的花生醬，或者是果醬三明治，可以一小盤放在烤雞的旁邊。

5 你記得以前吃晚餐的時候，父母親放了一大堆食物在你面前都沒有問你嗎？我們大部分都是這樣長大的，我們的父母親之所以一點都不會覺得讓我們吃這樣的食物有任何的矛盾，就是我們要修改自己的想法變成一個簡單的想法：「這就是晚餐，如果你餓了就吃，如果你不餓、你有理由就可以離開餐桌」，我們可以留一小盤晚餐食物，等他一小時後飢餓時再吃，然後只有晚餐，卻不給他吃其他的東西。必須要時時遵守這樣的規則，你的孩子才會吃你給他的東西。就如同是你小時候父母親對待你的方式，用同樣的方式來照顧你的孩子。

6 讓你的孩子有機會可以選擇吐司或麥片來作為他的晚餐，而且一個禮拜可以有**一次**，一個禮拜可以有一餐不用吃他不喜歡的食物。當他知道他可以跳過一餐，他就會決定自己到底要吃哪些他喜歡的東西，而且他可能很喜歡吃麥片的這一天，然後其他天他就會比較願意吃他不喜歡吃的食物。

F

害怕，對於想像出來的東西害怕

請參考：◆怕黑

情境

　　我的孩子會怕怪物、怕鬼、怕外星人，還有害怕其他想像出來的怪獸。他會想像它們都藏在床底下，知道它們住在他的櫃子當中。他堅持有聽到它們從地下室發出怪聲。為什麼他會想像創造出這些怪異的東西？我要如何讓這些怪物消失呢？

思考

　　孩子常常會想像聖誕老人、小仙子、大鳥先生，同時也會害怕躲在櫃子裡面的怪物。有這種想像力是健康的，但是因為孩子的想像力如果越清晰，在他們心裡面所產生可怕怪物的影像就會越真實。

解決方法

1 剛開始，教導孩子如何區分什麼是真實的，什麼是想像的。當你看電視或者電影的時候，就要指出這些東西都是假裝的。當看到動物園裡面的兔子，以及他看到的填充動物兔子，以及卡通當中的兔寶寶，談論的方式就要不一樣。當你開車的時候，或者在排隊的時候，可以玩一個文字的遊戲，就是列出一些東西的名字，然後讓他去猜一猜，回答哪些是真的，哪些是假裝的。例如，長頸鹿、美人魚、海豚、獨角獸等等的字。

2 兒童常常用主動想像的方式來作為逃避怪獸的方法。拿一瓶裝水的噴罐給你的孩子，告訴他用這些噴霧劑噴過之後怪物就會消失，這樣就會變得很好玩。不管你是否相信，你可以做一個牌子，上面寫怪獸不准進來，然後將牌子吊在臥室的門口，這個方法常常是有效的。

3 不要過度反應，不要對於孩子想像的這些怪物反應太過強烈，他會更相信這是真的。如果你想要說服孩子相信櫃子當中並沒有怪物，但是卻每個晚上都去檢查櫃子，然後告訴他，你看不是沒有怪物嗎？他會很懷疑為什麼你每天都一直檢查。可以點著燈，帶著正面的態度來接受孩子的害怕。

4 有一些簡單的步驟可以讓孩子覺得比較舒服，例如，將臥室的房門打開，讓孩子有一個手電筒，或者將櫃子的門關起來（或者打開，需要看不同的孩子而有所差別）。對許多孩子而言，如果床的旁邊有一盞燈會讓他們減少害怕（如果是一盞小的夜燈，可能反而會造成可怕的影子）。記得保持彈性，因為孩子常會用不尋常的方式來處理自己的害怕，例如，希望睡在地板上，或者睡在浴缸當中，或者爬樓梯的時候同時唱歌。如果這些方法能讓他們覺得很安全，那有何不可呢？

5 不要強迫自己的孩子直接去面對他的害怕。例如，不要強迫他走地下室的樓梯，想藉由這種方式，要求他們克服對於地下室黑暗的害怕，可憐的孩子可能會因此心臟病發作。

害怕，對於自然災難的害怕

情境

我的孩子害怕我們會遇到龍捲風或者是地震。他一直詢問這些事情，我們一定要讓他非常安心，直到相信不可能有任何事情發生才能夠安心睡覺。每天晚上都是這樣，我們都必須要經過一再重複的這些步驟。

思考

　　孩子害怕自然災害的發生，而且認為隨時都有可能發生，因此讓他們覺得時時刻刻處在危險之中。我們雖然想要說服自己孩子是安全的，但是有時候卻反而加重了他的害怕。如果對這些事情沒有足夠的了解，不清楚這些是不太可能發生在他們身上的，他們就會整天過度擔心，擔心自己和家人的安全。隨著時間和成熟的程度，孩子的害怕會越來越降低。同時，我們可以嘗試以下的解決方式。

解決方法

1　孩子會從你對這些害怕的反應方式，蒐尋相關的情緒線索，所以你必須要保持冷靜。建議你找出任何可能減少家人陷入這些災難之中的事實，例如，「我們不太可能遇到水災，因為最接近我們的海邊至少有八英哩遠」如果孩子所害怕的，有可能在你所在的地區裡發生（例如，加州有地震），平靜的指出你自己和你們的社區如何來保護自己免於這些自然災害的努力。向他們解釋，若有任何的緊急狀況發生是可以處理的。

2　當孩子害怕災難發生的時候，例如，房子起火，孩子常需要有足夠的時間能夠談一談，好讓心裡可以整理好這些想法，或者讓自己放心。不要用表面的答案卻是不正確的回答，而想讓孩子不會擔心，例如，「我們家沒有失火」。而是回答比較短的、針對問題的答案，讓你的孩子能夠因為你提供的訊息逐漸安心下來。有時候他們的擔心看起來有點可笑，但是你仍然需要認真的看待他，這樣他們才能透過順利的討論，紓解自己的情緒。不要讓你的孩子一直圍繞在同一個主題，當你覺得談話應該要結束了，就要轉換主題，讓孩子轉移注意力去做別的活動。

3　家中必須要有安全的演習。孩子可能因為害怕這些演習，而不敢去做，但是一旦完成這些練習，孩子就會相信每個人在緊急狀況

的時候，應該如何去做。

4 　如果你的孩子已經經歷過真正的自然災害，你就應該傾聽他的害
　　怕。重要的是你不應該去忽略他的害怕，或者讓他覺得有這些感
覺是愚蠢的。接受他的感覺，讓他能夠說出來，但是你仍然可以掌握你
們之間的對話；不要讓他越談越讓自己覺得害怕。教導他如何接受過去
已經發生的事，而且帶著信心繼續向前走。你可以告訴他，你們家中以
及社區，已經採取的防護措施，這些措施可以用來避免或者是當未來緊
急狀況發生的時候有所準備。

害怕，對於真實情境的害怕

情境

　　我的孩子一個會害怕動物，另一個則是會害怕吸塵器。我知道他們
將來長大都會變好，但是有沒有方法可以加快這個過程？

思考

　　「害怕」是孩子的本能，能夠保護他們自己。當他們年齡越來越大，
對於這個世界了解越來越多時，這些害怕就會自然的消失。不要嘲笑他
們的害怕，或太過於忽略它們，或強迫你的孩子要靠自己去面對這些害
怕的事物；相反的，我們可以使用以下的解決方法，來協助孩子克服這
些害怕。

解決方法

1 　認可孩子的感受：「我知道你不喜歡大狗狗。」讓孩子知道，當
　　你自己是孩子的時候也會害怕某些東西，也讓他們知道，當了解
的東西越來越多時，害怕就會越來越少。鼓勵他們說出害怕的理由，並
且用合理的方式來和他們討論，讓他們知道他們是安全的。一旦孩子學

會害怕是正常的，但是卻不會因為害怕而動都不敢動。

2 不要去相信，只要丟下水自己就會游泳的說法。讓你的孩子一小步一小步的克服這些害怕。如果你的孩子害怕時，剛開始就先走到岸邊，用腳去碰水，然後開始飄浮。要保持耐心，如果他感到害怕，就不要逼他游泳橫渡這個湖。如果你的孩子怕狗，剛開始讓他去摸摸小狗狗的頭，到寵物店去看一看，或者看看電視播放的狗節目。然後再去看一隻比較大的狗、被主人緊緊控制著的友善的狗。

3 同理，孩子的感覺和過度保護是有一個清楚的界線。對於不太可能傷害他的東西，不要過度保護他而讓他不能接觸。可以用平靜、沒有被驚嚇的態度來做回應，讓他知道他不太可能受傷，而且不需要害怕，因此你的孩子就會學會信任你，自己就會越來越不害怕。

4 可以經由閱讀，讓孩子了解更多的資訊來克服害怕。知識本身常常可以克服害怕。例如，孩子害怕蜘蛛，可以讓孩子了解只有少數的蜘蛛會對人類造成威脅和傷害。如果他學會這些蜘蛛的種類，他就會越來越熟悉，而熟悉感自然會減少害怕。

! 如果孩子呈現出太過強烈的害怕，看起來是沒有辦法在安撫之後平靜下來的話，就尋求專家來處理他們的焦慮問題。

害怕，對暴力情境的害怕

情境

我的孩子害怕他自己或他所喜歡的人，可能會受傷、被傷害、被綁票，或者是被隨機的暴力情境所傷害。

思考

這些害怕可能是來自於看到新聞或報紙、電視而來，或者聽到大人

討論這些事情。當孩子受到這些真實生活新聞故事的影響，對孩子說「不可能有任何不好的事情發生」並不會減少他們的害怕，因為他們對於這個世界的了解已經有一定的程度，而且他也知道，你並不能保證這些不好的事情不會發生在他或她的家人身上；相反的，讓你的孩子來談談這些感受。誠實的回答這些問題，但是不需要去描述細節。

解決方法

1 你可以說明為了保護家人的安全，自己已經採取的預防措施（例如，保全系統的防小偷設備，院子已經有圍牆、有看門的狗、車上有電話等措施），可以和他討論市區內的警察以及消防局，了解他們是如何增加自己的裝備來處理緊急的狀況。

2 有些孩子會對自己害怕的感覺感到丟臉。如果你直接去問他關於他的害怕，他會覺得很愚蠢而不願回答。要討論這個主題的時候，我們可以說：「很多孩子都會害怕……。那你呢？」另外一種詢問他的方式，就是詢問他的朋友對於特定情境會有什麼感覺。他所描述的常常是自己的感覺。告訴他這些感覺是正常的，並且開門見山地加以討論。讓你孩子的問題引導整個談話的方向，不需要提供給孩子超過他所需求的訊息。

3 如果孩子在房間裡因為令人害怕的新聞氣氛而緊張起來，花一點時間馬上和他討論。一開始可以詢問孩子，當他聽到這些消息的時候，他的想法是什麼，然後讓他引導整個會談。他常常會誤解，或者長期以來就把這件事想成另外不同的事情，甚至完全的誤解這些事情。你的孩子會從你的表情找尋相關的情緒線索，所以必須保持平靜且理性的回應。

4 讓他們知道，電視新聞和報紙有時候會刻意誇大，讓新聞看起來更有趣（也可以讓他們了解，廣告詞當中常常宣稱它們的產品是最好的）。讓你的孩子知道暴力的情形並不會如同電視上面所看到的那

麼常發生。讓他們了解新聞當中所報導的暴力是不成比例的，常讓我們感覺到比實際情況還要害怕許多。如果你的家庭或朋友當中，並沒有遭遇過任何暴力的發生，你也可以指出來。

5 如果你認識的人曾經受到暴力犯罪的傷害，或者你居住的地區這些不好事情發生的機會是在增加當中，你就必須要更敏感的去回應孩子的害怕，因為他們害怕的來源是真實的。聚焦在讓孩子了解你將要採取某些特定的步驟，來讓家人和他都能夠更安全。教導孩子如何保護自己，讓孩子參加個人安全或防身的課程也會有幫助，也可以尋找是否有需要面對類似問題的人所組成的支持團體，讓孩子去參加。

6 有些孩子害怕陌生人，會害怕自己可能被陌生人傷害或綁架。但事實上，許多孩子常是被自己認識或信任的人傷害。因此，需要教導孩子讓他們了解，外觀並不是判斷這個人是否是好人或壞人的重要根據。教導孩子判斷**情境**，而不是判斷人。如果孩子有相關的知識，而且有自我保護的計畫，害怕就會減少。

教導孩子保護自己的重要方法，例如，相信自己的感覺、學習拒絕、避免任何大人要求他去做或協助某事，以及其他的安全原則。有一些很好的地方可以讓你取得教導孩子所需要的資訊，例如，公共圖書館或國家失蹤與被剝削兒童中心（NCMEC, 網址：www.missingkids.org）

吵架，和朋友吵架，肢體上的

請參考：◆咬人，孩子對孩子◆拔頭髮，拔其他人的頭髮◆打人，孩子打孩子◆惡形惡狀◆兄弟姐妹間的爭吵，肢體上的◆吐口水

情境

我的兒子和他最好的朋友，大部分時間都玩得很好。有時候，兩個人會不高興起來，而且我會看到他們互相推對方。我要如何停止這樣的行為？

思考

就如同大人一樣，孩子也會因為朋友而感到挫折或生氣。和大人不同的是，他們自我控制的能力不夠好，或者還不太知道要如何用比較恰當的方式來處理自己的挫折。父母親必須要教導孩子如何來談判，以及當他們有問題的時候，適當的做出妥協。

解決方法

1. 同時要求兩個孩子坐下來，坐在沙發的兩個對角位置，或者兩個放在旁邊的椅子上。告訴他們，當他們覺得問題已經解決了才可以起來。不要問他們「發生了什麼事情」或者是「誰先開始的」，因為他們都有自己的意見。除非你看到其中一個人打對方，不然就要公平地分擔責任。如果孩子年紀太小，或者還沒有辦法由經驗來處理雙方之間的爭吵時，你可以引導他們兩個之間的對話。你可以直接跟你說他們的想法，叫他們來找你幫忙解決問題。一定要不斷地讓他們知道，你會在旁邊幫忙他們，但是他們必須要相互之間對話。

2. 如果看見孩子在打另外的孩子（推擠、抓，或者其他傷害的方式），必須採取幾個步驟。第一，清楚明確的叫他停下來；第二，要求採取攻擊的人坐在椅子上幾分鐘，讓他決定是否他已經可以站起來。「阿諾，在這個房子裡面的人都不可以打人。你坐在廚房那一個位子。當你可以做到玩耍的時候不打人，才可以起來」。

3. 站在他們兩個中間，並且明確的表示「不可以推人，如果想要什麼用說的告訴對方。」然後引導他們兩個之間的對話，「阿諾，你希望席維斯特給你什麼？」

! 如果你的孩子繼續和特定的一個朋友爭吵，最好的方式就是不要讓他們一起玩。如果沒有辦法避免，可以安排他們從事特別的活動，讓他們很忙沒有時間爭吵。可以要求他們做一些手工藝，或者沒有

身體接觸的遊戲，或者借錄影帶，讓他們可以靜靜的看錄影帶娛樂就好。

吵架，和朋友吵架，口語上的

請參考：◆自我價值感低◆兄弟姐妹間的爭吵，口語上的◆閒聊◆戲弄

情境

當我的孩子和他的朋友一旦意見不合，他們講話就會十分惡毒，而且說出傷害他們相互之間友情的話。

思考

孩子常常是極端的誠實。如果你的孩子認為他的朋友看起來就是一個混蛋，他就會根據他的感覺，不經過思考就直接說出他的想法。如果你的女兒認為她的朋友是故意欺騙她，她就會明確的讓對方知道，她覺得對方的想法是什麼。還有，孩子就是要他們想要的，當他們想要的時候，他們就會馬上要求他的朋友照他的方式去做。大部分的孩子未來都會學會如何比較有技巧、如何妥協和談判，但是需要花點時間，累積一些經驗，以及來自於大人的教導。

解決方法

1 可以從比較遠的地方注意傾聽。通常孩子能夠用口語的方式處理他們之間意見的不一致。只有當他們的爭執繼續朝向負面發展，而且看起來不可能解決時，才加以涉入。

2 如果孩子們彼此是好朋友，而且常常相處得不錯，但是有了小的爭執，可以使用轉移注意的方式來終結這個爭吵。只要走進這個房間，假裝你不曉得發生了什麼事情，或問看看有誰想要吃點心，或者他們是否已經準備好要去外面玩了。有時候只要改變活動的場景，就可以直接中止這個爭吵。

③ 可以打斷這個爭吵，但是不要站在某一邊，而且不要問發生什麼事情。如果他們真的很生氣，將兩個人分開十分鐘到十五分鐘。讓他們知道你覺得他們需要分開幾分鐘。可以依照孩子的個性以及正常的嚴重度，來決定是否你需要和個別的孩子談話，或者已經能夠把他們放在一起討論這個事情。請他們一個人說出一個句子，來描述發生什麼問題。然後詢問他們有什麼想法來解決這些問題。

④ 讓孩子有一個選擇。例如，告訴他們你可以走開，讓他們解決問題然後繼續玩，或者今天就玩到這裡為止。他們通常會選擇一起處理這個問題。可以詢問他們是否需要自己的幫忙來解決這個問題。如果他們需要的話，不要指責他們，不要聚焦在找出到底誰是對的。我們可以讓他們每個人輪流說話，並且引導他們的對話朝向找出解決的方法。

健忘

請參考：◆粗心大意◆拖延◆承諾，不遵守承諾

情境

我的孩子常常會忘記很多事情：忘記參加合唱團、忘記學校的功課、忘記帶午餐盒，或者忘記開始要去練習的時間。這個行為讓我很困擾，因為這些情形讓我變成一個嘮叨的媽媽。

思考

孩子真的是健忘嗎？如果是的話，他將會忘記他最喜歡看的電視節目，而且會忘記你曾經答應過他在晚餐後要讓他吃冰淇淋。可能他需要有一些動機來記住比較不那麼吸引人的生活細節。可能他需要學會好好的注意當下發生的事情，開始學會計畫以及組織自己的生活。

解決方法

1 不要將你的孩子標籤為健忘的孩子，這會加強他相信這就是自己的個性。避免重複說出這樣的話：「不要忘記……你的家庭作業、你的外套、你的小提琴、你的頭……」這好像在暗示他就是會忘記。如果你必須提醒他，請將你的文字改變成「請你記住」，不要太過於注意他的健忘；只要想想看如何改善他的記憶力就可以。當他忘記了某些事情，不要馬上急著拯救他，讓他能夠感受到自己行為的結果。

2 可以買一個掛在牆壁上的大月曆，或者一個筆記本給他，讓他寫下自己的種種約會以及指定的作業。協助他養成習慣，每天早上在吃早餐的時候，在自己的筆記本上面練習寫出接下來要做的事情。如果他忽略了某些事情，不要一直提醒他。只要詢問他，在他列出來將要做的事情當中，是否有哪些事情還必須要再確認注意一下即可。

3 如果孩子的家庭作業或在學校的工作出現健忘的情形，讓自己跳出這個循環當中。讓孩子的老師知道，你正好希望訓練孩子記住重要事情的責任感。讓老師同意當孩子忘記某些事情的時候，可以對他嚴格一點。讓他有一、兩次比較不好的成績，或者受到老師的指責，你的孩子就會將學校的工作當作是首要的任務。

4 確認你的孩子是否使用「忘記」來當作是「我不想要這麼做」的另外一個說法。如果是如此，告訴你的孩子他仍然是有部分的責任，而且「我忘記了」這些話，不會再被接受來當作是沒有做事情的理由。告訴他們「我忘記了」並不表示「我不想要做」，他將會因為不遵守指示而得到同樣的結果。例如，如果你的孩子應該要在去學校之前先餵小狗吃東西，但是當天回家的時候他卻說：「我忘記了。」告訴他你已經幫他完成了這個工作，但他必須要幫你做一些你自己的工作，例如，幫忙摺衣服，或者是清洗廚房的地板。

5 在你的家庭工作中，可以設計出更特定規則性的工作。孩子必須要去做每天常規的工作，而且要遵守每天指定特定的工作，他們可以學會更加地負責任。如果早上有固定的工作要做，例如，你的孩子可能就比較不會忘記準備自己的午餐。列出來你每天日常生活當中常規的活動。例如，在放學後的清單當中，可以寫下「到了家之後，拿出自己的午餐盒，可以吃一種點心。做家庭作業、協助排餐具、準備吃晚餐」。如果每個禮拜有不同的時間表，你可以列出星期一、星期三、星期五的一個時間表，再另外列出星期二、星期四，和一個週末的時間表。

朋友，沒有任何朋友

請參考：◆自我價值感低◆在平輩間的害羞行為

情境

我的孩子沒有任何真正的朋友，而且很多時間都是自己一個人。我要如何解決這個問題？

思考

一開始，先確定**自己的孩子**如何看待這個問題。許多父母親因為孩子缺乏朋友而感到困擾，但是孩子自己卻覺得很滿意現況。有些孩子比較內向，而且很習慣自己一個人。如果孩子看起來很快樂，而且有健康的自尊心，學校表現得不錯，不需要擔心他到底有幾個朋友。然而，如果你的孩子很困擾自己沒有朋友，試試以下的解決方法。

解決方法

1 試著弄清楚為什麼她說自己沒有任何朋友，有時候這或許不是真的。班上可能有一、兩個孩子說了一些不友善的話，你的孩子突然間會覺得「沒有人喜歡我」。也許今年在班上的這群孩子不適合你的

孩子。如果是這樣，可以在班級之外尋找人際互動，例如，俱樂部、體育隊伍或鄰居孩子。通常，這種舒服自在的友誼可以幫助孩子感覺比較好。

2 避免過度干涉。你想幫助你的孩子感覺她可以自己交到朋友，花點時間教孩子社交技巧，還有進行角色扮演，或者討論可能的情景。例如，假如你的孩子說休息時間沒有人跟他玩，教他如何去接近其他孩子。告訴他去找一個也是自己玩的孩子，或者去找一群孩子玩遊戲，可能可以有更多人加入的遊戲（例如，足球或棒球）。建議他用正面的態度或者友善的招呼「嗨！我可以一起玩嗎？」來接近其他孩子。

3 鼓勵你的孩子邀請一個朋友一起玩或者陪伴你去郊遊。通常，當孩子有機會花時間一對一相處，就會建立起友誼。這個接觸將會給你機會去觀察，看看你的孩子跟另一個孩子相處時，是不是有什麼特別的事情是你可以幫忙他的。或許他不情願分享他的玩具，或者是態度跋扈、沒有彈性。如果你發覺到可能有某些原因導致他無法與他們建立友誼，花時間在聚會之後溫和的指出你觀察到的以及你建議的另一種行為。

4 給你的孩子一個機會和與他興趣相似的孩子們聚一聚。如果他喜歡唱歌，讓他參加學校的合唱團。如果他喜歡科學，鼓勵他去參加科學博覽會，或者是參加課後的科學課程。如果他喜歡馬，鼓勵他去參加騎馬課程。有相同興趣的孩子很容易建立起友誼。

朋友，朋友吃掉你所有的食物

情境

孩子和他的朋友都很喜歡吃東西。當他們在我家的時候，把我們家的冰箱和儲藏室的食物都吃光光。

思考

　　令人高興的部分是，這些孩子在你家的時候覺得很舒服自在。孩子願意在家裡面玩是很棒的一件事情。你可以有機會注意他們，你知道他和哪些孩子在一起，你也知道他們在做什麼。

解決方法

1 你可以使用一個特定的小櫃子來存放零食，以減少損失的程度。櫃子裡面可以放一些比較不昂貴的食物，例如，爆米花、蘋果、小餅乾、米果、盒裝的通心粉、起司，或者麵條。你可以設計放在冰箱的某一個區域，或者貼在門上面一張紙條，讓他們知道可以吃哪些東西。你可以去買一大袋折扣的冰棒、冷凍的貝果、披薩，或者一個大西瓜。孩子會知道有一個地方可以拿到你允許他們吃的點心，當你看到他們時，也會覺得比較放鬆一點。

2 可以設定一個家庭規則，只有你自己的孩子可以去打開這個小櫃子或冰箱。讓他們知道在什麼時候可以吃哪些東西。讓他們決定，而且讓他們有特權來做出選擇，他們可以在你設定的一些規則裡面去做決定。

3 在預先設定的時間才可以給他們吃點心。可以用一個碟子放一些小點心，例如，起司、小餅乾或者爆米花。在其他時間，掛一個牌子上面寫著「廚房暫不開放」，要求孩子不可進入廚房。

朋友，不適當的選擇

情境

　　我的孩子有一個朋友帶給他很多負面的影響，我不想要她跟這個朋友在一起，但我不知道有什麼方法來處理這個問題。

思考

　　當孩子長大，他們和朋友的關係在他們的生活裡變得很重要。雖然同儕並不會完全改變孩子，但是會影響孩子的決定以及讓他們做出不同的選擇。當你的孩子越來越常和朋友在一起時，你將要開始了解到你的引導對孩子有多麼的重要。要確認你有充分的教育你的孩子，教導他們重要的價值，即使當孩子受到同儕或社會影響時，這些價值仍會深植在孩子心裡。

解決方法

1 避免在孩子面前負面的評論他的朋友，或者禁止他們玩在一起。這個行為通常會導致孩子為自己的朋友辯護，也甚至可能會促使他們更親近；相反的，把焦點放在自己孩子的特定行為上，堅定和一致態度去要求孩子持續的遵守家庭規則以及支持家庭的價值。

2 邀請孩子的朋友常來家裡玩，如此一來，孩子們在一起的時候你可以有一些控制。你將盡可能的減少孩子的朋友對自己孩子的負面影響，把焦點放在你的孩子與家庭能為他的朋友生活裡的正面影響。或許你可以發揮影響力，改善孩子的行為與她的未來。

3 去看問題的原因，不要針對孩子的朋友關係以及減少這類朋友邀你的孩子出去；相反的，找出孩子花時間和朋友在一起的原因，以及安排更適合孩子的陪伴。安排孩子參加俱樂部、球隊，或者其他活動，那麼他就有機會認識新的朋友們。

4 花一些時間和孩子討論你的感受，不要攻擊他們的友誼。你可以描述哪些特定的行為會讓你困擾，而且要求你的孩子說出對這些行為的看法。可以使用有效的句子來引導整個對話，讓你的孩子自己來下結論。例如，「當阿肥打電話給媽媽的時候，他講話的樣子很粗魯，我想知道為什麼他會這麼說話？」

朋友，朋友睡在我們家

請參考：◆吵架，和朋友吵架

情境

　　我的孩子要求讓他的朋友睡在我們家。我知道有朋友睡在家裡面在孩子之間是常見的事情，但是我不太喜歡。因為我知道最後總是要屈服他的要求，但是我要如何讓這個過程更加的順利而沒有爭執？

思考

　　如果你可以容許孩子的朋友睡在你們家，會讓你有很好的機會了解孩子的交友狀況。這是一個可以看到自己孩子發展的機會，而且你的孩子可以從朋友身上學到更多。有朋友在家裡睡，也讓孩子有機會和自己的朋友關係更加緊密，會比孩子在學校和朋友遊戲的關係還要來得深刻。需要有好好的準備，才能讓這個過程更加順利。

解決方法

1 　當你的孩子問你是否朋友可以睡在這邊，最好的方式是說：「請你給我十分鐘考慮，我待會兒會讓你知道。」這個說法會讓你有時間來看看晚上是否有什麼計畫，並且分析之後再來決定，今天晚上是不是一個留孩子朋友在家睡覺的好時間？當你最後選擇這個晚上讓他的朋友在家睡覺，你和你的孩子比較能夠享受有伴的時間。如果你的孩子說，他沒有耐心等待答案，你可以告訴他，「如果你沒有耐心等待，我的答案就是不可以。」

2 　預先設定規則。決定哪些活動是被容許的，哪些食物可以取用，他們將要在哪邊睡覺，還有幾點他們就要上床睡覺。盡你所能的保持彈性。在孩子的朋友來之前，先和你的孩子討論你對他的期待。當

你的孩子或他的朋友行為表現不佳的時候，可以用簡單的、特定而直接的要求，希望他們能夠回到規定的行為範圍內。

3 有時候孩子們玩瘋了，情況開始失控。當發生這個情形，你就可以開始播放錄影帶，將他們手邊在做的活動和工具拿走，或者把它們移到外面去。

4 孩子大約在九到十歲時，睡覺的時候會覺得不舒服，而且會懷念自己的家。大部分的孩子如果讓他們穿好睡衣，而且在適當的時間準備上床，這種感覺都可以克服。太過疲勞的孩子會變得過度情緒化。如果孩子開始變得想家，最好讓孩子上床，並且講故事給他們聽。有些孩子打電話回家說晚安之後就會變好。如果孩子在睡覺的時候仍然顯得十分焦躁不安，可以打電話給他們的父母親，要求他們父母前來接他們回家。讓孩子知道，他們隨時可以改變自己要在你們家睡覺的決定，這次不行，下次也還可以再嘗試看看。

5 當你的孩子被要求在另外一個朋友的家裡過夜時該如何呢？第一，確定你的孩子已經準備好到其他人家裡過夜。他覺得很興奮，甚至已經開始整理自己的東西嗎？是否他曾經住在別人的家裡過？（可能是祖父母的家）可以和他討論可能會發生哪些事情。可以回答他問的任何問題，預先決定你去接他的時間，這樣他才知道什麼時候你會來。必須要先確定你認識他朋友的父母親，而且你必須已經去過他們家。如果你不認識孩子班上同學的父母親，花一點時間帶你的孩子過去看他們。讓你的孩子預先知道，如果他任何時候覺得不舒服，即使是已經很晚，他還是可以打電話給你來載他回去。孩子剛開始幾天在別人家過夜的時候，你必須要隨時注意孩子是否打電話回來，這樣你才能常常確定是否他已經想回家了。

禮物，無禮的反應

請參考：◆生日，過生日的人有壞行為◆儀態，在家的儀態◆儀態，公開
場所的態度◆宴會，在宴會裡的壞行為

情境

　　我剛參加朋友孩子的生日宴會，我很驚訝的是，當他的孩子打開生
日禮物時，竟然說「這個我已經有了」，或者是「這不是我想要的那
個」，開始覺得這真是個令人討厭的孩子之後，我突然想到自己女兒的
生日也快要到了，我想她也有可能在打開禮物時有這類的反應！我該怎
麼做才能避免這種沒有禮貌的情況發生呢？

思考

　　孩子並不是天生就知道該如何有禮貌的接受禮物，然而也只是因為
他們很天真也很誠實，以至於他們說出了一些沒有禮貌的反應。最簡單
的方式是透過教他們如何回應來避免這種情況。

解決方法

1　在生日宴會開始或者是奶奶到家裡來之前，先訓練孩子如何在收
　　禮物的時候適當的回應對方。回顧可能的情況有哪些：「當你收
到已經有的禮物時，例如又收到了一個你已經有的益智遊戲時，你可以
說些什麼？」「當你收到你根本不喜歡的東西時，你可以怎麼說？」也
討論「如果收到你喜歡的東西，那麼你會怎麼說？」透過這些練習，孩

子的表現將會出乎你意料的美好。

2 即使你的孩子沒想太多就無禮的回應，也不要在送禮的人面前責備孩子讓他覺得丟臉。在這種情況下，最好帶孩子到一個隱私的地方，指出他做出的這個錯誤。建議孩子該怎麼回應會比較好，並且回到客人們面前，讓孩子保留他的面子。

3 如果孩子仍然沒有意識到他的評論是不適當的，那麼代表孩子需要你教導他更多有關於禮貌與態度方面的訓練。這個情況或許也顯示出，可以尋求其他的方式，例如，教育或課程，來幫助孩子學習表現出適當的態度。

禮物，感謝卡

請參考：◆生日，為宴會做計畫◆儀態，公開場所的儀態

情境

我的孩子不想寫或者會忘記寫感謝卡給送他禮物的人。

思考

對孩子而言，做這些表示出禮貌的事情不一定是容易的或者是有趣的。但是有禮貌會幫助你的孩子擁有更好的友誼、更加愉快的家庭關係，也容易調整與協調他與社會接觸的差異。孩子不是生來就有禮貌的，禮貌的態度需要很明確具體的教導他。隨著時間的過去以及實際的練習，未來你的孩子自然會開始重複小時候被教導的正確行為。

解決方法

1 當孩子收到一個禮物之後，和她一起坐下，幫助她靜下來並且開始寫感謝卡。把紙或卡片放在她面前，遞給她筆或蠟筆，並且說一些開場白：「我們現在來寫給奶奶的感謝卡。你可以想要說的是……」

讓你的孩子用電腦來製作他的感謝卡。大部分的孩子喜歡在電腦上做事情，也覺得這樣比較舒服愉快。製作一個精緻、由電腦設計的感謝卡，但記得要讓孩子加上一些針對個人的評論，因為孩子這麼做才會讓對方感受到他的感謝與誠意。

 創造一個新的家庭規則：「在你寫好感謝卡給送禮物的人之後，你才可以玩這一個禮物。」

貪心

請參考：◆儀態，公開場所的儀態◆物質化、金錢

情境

我已經到了一個狀態，就是不敢帶孩子到商店裡去。不論我們是到一個文具店、雜貨店或者加油站，我的孩子總是找到一些他一定要擁有的東西。他剛開始的時候會輕輕的要求我們，然後開始吵鬧，最後他變成像發狂般的要求，並且要我們一定要買給他。救命呀！

思考

這是一個很簡單的方程式。因為有許多電視的廣告，再加上他也看到許多同學擁有他很想要的東西。由於商店的陳設很吸引人，更加強他想要擁有這些東西的慾望。還有孩子本身自然就擁有的慾望，最後導致這個貪心的結果。這是一個很難的課程必須要去學習，但是孩子也是能夠學會去享受觀看這些美好的事物，而不是要求看到什麼就想要擁有什麼。

解決方法

讓你的孩子預先知道，你可能會或不會去買東西。其中一個例子：「我們將要去大賣場買上學用的鞋子。我們也會去買襪子，但是

這些已經是我們今天所有要買的東西了。」當你的孩子想要要求一件汗衫，我們只要簡單的提醒他，「這件汗衫很棒，但是記得，我們今天只是要去買鞋子而已。」

2 知道這些孩子有慾望是一件很好的事情，「哇！這真是一個很好的遊戲，看起來好有趣。」然後告訴他，為什麼你不會去買這個遊戲，並不是想要指責他，你可以這麼說：「我們今天只是要去買一些日常生活用品」，或者是「我們今天只是要去買給表弟的禮物而已。」

3 你可以列出要買的東西並請他放在皮包裡面。當你的孩子說「我想要這個東西」，你就可以告訴他「你比較喜歡藍色的這件，還是上面有彩虹的這一件」，然後把他想要買的東西單子拿出來，加上一個項目並且說：「我會把這個東西列在你的期待清單上，然後我們就可以記得，下一次你生日的時候，我會去買哪些東西。」

4 對於孩子希望買新東西的行為給予認證，並且用一個幻想式的說法，例如，「如果這個商店的老闆告訴我們，我們整輛購物車裝滿任何東西都可以是免費的。」這是我們典型來玩一個想像遊戲的策略。

5 最好不要這樣說「我們沒有辦法負擔這樣的東西」，這樣的訊息就是說如果你能負擔起這些東西時，你可能會買一雙兩百美元的鞋子給他；相反的，我們需要教導自己的孩子，訓練他們做出一些花錢的相關決定，例如，「這些東西很漂亮，但我們不會花兩百塊美金來買這雙鞋子，因為我們可以找到一雙只要三十塊的鞋子，而且還不錯。」

眼鏡

情境

我的孩子不願意戴他的眼鏡。

思考

　　當一個孩子要學會長期戴一個金屬、玻璃片在自己的臉上，的確需要有些時間來適應。這並不是只有外表看起來不一樣，而是他會有什麼感覺，也會影響到他怎麼看待這個世界。並且這是一個他自己擁有的東西，他有責任要保持它們的乾淨，知道它們在哪裡，並且小心不要打破它們。

解決方法

　　①　同儕的壓力常常是影響孩子不願意戴眼鏡的重要原因。可能來自於同學一個不禮貌的批評，就讓孩子常常敏感到自己戴眼鏡的這件事。讓孩子有機會去選擇鏡框，並且戴起來很舒服的鏡框，如果可能的話，可以再多花一點錢，去買防刮傷的鏡片，以及有彈性、不容易摔壞的鏡框。如果他對於自己的選擇感到非常愉快，而眼鏡本身很輕，又不會阻擋他的視線，他就比較可能會喜歡戴眼鏡。

　　②　你可以指出他所尊敬的一些長輩，你可以使用比較一般的口氣告訴他，例如，「哇！我好喜歡哈里遜‧福特臉上戴的這副眼鏡。這個眼鏡讓他看起來很英俊而且很有型。嘿！你知道嗎？他們看起來和你臉上戴的有點像哦！」

　　③　接受孩子提到說臉上戴眼鏡的感覺是如何。讓他們知道你了解他們覺得有點麻煩，而且知道他們為什麼不喜歡戴眼鏡。同時增強事實，他如果能戴上眼鏡就能夠看清楚很多東西，同時能玩得很愉快。讓他實驗看看，看著一個東西時，有戴跟沒戴的差別，然後請他說出有沒有戴眼鏡的差別。如果你有戴眼鏡，你就能從事很多愉快的活動。例如，「請把你的眼鏡拿下來，然後去看看那個交通號制。現在戴上眼鏡。哇！太酷了！看起來有多麼的不同呀！」

一旦孩子習慣戴眼鏡，就不會有問題。當孩子一開始拿到眼鏡，他常忘記戴上眼鏡。客氣的提醒他，並且不要生氣。

5 協助你的孩子每天早上擦拭自己的眼鏡，放學以後以及遊戲以後都養成這個習慣。因為骯髒或是沾滿很多東西的眼鏡，戴起來會非常不舒服。

6 你可以問你孩子的眼科醫師，你可以問有關孩子戴隱形眼鏡的訊息。

祖父母，祖父母和寵孩子

請參考：◆保母，保母是祖父母

情境

如果你問我的孩子，「請說出一個神奇的字」，他們會告訴你就是我的外婆。因為她會讓他們一直吃垃圾食物，也不會一直強調要他們守規矩，並且會一直買給他們最新的玩具。不管你們相不相信，和祖父比起來，**祖母**本身就很難搞定。

思考

所有的孩子都可以從沒有條件的愛得到好處，而且可常常受到生命當中重要的人寵愛他們。許多祖父母都有機會享受跟他們的孫子在一起的時間，而不需要去看看這些孩子是否去遵守小時候把你帶大的規則，例如，每個月少於一次，就不要刻意去專注於他們太寵他們這些事上。但是你可以使用下面這些想法，讓你們的關係更加和諧（如果父母是長期照顧他們的人）。

解決方法

1. 讓這些孩子知道他們和祖父母在一起的時候,可以享受你所幫他們定的這些固定的短暫假期。然而,他們回去之後,就必須要照規矩來。如果他們去看過祖父母後規則變得鬆散,讓他們知道雖然在祖父母家很多事情不一樣,但在家裡面和平常一樣,必須要遵守這些規則。

2. 如果有些規則你覺得很重要,讓祖父母知道這些規則是什麼。而當你和他們接觸的時候,不要去指責、批判他們。反而你必須要用比較客氣、尊敬的方式去告訴他們你的期望是什麼。例如,「爸爸,這些孩子很喜歡跟你在一起,而且當你帶他們去海邊玩的時候特別高興,我也很高興這個假期來這邊。請你記住在早上的時候,他們要記得的第一件事就是要擦防曬油。如果沒有擦防曬油,他們會曬傷痛一個星期,而且對皮膚也不好。」為了希望這些規則被遵守,我們可以藉由某些方式來幫忙他們,「你需要我帶一瓶防曬油放在他們海灘背包當中,方便你來幫他們擦嗎?」然後和他們一起討論,並且讓孩子也加入協助祖父母,來記得他們要擦防曬油。

3. 提醒孩子,如果祖父母就在附近也聽得到你說的話,告訴你的孩子,「你們要記得,在晚餐之後,只可以讓阿公阿嬤多請一次而已!」

祖父母,祖父母買給孩子太多東西

情境

每一次孩子的祖父母來到我們這邊,都會帶來一些禮物,通常帶來的是玩具或者是零食,事實上,這些孩子已經有很多東西了。是否有比較合適的方式不要讓他們這麼做?

解決方法

1 讓祖父母知道你非常感謝他們對孩子這麼慷慨,告訴他們,因為他們很喜歡買東西給孩子,你會列出一張清單,讓他們知道,哪些東西是買給他們的好禮物。包括要買衣服的大小、學校文具,或者是孩子去俱樂部的一些參加機會和廣告,以及其他一些相關訊息。

2 建議祖父母可以在孩子有興趣的公司買少許的股票,例如,百事可樂或者是迪士尼,或者是玩具反斗城,教導孩子如何看待這些股票的變化。祖父母也可以在孩子的禮物清單當中加入這些東西。這樣的策略可以教導孩子一些新的概念,而且將來學會投資。

3 我們可以用比較溫柔、關心他們的方式,告訴祖父母最好的禮物就是他們來看孩子而且和他們在一起。如果他們願意的話,可以帶孩子去玩球、看一場戲,或者待在公園一天。

祖父母,和父母的意見不同

情境

當我和我的父母在一起的時候,常常對於如何管教我的孩子最後總是以生氣收場。他們覺得他們比我知道的還多,即使他們很多的想法已經過時。是否有其他的方式讓他們不要插手這麼多的事情?

思考

你的父母親覺得他們把你帶大並教育得很好,因此他們覺得有很多人生的智慧可以和你分享,雖然這種方式並不一定是最好的,而且事實上他們許多教養孩子的方式也已經是過時的。但是他們在生活的介入背後是有良好的意圖,他們愛你,而且愛你的孩子,我們只需要用少許的小技巧,便可以使你在和他們相處的時候,覺得更加愉快。

解決方法

1 避免指責或者是責備他們，因為這種方式會讓祖父母變得更加防衛；相反地，我們可以使用我為開頭的句子，這種敘述的句子，向他們解釋你的感覺，包括希望要求改變的一些特定請求。例如，不要說「你總是讓孩子吃太多零食」，我們可以換一種更好的辦法，「我覺得限制孩子攝取糖分是一件很重要的事情。我真的非常感謝你們，如果你們可以協助我提供給孩子們健康的食物來當作點心，真是幫很大的忙。例如，比較沒有糖分的小餅乾、貝果，或者是桃子，都很有幫助。」

2 我們可以問一些有用的句子，來看看到底祖父母為什麼一直會有動機來做出同樣的行為。保持同理心，而且好好的傾聽，你就可以學到蠻多重要的事情。例如，你可以問：「你是否常常發現，要對你的孫子說不很困難？」你有可能很驚訝的發現，他們其實是相當的挫折，而且希望你能提供他們一些想法來面對他們的孫子。

3 你可以舉一些例子讓他們知道事情是怎麼進行的。可以對於你的孩子給一些意見，而不是直接對祖父母說，你必須完全的清楚，是否他們聽到的和你們所講的中間有落差。例如，「兒子，你知道我們的規則是不可以在桌上跳。如果要在沙發上，你可以坐著或躺著，但是就是不可以跳。」

4 你可以讓祖父母學會某些想法：「我是要讓你們分享許多有趣的事情，這是我們花了很多時間才學會的。」你可以從校園的書籍或者某些文章當中讀一段給他們聽。你可以引用電視上專家說的話，或者朋友如何處理問題的一些小故事，你覺得你的朋友處理得很棒，不要讓他們覺得被強迫聽從，只要分享你很興奮的一些經驗。

5 讓你們之間的差異和平共處，你也必須學會處理孩子行為不同的方式。對於小的事情，不用花這麼大的力氣，可以把你的能量存起來去處理更大的議題。

習慣，壞習慣

請參考：◆穿衣，咬衣服◆拔頭髮，拔自己的頭髮◆咬指甲或摳指甲◆摳鼻子

情境

我的女兒開始出現一個習慣，就是一直吸鼻子。她只要覺得無聊或緊張的時候都會這樣做。我要如何讓她停下來？

思考

某些不好的習慣，例如，吸鼻子、捲頭髮、咬指甲、拉耳朵、抓癢、發出奇怪的聲音，或者摳鼻子，剛開始時是希望可以解除緊張，並且讓自己舒服一點。如果一直讓自己重複就可能成為一種習慣，我們一定要有一些特定的計畫，才能讓孩子停止這些習慣。

解決方法

1 指責他們或嘲笑他們都沒有辦法停止這個習慣，事實上，會讓這些習慣更糟。和你的孩子談一談，讓他開始注意這個習慣（他有可能還沒有覺察到自己有這種行為）。讓他知道你希望他能夠停下來的理由。嘗試找看看是否行為後面有發生的原因。和他聊聊看、看他的感覺。可以讓他經由鏡子或者某種示範，來看看這個習慣從別人的眼中看起來是什麼樣子，一旦你的孩子覺察到他的習慣，他就會更願意去停止這種習慣。你可以使用比較溫柔的、小心的提醒他來阻止這個習慣，例

如，拍拍他的手背，或者用一些簡單的字來提醒他。你必須記住，即使他很想努力的停止習慣，仍然是有點困難的；所以你必須要有耐心的協助他度過這些習慣改變的過程。

2 請注意到底哪些時候孩子出現這些習慣行為最多，例如，當他坐在車上、看電視，或在社交情境最常出現。在這些特定的時間，可以讓他有好的東西來渲泄自己緊張的能量。例如，可以讓他有一串珠子，或是一隻毛毛熊，或者一條帶有徽章的鍊子，或者可以請他一起動一動自己的身體，你可以教導他如何去打毛線，或者做一些簡單的手工。一旦你的孩子成功的打破這個行為的習慣，你就不太需要一直投入去提醒他，因為他已經能夠參與而且投入一般的活動。

3 溫柔地和他討論這個習慣如何改變，並且列出哪些部分希望孩子能合作。請不要認為他隨時都想要停止努力。一旦他同意花時間來投入，你的鼓勵以及持續和溫柔的提醒，對他的效果都會更好，而不是嘲笑他或是讓他難看。

4 開始建立一些習慣的原則，雙方在特定的時間點，採取某些行為改變技巧。我們給你的孩子十個銅板，根據孩子的年齡給他適當大小的銅板，早上做的第一件事就是給他銅板。告訴他如果你看到他做出上面所列出的這些行為，你就會請他將一個銅板還給你。在已經結束的時候，沒有交回來的銅板他都可以自己留下來。

5 教你的孩子如何放鬆。當你的孩子知道他正好在從事習慣這個動作時，把它停下來、坐下來，閉起眼睛，並且慢慢呼吸幾分鐘。

! 如果你的孩子發出一些噪音，是無法控制發出的聲音，或是出現不正常的身體抽動，他可能是「妥瑞氏症候群」比較嚴重的問題。如果你有任何這樣的懷疑，而不是一般孩子出現的這些習慣，就必須要和你的醫師一起討論。

梳頭髮

情境

我的女兒很討厭梳頭髮。她會哭、抱怨,甚至每次我拿梳子接近她時,她就開始躲避。

思考

這種情境一開始的時候,通常是頭髮很不舒服的經驗。你的女兒一開始整個頭髮都捲成一團。你必須把它解開並且梳開頭髮,於是她就會開始抱怨,然後你就開始對她生氣。從那時開始,每次你要梳她的頭,她就開始排斥,她的態度是有傳染性的,不久之後你和你的女兒都很討厭梳頭髮這個日常活動。請你開始深呼吸,嘗試以下的建議,很快地,這個問題將會成為過去式。

解決方法

1 請你示範一個不是無聊的、實事求是的態度。每天梳頭並不是想做才做的事。就是要這樣執行,並且忽略各個藉口,最後她就會習慣。當然如果你保持溫和的態度,並使用比較不會讓頭髮捲成一團的護髮乳,或者可以梳開頭髮的頭髮噴霧劑,梳髮效果會很好。

2 讓你的孩子有機會可以選擇不同類型的髮帶、頭髮上的飾品,甚至頭髮上小小的珠寶裝飾品。讓她能夠每天做決定,到底哪些東西戴在自己的頭髮上,並且要怎麼設計它的樣子。

3 當孩子在看電視的時候梳頭髮,或者當她在看書或玩遊戲的時候梳頭髮。因為她專心在別的事情,她就比較不會注意自己頭髮上發生什麼事。

4 教導你的孩子如何梳頭髮。差不多在六歲的時候，孩子就可以開始學會這個任務。剛開始，你必須親自完成這個工作，之後經由練習，她就可以自己處理自己的頭髮。

5 有時候我們可以玩一個髮型設計師的遊戲。讓她整理你的頭髮，你整理她的頭髮，和平常整理頭髮的方式相當不同。然後互相拍照，讓這個過程像是一個有趣的遊戲。

6 如果這些方法都失敗，你也已經覺得處理頭髮的問題，處理到沒力了，你可以帶她去剪一個短髮，而且是一個簡單的髮型。短髮有許多很好看的髮型。她的頭髮當然還會長出來，而且當她年齡更大的時候，她可能就比較有能力去處理自己較長的髮型。

剪頭髮

情境

我的孩子很討厭剪頭髮。他會哭、逃避，並且每次帶他去剪頭髮的時候，他都會這樣。

思考

他真的是討厭剪頭髮的孩子嗎？還是其實他剪頭髮的經驗是不愉快的？還是事實上他必須要死死的坐在那裡，甚至覺得很無聊，超過他願意坐在那裡的時間，包括還要幫他梳頭髮這些動作？一旦你找出孩子為什麼討厭剪頭髮，你就可以設計一個方法來解決這個問題。

解決方法

1 讓你的孩子坐在一個他最喜歡的影片前面，然後再開始剪頭髮，當他看電視時就可以讓他分心，當你想要幫他剪頭時，他就可以

很開心。

2 如果你對於孩子是否這時要剪頭髮猶豫不決，或者很矛盾，他就可以感覺到你這種猶豫不決的情緒，而比較有可能開始和你討價還價起來。我們可以採取實事求是的方式，好像要做正式的方式來剪頭髮。這是一定要做的事，而且沒有其他選擇。這不會傷害他，也不會花很長時間，而且你的孩子將會順利的度過剪頭髮過程（你也可以完成）。你的態度會影響剪髮的過程。

3 如果可以的話，可以讓你的孩子選他喜歡的髮型，什麼時候剪頭髮，或找誰剪。「你希望媽媽幫你剪頭髮，或是去理髮廳？」

4 你可以選擇一個比較好的髮型設計師，特別會剪孩子的頭髮，並且選擇一個孩子比較喜歡去的場所。有些剪頭髮的地方會提供不同的座位，例如，賽車，或者一些可以騎的小馬，讓孩子可以坐在上面。

5 如果孩子需要剪頭髮的次數想要減少的話，可以嘗試讓孩子頭髮長一點，一直到孩子能夠接受剪頭髮的能力增加時，再考慮需要剪比較多次的髮型。

拔頭髮，拔其他人的頭髮

請參考：◆吵架，和朋友吵架，肢體上的 ◆兄弟姐妹間的爭吵，肢體上的

情境

當我的女兒對朋友生氣時，她有時會抓他們的頭髮。我已經跟她說過很多次，而且對她兇過，但是看起來一點用都沒有。

思考

拔頭髮、咬人，都是孩子典型的行為，因為他們還沒有學會如何去控制自己的情緒，如果孩子天生有比較好的社交技巧，當然是很好，不

過大部分都不是這樣。所以我們必須教導自己的孩子如何用適當的方式處理自己的憤怒。

解決方法

1 在她遊戲時看住她。當你看到她覺得很挫折或生氣時，花一點時間做一些處理。重新將她的注意力引導到別的地方，直到她情緒比較平穩下來為止。

2 我們必須要教孩子哪些事是**不可以做的**，而且要讓他知道什麼是**可以做的**，這是完全不同的事情，花點時間教你的孩子學習安全地表達憤怒或挫折，你可以經由情緒和憤怒相關的書籍，或者當他生氣時和他討論還有哪些別的選擇。你要先確定在討論這些想法時，是在一個安靜、單獨的時間，而不是在他身旁做這些事！

3 每次當你看到這個孩子在拉其他孩子的頭髮時馬上介入。堅定的表達自己不高興的情緒，「不可以抓頭髮，離開。」你把自己的孩子放在一個椅子上或者其他離開現場的空間，讓他自己安靜下來，或者你可以當場宣布，「當你能夠繼續和其他孩子玩而且不會抓他們的頭髮時，你才可以起來」，這種打斷的方式讓孩子有機會使自己的情緒穩定下來，你可以告訴他當他準備好才可以起來，讓他知道控制自己的行為是他的責任。

4 通常拔頭髮的這些孩子，當他們如此做的時候可以得到很多的關心，好像成為鎂光燈下的焦點；相反的，你可以去注意被抓頭髮的孩子。你可以做出一個簡短的表達，「兒子，不可以抓頭髮！」然後馬上走到被他抓頭髮的孩子身邊，把注意力放到這個被抓孩子的身上：「請過來這邊，小朋友。媽媽會抱抱你，然後待會兒唸一個故事給你聽。」

拔頭髮，拔自己的頭髮

請參考：◆習慣，壞習慣

情境

　　我的女兒最近養成一個習慣就是拔自己的頭髮，她以前只有在快要睡著前才會做這樣的行為，但是我發現她整天都這樣做。我要如何來停止她的行為？

思考

　　拔頭髮的這種習慣通常是用來減少緊張，讓自己舒服，最後則常常變成自己下意識的動作。因此嘮嘮叨叨來指責他們並不會停止這個習慣。必須要保持敏感而且帶著創意，這樣就可以來協助孩子處理這個行為。

解決方法

1 你可以帶孩子去剪一個髮型，她的頭髮不會遮住臉，而且頭髮是拉到後面去。讓她有機會可以選擇漂亮的髮飾或緞帶。你可以買給她一個洋娃娃，有很長的頭髮，而且可以用梳子梳，還有一些髮飾。

2 和你的孩子談一談，讓他開始注意這個習慣，因為他們沒有覺察到自己常做這個動作，讓孩子知道為什麼你希望他停止這個行為。讓他適當表達自己的情緒、想法。雙方同意可以經由比較細微的、溫柔的方式來提醒他停止這個行為，例如，拍拍他的手臂。

3 注意哪些時間他最常拔自己的頭髮，例如，當他坐在車子裡或看電視時，在這些時刻，讓他拿一個東西在手上玩，讓他的手空不下來，例如，一串珠子、一個洋娃娃，或一個軟墊子。

4　如果孩子快要睡著的時候才拔頭髮，我們可以設計一個睡前習慣的小儀式，洗一個溫暖的澡、講故事，或者聽音樂的時間。然後讓他抱著一隻軟軟的絨毛動物，讓他可以舒服的睡著。我們列出他可以做一些什麼來幫自己停止這個習慣。

5　我們必須看看這個習慣是否和孩子生活習慣的壓力有關，它可能是暫時性的壓力，例如，有弟弟剛出生，或者剛剛開始上學的前幾年，或父母剛離婚。如果是這樣，要保持關心和支持的態度，讓孩子有多一點時間來度過這段痛苦的時光。還有可能是壓力本身和時間排得太緊有關，而你的孩子沒有得到足夠的放鬆時間，那個時間只用來放鬆或者是整理自己的情緒，如果是這樣，你可以嘗試著設計一些比較放鬆的時間放入他的時間表內。

!　如果這些方法都沒效，將你的孩子帶去髮廊，可以讓他剪一個比較短、有型的髮型。最好的方式是不要特別提到剪這樣的頭髮主要是因為這個習慣。當他頭髮長回來時，這些習慣可能已經被他忘了。對於他新剪的髮型給予很多稱讚與鼓勵！

恨意，表達恨意

請參考：◆不尊重◆惡形惡狀◆教導如何尊重他人◆自我價值感低◆兄弟姐妹間憎恨的情感

情境

當我的孩子生氣時，他對我大叫：「我恨你！我希望你不是我的媽媽！」還有其他令人聽起來很難過的事情。

思考

當你的孩子感到生氣和無力的時候，會使用怨恨的字眼來表達自己

的感受，這種突然間冒出的話不需要根據表面的意思來解讀。也就是說，你的孩子並不是真的恨你這個人，他只是表達出自己非常生氣，他沒有辦法繼續這樣子下去，而你就是這個繼續強加一些規則在他身上的人！而這些理由並不表示你就必須要繼續容忍這些不應該的行為。如果可以用這種方式來看待他所說的話，你自己的情緒就可以穩定下來，然後你就可以逐漸控制自己的情緒。

解決方法

1 孩子必須要被教會表達自己憤怒的情緒是可以的，但是有一些方式是可以接受，而有一些方式是不可以接受的。最好的方式是當時先離開你的孩子，如果他使用這麼強烈的字眼來講你的時候，你可以提出一個短暫的回答：「我不會留在這邊聽你說這樣的話。」讓時間過去冷卻下來之後，你和你的孩子雙方靜下心來，然後告訴你的孩子，他突然間冒出的這些話是不能被接受的。除了告訴孩子你不想要聽到的話，告訴你的孩子你能容許的其他說法，例如，「我對於你拒絕我這麼做真的很生氣。」

2 如果對於平常很有禮貌的孩子，這是一個不尋常的行為，你可以回應的方式是比較溫和的，「你剛剛說的那些話是不能被接受的。我知道你夠聰明，能夠說出其他可以被接受的話。」

3 你必須先確定聽到別人用這種方式說話，可能他的朋友這麼說。和他討論這個朋友的行為，然後請你的孩子說說看他認為這個人這麼說是什麼意思。這是一個好機會，讓你們兩個人去討論權力，以及這些字的意義是什麼？哪些是你覺得可以被接受的？哪些是除了傷害人的話之外，你比較可以接受的另外說法。

4 讓你的孩子預先知道，如果他使用這些方式來對你說話，你將會限制他不可以離開這個房間。你限制他不可以離開房間的時間長度，會受到他說這些話的強度影響，例如，「我恨你！」可能會要求他

一個小時要留在自己的房間。如果用攻擊性的方式來對你說話，說不定他今天整天都要留在這個房間裡面。如果他沒有辦法遵守這個規則回到自己的房間時，他就會失去他某些特權（例如，看電視、和朋友講電話，或者放學後出去玩的權利）。一旦你設定這些限制，保持冷靜並且態度一致，要求他們要照這樣做。

打人，孩子打大人

請參考：◆憤怒，孩子的憤怒爭執，和父母親爭執◆合作，不合作、不尊重◆打斷◆教導如何尊重

情境

當我的孩子對我生氣的時候，主要是因為我拒絕他的要求（例如，在晚上之前不可以吃糖果），他很生氣並打我，我嘗試的向他解釋打人是錯的，但他一直這樣做。

思考

打大人是一個嚴重的違規行為，而且應該要被視為嚴重的事情來處理，而且可能是其他不好行為的萌芽。我聽許多父母親害羞的告訴我，他們告訴自己的孩子，「寶貝，我的好兒子，小傢伙，打自己的媽媽是一件不好的事情哦！所以拜託你不要再打我好嗎？寶貝兒子？」必須要避免使用這種哀求、乞求的口氣，或者說教的方式來對待孩子，因為這些方式都可能讓孩子誤認為自己的行為是可以得到關心的一種方式。這種講話的方式會減少孩子對於自己行為嚴重的覺察，而且最後他打人的次數會越來越多。

解決方法

 只要每一次孩子打大人，馬上抓住孩子的肩膀，看著他的眼睛，並用堅定的方式、不愉快的語調告訴他，「不可以打人，離開現

場」。帶孩子到一個椅子上，或者其他離開現場的空間，並且告訴他，「直到我告訴你可以離開之前都要留在那邊。」幾分鐘之後，當你和你的孩子情緒都穩定下來了，你可以容許自己的孩子起來。你可以做出一個短暫的要求，但是避免一段冗長的說教，因為現在主要的任務並不是要幫他上課，而且不會讓他記取教訓。最重要的部分是，對於每一次孩子打人的時候都要採取適當的反應。

2 如果你懷疑自己的孩子打人是為了要得到你的注意力，馬上停止因為注意他而給他鼓勵。每一次孩子打你，就用一個堅定、不愉快的語氣告訴他：「不可以打人。」然後結束和孩子的互動，並且離開一小段時間。你的孩子將會學會打人會導致你離開現場，因此不再符合他打人的目的，因為他是希望你能夠對他的要求投降，而且最後得到你的注意力。

3 不要和孩子玩打來打去的遊戲，任何時候都不可以。孩子看到可以這樣做，就會繼續這樣做，而且這在不恰當的時間還會繼續這樣做。如果你有習慣和他們打來打去，你就是容許他們可以因為自己的高興而打人，然後你就會發現沒有辦法對於遊戲的行為，以及真正生氣的行為畫出一個清楚的界線。

! 如果一個孩子持續打人，安排家庭諮商師或治療師對他們是有幫助的。一個受過訓練的專業人員可以決定到底孩子打人的行為背後的原因是什麼，然後協助家人設計一個計畫來打斷這個行為。

打人，孩子打孩子

請參考：◆憤怒，孩子的憤怒◆吵架，和朋友吵架，肢體上的◆朋友◆惡形惡狀◆兄弟姐妹間的爭吵，肢體上的

H

情境

我的孩子會打其他的孩子，尤其是他生氣、挫折的時候會這麼做。

思考

並不是只有你有這個問題。許多孩子在生氣的時候，都會打他的同伴。孩子會表現這樣的行為，主要是因為缺乏足夠的知識和智慧以及自我控制的能力。孩子常常會生氣，我們沒有辦法避免他們生氣。我們主要的責任是教導他們生氣時如何用適當的方法表達。

解決方法

1 當孩子遊戲的時候仔細的觀察他們。當你發現他們很挫折或生氣的時候直接介入，重新引導他們的注意力到其他的活動，直到他們穩定下來。

2 教導你的孩子如何表達自己的憤怒和挫折，並且用安全的方式，可以藉由角色扮演和討論的方式來達到效果。我們也可以帶孩子去閱讀有關生氣的書，然後和他們討論所讀到的內容是什麼，這種方法也很有幫助。

3 每一次孩子打人的時候，立刻並且溫和的抓住孩子的肩膀，直接看著他的眼睛，並且以堅定的語調告訴他「不可以打人，暫時離開」，或者「當你打人的時候，馬上坐下來」。引導孩子到一個椅子或者其他可以離開現場的空間，要求他安靜的坐在那裡直到他情緒安定下來（一個最好的規則來決定到底要隔離他們多久，就是一歲代表一分鐘的隔離時間）。另外一個選擇就是直接告訴他們，「當你能夠在玩遊戲的時候不打人，你才可以起來」。如果你的孩子還是繼續打人，你可以告訴他，「你還沒有穩定到可以起來」，再重新引導他回到他被隔離的地方。

4 確定在任何時候都不可以和孩子玩打人的遊戲。孩子會根據他們看到已經可以做的事情認為這是可以做的，即使是在不恰當的時間也會這樣做。通常比較小的孩子喜歡和父母親玩摔跤，而且在不是摔跤的時間也會和其他人摔跤。所以，同時要注意電視或電影上，是否有看到類似的節目是打人或暴力的。小的孩子對於暴力所造成的影響是可以經由訓練而有免疫力的，並且父母應示範哪些是處理憤怒比較恰當的方式。

5 將比較多的注意力放在受害者而不是放在打人的人。在短暫的告訴他們不可以打人之後，將注意力轉到被打的人，然後注意受害人。通常打人的人會得到更多的注意力，因此打人的方式變成一種獲得關心或注意力焦點的方法。

6 教導孩子利用正面的身體接觸，例如，替對方搓背或腳底按摩。我們有一個學齡前的活動，就是學校互相推擠的活動變成是在幫對方擦背之前進行。五歲之後進行，在直接接觸下，孩子可以有更多身體放鬆的收穫，而且有這些身體的能量正面渲泄的管道。

7 教導孩子讓他們的雙手合在一起十次，尤其是當他們有一股衝動想要打其他孩子的時候，請他們這樣做。這個動作可以讓他們立刻有渲泄憤怒的效果，可以協助他們把手放在自己身上而不是去打別人。如果你看到他成功的完成這個動作，記得馬上給他們口頭上的鼓勵。

! 如果孩子繼續打人，可以安排家庭諮商師或治療師會相當有幫助。一個受過訓練的專業人員可以確定孩子打人的原因，然後可以針對這個原因，更有效的協助家人如何來停止這樣的行為。

一個人在家，孩子一個人在家

請參考：◆一個人在家，當孩子已經準備好一個人在家

情境

　　我覺得我的孩子已經可以一個人在家停留一段短的時間。我希望能知道如何試試看，讓他可以成功的一個人待在家一個比較短的時間。

思考

　　讓孩子一個人在家，對家裡的每一個人來說都是一個進展。它讓你的孩子開始會對自己更加負起責任，而且父母親都會發現原來自己的孩子具備這樣的能力，並且熱切期待，孩子跟父母親都會覺得自由很多。聽起來好像鬆了一口氣的感覺，但是不要急著做出太大的改變。慢慢做計畫，並且在成功之前需要做一些準備。

解決方法

　　① 必須要孩子的配合，列出一些規則，當他們在家時該如何遵守這些規則。包括他們要做哪些特定事情，例如，家庭作業、練習合唱團指定的功課等等。以及不可以做的事，例如，不可以自己去開門、不可以自己用瓦斯爐，或者不可以把自己的弟弟妹妹綁起來。需要列出許多可以被接受的活動，並且特別告訴他可以看多少時間的電視，哪些食物他們可以吃。你如果能夠預先想好更多的事情，並且開始實行之前就想到各種可能的問題，你就比較不會在後來要處理一大堆的問題。

　　② 訓練自己孩子遇到緊急狀態的時候怎麼辦。有許多的醫院、青年會，或者學校，都可以提供某些專屬於兒童需要特別照顧時段的課程。這些都是很好的選擇，一般都會告訴你標準的緊急步驟如何處理。如果你的孩子接受某些訓練，不僅是年紀最大的孩子都可以得到好處。我們要確定的是：一定要列出許多重要的電話號碼，放在電話旁或是容易找到的位置，「不要把這些號碼藏在一堆沒有處理的郵件中，不容易找到」。然後寫下主要的緊急電話號碼在電話上面（我曾經聽過有些大人自己面臨到緊急狀況時，也忘了要如何做的順序步驟）。如果你所住

的城市並不會顯示出你打電話來的住址,一定要確定將你的住址寫在這張緊急事件的紙條上面。提供你所認識且相信的大人的電話號碼,而且這個人住在附近,尤其是當你要外出去比較遠的地方,特別要注意。

3 可以和孩子討論或是用角色扮演,或是不同情境會是什麼樣子。可以詢問他們:「當發生什麼事的時候,你應該怎麼辦……」透過這樣的問題來確定你的孩子是否已經準備好了。還有其中一些例子就是包括:(1)如果你丟掉你的鑰匙怎麼辦?(2)如果有人來家裡按門鈴怎麼辦?(3)如果你肚子餓了怎麼辦?(4)如果你的家庭作業需要有人幫忙的時候怎麼辦?(5)如果爸爸沒有在五點準時回家怎麼辦?(6)如果有人打電話來你要怎麼辦?(7)什麼時候打電話給爸爸,即使我在上班的時候,什麼時間比較恰當?

4 若有一個以上的孩子,決定哪一個人要被留在家管理,或者負責平均的分擔責任。清楚的找出將要要求他們遵守的規則,並且讓他們知道當你不在家的時候,有爭論時該如何解決。

一個人在家,當孩子已經準備好一個人在家

請參考:◆一個人在家,孩子一個人在家

情境

我現在正想要試試看,我的孩子是否已經準備好可以一個人在家待一段短時間。我現在正在想想看特定的時間,例如,下課後他們回到家,以及從工作回到家裡中間這段空隙時間,或者傍晚時候我去開會,或者我去外面吃晚餐時。

思考

他們一個人在家怎麼辦,當你的孩子年齡越大,不需要一對一監督的方式,實在是不想要再麻煩去找臨時照顧的人,更不用說要花錢請人

來幫忙。請你記住！你這個決定並不是因為他們的狀況已經達到最好，而必須奠基於你的孩子是否自己已經有能力來處理狀況，即使你沒在旁邊，他們也有能力去做。

解決方法

① 需要思考的是你的孩子是否已經符合一個人在家的年齡。法律上有規定一個孩子多大的時候才可以一個人在家，之前都必須要有大人陪伴。你必須要去看看你們那個區域的法律規定。一般而言，孩子至少要到十二歲或者年齡更大時，才可以考慮讓他們一個人在家，法律認為比較年輕的孩子可以一個人在家不需要受到監督的時候，你還是要特別注意。

② 其中第二件要考慮的事情就是：當孩子一個人在家的時候，他們每個人的責任是什麼。仔細來看看孩子是如何處理他們的家庭作業、回家需要練習合唱團的活動以及個人的責任。是否孩子已經表現出我們可以信任的程度，甚至可以自我管理的能力？你的孩子情緒是否已經穩定？或者已經有好的判斷力？某些孩子在十歲的時候就有責任感和能力，還有其他孩子到了十四歲或是更大的時候才會表現出這些能力。除了考慮這些因素外，看看你的孩子他是否覺得已經有能力能夠一個人在家。有時候孩子已經有負責任的能力，而且有足夠的能力在家，但是他們卻害怕一個人在家。我們必須要尊重他們有這些害怕。

③ 第三點考量，如果你有一個以上的孩子，孩子之間平時是否有和平相處的關係。當然所有的兄弟姐妹有些時候會鬥嘴，但他們平常就很常打架、吵架，甚至是身體上的衝突，實在是不太好將他們單獨留在家。

④ 第四個考量，讓他們在家是否足夠安全，你居住的附近是否足夠安全。如果你家裡面有保全系統，可能會更好。附近是否有你認識並且可以信任的鄰居？是否你的家在一所高中旁邊、錄影帶店，或是

在酒館旁邊，會有一些你不太放心的人在附近？對自己要誠實。不要過度看輕這些不好的環境可能造成的影響，也不要覺得把孩子單獨留在家是你唯一能夠做的選擇。如果孩子發生一些不好的事情，到時就會後悔要是那時做出別的決定就好了。

5 一旦你已經決定周遭的環境適合讓你的孩子一個人留在家裡，剛開始的時候先讓他們適應一段時間單獨在家。你必須確定你或是另一個可以信任的大人，在容易找得到的地方，而且有電話可以聯絡。然後逐漸增加你可以讓他們單獨在家的時間，你的孩子就會越來越習慣和舒服。

記得要看看當地的法律規定，尤其對於你必須照顧孩子的一些處罰。你當然不希望讓你的家人、孩子處在一個不合法的情境。

家庭作業，如何讓他們按時去做家庭作業

情境

我的孩子做家庭作業對我來說是每天都要煩的事情，而且花掉我許多力氣。每次收到他們聯絡簿的時候，我總是希望那裡有一頁可以給我打分數，包括我的囉唆、祈求他們、逼迫他們、一再提醒他們（我相信我的努力應該可以得到 A，但我的結果卻是 C）。

思考

當你的碎碎唸、哀求、逼迫和提醒得到 A，很清楚的可以看到，你的孩子看起來需要特別的引導方式。如果你用一點力氣來改變你自己習慣的儀式，你就會發現，你的孩子能夠對自己的家庭作業多付出一些責任。

H

解決方法

1 訓練你的孩子對自己有責任感，並且擁有他們自己的家庭作業。我們必須清楚了解家庭作業是他們的工作，而且是他們必須優先做的事情。你自己的工作就是創造一個環境，能夠引導他們完成他們的家庭作業，而你的責任就好像是球隊的經理或者是教練。不要太急或者是過度涉入他們實際的工作，因為父母付起過多的責任，孩子就會覺得他們應該做的事就是父母該做的。

2 你可以設一個規定的時間和做家庭作業的地點，例如，在午餐洗完碗後，以及廚房整理完後，固定的活動就是要讓家庭作業拿到餐桌來，為了維持這個習慣，因此必須要養成，當孩子沒有家庭作業時，這個時間也必須拿來閱讀或是用來寫信，或者寫一些感謝函。如果有活動或者是音樂課在一個星期內那一個時段出現的話，最好事先訂出特別的時段來完成這些工作。

3 創造出家庭作業的環境，必須要確定都已經很乾淨了而且沒有別的雜物，手邊的文具也已經夠了，而且可以給他們一些健康的零食或是飲料。不要花很多時間來責罵他們、碎碎唸或者是抱怨。有些孩子甚至需要比較安靜，播放某些背景音樂或是把窗子打開讓空氣進來。有些孩子很容易分心，而且需要絕對的安靜。你必須嘗試看看到底哪些方式對你的孩子最好。自己偏好的方式對孩子未必會有類似的效果，而是要選擇最適合孩子個性的環境才會達到效果。

4 避免因家庭作業給予獎勵或是處罰。這會讓整個學習過程的焦點被轉移，而且會讓你的孩子有壓力，為了要避免處罰或得到獎勵才來做這件事情，或者甚至更糟，你的孩子決定處罰也沒什麼不好，或者獎勵的東西也沒有那麼吸引人，會讓你處在更難處理的情境。

家庭作業，沒有在一定時間內完成

請參考：◆拖時間◆家庭作業，如何讓他們按時做家庭作業◆拖延

情境

　　我的孩子寫作業的時候有一大堆藉口，「時間還沒有到」、「我一點都沒有家庭作業」、「我已經忘記了」、「你的狗把我的家庭作業吃掉了」。最底限的結果是他的成績已經因家庭作業沒有準時做完而受到影響。

思考

　　對許多孩子來說，家庭作業是他們排名很後面喜歡做的事情。這種考驗的程度，就好像介於打保齡球直接丟到自己的腳指頭，或者是要求他們去後院撿狗狗的大便一樣。換句話說，他們一定會用盡各種方法來避免家庭作業。你的工作就是要說服他們，無論他們個人有什麼感覺，家庭作業是重要的、一定要做的，並不是可以討價還價的事情。

解決方法

1 和老師碰個面，這樣你就可以清楚的了解孩子被要求做什麼，而且家庭作業一般會花多長時間。必須要確定你的孩子的表現還不錯，而且上課能夠跟得上進度，而最後的問題就只剩下家庭作業相關的事情而已（有時候想做家庭作業，可能是學校裡面有一個更大的問題的癥兆而已。所以我們剛開始的時候要預先排除這個可能性）。

2 設定家庭作業的時間，你那時候可以做自己需要閱讀的文件、帳單，或看報紙。和孩子同時坐在餐桌上，隨時可以讓他們問問題，但是必須要專注在自己的工作。你的在場可以鼓勵孩子完成家庭作業。如果你的孩子並沒有任何家庭作業，並當作是家庭作業這個小時不

參加的藉口，他們會很高興的聽到，他們願意在家庭作業的這個小時自己安排一些額外的事情來做，慢慢的就會記得那一個小時其實是有一些需要做的事情或家庭作業。

3 讓你孩子的老師能夠有一系列的小卡片。要求老師在星期五下課時，讓孩子帶回來這張小卡片，上面寫著家庭作業都已經做了（或者都沒有做），然後老師要簽名。讓你的孩子知道如果這個星期沒有做完家庭作業，必須要在星期六之前做完家庭作業才能去玩（如果你的孩子是參加一個球隊、合唱團，或者星期六需要去上一些課程，規則就可以運用在星期六想要做的事情，之前一定要把家庭作業做完才可以）。讓他們知道如果你沒收到老師的這張卡片，也沒有帶回家這張卡片，你就沒有辦法確定他是否有完成家庭作業並且交給老師。如果非書面的東西並不是在家裡做的，讓你的孩子必須要在最近閱讀的書讀完後，做一個完整的報告給你（基本的要求可以鼓勵你的孩子必須要將這些卡片在下星期五之前帶回來，而且也是一個促進他的閱讀和寫作技巧很好的方式）。

4 你可以雇用年齡比較大的孩子（可能是鄰居）來當作你孩子的家庭作業教師。常常老師會建議你學校比較高年級的其他孩子來擔任這個工作。年齡比較大的這個孩子可以將他的家庭作業帶到你的家裡來做（或者是讓你的孩子帶作業去他家裡做）。他可以坐在你的孩子旁邊，陪他做完家庭作業。這個教師必須要在他附近，可以回答問題或提供一些引導。而且要確定的是，至少家裡附近有父母親在，以免變成兩人聊天的課程。

家庭作業，完美主義

請參考：◆拖時間◆家庭作業，如何讓他們按時去做家庭作業◆完美主義

情境

我的孩子花很多時間在做他的家庭作業。他用橡皮擦擦掉很多遍，而且即使犯了一點錯都覺得很挫折。我並不是想要鼓勵他得過且過，但是我覺得他不需要這麼強迫自己每一個字都要這麼正確，的確是令人煩惱。

思考

孩子對家庭作業的完美主義可能有許多原因。我們必須要找出孩子這麼做的理由。這是一個個性習慣的表現嗎？這個行為會得到更多的注意呢？或者是這個作業太難讓他覺得很困惑，或者是他使用家庭作業完美主義的行為來拖延家庭作業，而這些部分正好是他不喜歡或不能理解的。無論理由是什麼，需要適當的使用某些計畫才能克服這些行為。

解決方法

1 如果你的孩子在學校也有類似的行為，很可能他在家裡面因為家庭作業得到太多的關心。讓你的女兒知道家庭作業其實是一種「練習」。和她討論家庭作業的目標是什麼，讓她知道哪些事情需要先做，例如，她最後一篇讀書報告必須要乾淨整潔，但是前面的這些草稿就不需要這個樣子。讓他們有機會可以問問題，但是不要過度涉入。如果他要求你幫忙，你可以提供簡單明確的答案，而不要對他已經完成的作業提出任何評論。或是你沒有過度的涉入或囉唆，則影響他拖延的理由就是在他自己本身。當他發現自己能夠花比較少的時間來完成家庭作業，而且不用那麼完美，仍然可以得到好成績，他對於完成家庭作業的速度就可以比較有信心，而可以快一點。

2 不要告訴他，例如，「不要花這麼多時間」，可以使用「如果……然後就會……」的技巧：「如果你能夠在五點之前完成你的作業，你就可以在晚餐之前玩你想玩的遊戲。」

③ 避免用你的敘述方式「你必須要擦掉這些東西」，而是用這種方式跟他說話，「如果這是我自己的家庭作業，我就會暫時不去改掉它，而趕快完成下一份作業。」或者問他一些比較有用的句子，引導他自己來發現結果。例如，「你不覺得有可能是……」「你的老師會希望你……」

④ 可以了解老師到底希望孩子花多少時間做家庭作業。根據你從老師那裡得到的訊息，你可以設定時間，容許他在這段期間內自由的完成家庭作業（你可以在老師講的時間再多容許長一點的時間，這樣孩子才不會因為你的設定限制而感到壓力）。你的孩子坐下來做作業時，你可以告訴他設定的時間是三十分鐘。當時間到了，家庭作業的時間就結束。要求他花一些時間來想想看，並且開始計畫如何利用有效的時間。這種練習會讓你的孩子比較聚焦，而且專心做自己的事情。差不多在十五分左右，中途可以提醒他，但是記得不要碎碎唸！

家庭作業，完成或者急著完成家庭作業

請參考：◆粗心大意◆家庭作業，如果讓他們按時去做家庭作業

情境

我的孩子急著完成他的家庭作業，他的家庭作業粗心大意草草完成，而且我知道他是有能力可以做得更好。

思考

許多孩子都認為家庭作業是他去做有趣事情的干擾，他希望能夠做他們喜歡的事而不要被打斷。有些人認為家庭作業是他們已經會的事情重複再做而已，而且在學校已經做過了。不管任何情形，結果都可能造成他們急著完成家庭作業。

解決方法

1 設定需要做家庭作業最短的時間（你可以根據老師的估計，他差不多需要花多少時間來做作業），然後設定一個計時器。告訴你的孩子必須在這個計時器響了之後才可以離開座位。如果他完成他的家庭作業，而且時間又還沒有到，你就可以安排他做其他的工作（你可以去買一些書店裡教導孩子的工作手冊，或從老師那裡得到其他資料。你也可以在家庭作業當中，去複製某些任務項目，例如，某些數學題目，或者要求你的孩子要用某些字彙來造句，或者練習拼字）。

2 必須要讓孩子知道家庭作業的重要性。他完成家庭作業的時候，幫他整體看過他的作業。無論他做了什麼，對他做得比較好的部分給予正面的評論。對他的家庭作業表達出很大的興趣，而且對於他所做的內容詢問一些問題，讓你的孩子知道他的作業對你來說也很重要。給他正面的關心能讓孩子受到鼓勵，他就會比較努力改善他所做的家庭作業的結果。

3 孩子覺得無聊的時候，通常的方式是對家庭作業草草了事。你可以和孩子的老師碰面，看看孩子是否有這樣的問題。如果真的是這樣，鼓勵老師在家庭作業上面有小小的改變，讓你的孩子比較能夠做指定的家庭作業，避免只是指定給他**更多的**家庭作業，這樣會讓原來的情況變得更糟。

4 如果孩子有太多的課外活動，有時會覺得沒有能力負擔，所以只好該做的事情趕快做完，這樣才能夠有時間做他們想做的事情。如果他們的確是太忙而且負擔太大，讓你的孩子只選擇一樣課外活動，其他的部分可以讓他們在暑假時再花時間去做。

H

幽默，不恰當的幽默

請參考：◆浴室裡的笑話◆耍寶◆儀態◆教導如何尊重他人

情境

孩子常常會說一些很粗魯的笑話，用一些浴室的幽默，或者藉由嘲笑別人來達到講笑話的效果。聽起來這些笑話讓人覺得很不舒服，一點都沒有令人愉快的效果！我要如何改變他這個不吸引人的行為，修正他不恰當的幽默？

思考

許多孩子一定會經歷一段時間來練習自己的幽默。可能他對別人的某些評論被同學發現覺得很好玩，讓孩子覺得自己有能力讓周遭的人高興起來。這個孩子就會重複這種方式的幽默，希望藉由這種方式得到別人正面的回應。

解決方式

1 最簡單的方式就是教導孩子哪一些幽默是恰當的，而哪些是不恰當的。當他做出不恰當的評論時，你只要看著你孩子的眼睛，並且嚴肅的告訴他「這種笑話不恰當」，或者「我們家裡面不應該用這種開玩笑的方式。」

2 必須要避免對於這種不恰當的方式過於激動或生氣。你的這種強烈的反應會讓孩子去重複這種行為。比較好的回應方式是遠遠的看著你的孩子，用不高興的表情，並且告訴他，「沒有辦法想像，其他人會對你說的這種話感到有趣或好玩。」如果你的孩子在這個時候覺得不好意思，這種行為就不會再出現。

3 必須要特別注意電視或電影會影響孩子的幽默。常常這些孩子是
從媒體學到這些幽默的方式。你可以阻止他這種不恰當的表現方
式，或者和你的孩子討論。

4 有其他的大人示範這種幽默的方式，有時候其中一個家裡的成員
或朋友，只重複說一些粗魯的故事會得到關心和注意力，如果是
這樣，可以限制這些人在你的孩子面前講這樣的故事和笑話。因為你沒
辦法阻止比較大的孩子聽到這些內容，當他們聽到這個朋友講的故事之
後，也讓他們知道你聽了這些故事的感覺。特別標明出不恰當的幽默是
哪些，並且孩子知道這個人有什麼可能性需要用這樣的故事來表達自己。
和孩子討論家裡一些規則和價值觀，然後讓孩子知道這個家裡面哪些部
分是可以接受的。

I

打斷

請參考：◆傾聽，不願意傾聽◆儀態◆教導如何尊重他人◆干擾別人講電話

情境

自從去年七月以來，我的先生跟我都沒有辦法講完一整個句子。我們的孩子在我們講話的同時會打斷我們。即使當我要求他等我們講完話後再問問題，他們還是一直打斷我們。

思考

很多父母親雖然很討厭孩子打斷他們，但是對於孩子的要求也是採取打斷的方式做回應！打斷是一種習慣養成的過程。就如同許多干擾的行為一樣，一旦孩子了解他們可以經由這種方式讓自己免於一些麻煩，這些行為就會繼續。

解決方法

1 教導你的孩子來決定，事情很重要一定要打斷來告訴你。孩子常常直接說出他們自己的需求，事實上，他們並沒有發現這是一個粗魯的行為。教導孩子必須在對話當中稍微等待一下，然後說不好意思，除非他這樣做，才可以得到正面的回應。如果這個打斷是一種習慣性的表現，且本來就是應該讓他們學會等待，則禮貌的告訴你的孩子，然後繼續你們的對話，讓他在旁邊等待。

2 告訴你的孩子,當你和別的大人講話時,如果他們需要某些東西,可以走到你的旁邊,輕輕的捏著你的手背。你也會輕輕捏著他的手,讓他知道你已經知道他站在旁邊了,而且很快的就會和他講話。剛開始,你的孩子捏你的手之後盡快的給予回應,然後來看看這個方法是否成功。隨著時間的進行,你可以再等待比較長的時間——每隔幾分鐘輕輕地捏個手,提醒你的孩子你記得他的要求。

3 暫停一下,看著你的孩子的眼睛,並對他說:「我一分鐘後就跟你說」,然後別過臉、轉過身,將注意力從孩子身上移走。不要陷入孩子不斷的懇求,為他停下手邊的事;若你的孩子持續干擾,請與你談話的人和你一起走到別的地方。

4 稱讚你的孩子很有禮貌的表現,會記得要說:「不好意思」,並且只為了重要的理由才打斷。

J

過多的垃圾食物

請參考：◆吃東西，飲食障礙◆吃東西，吃太多◆飲食，挑食的孩子◆蔬菜，孩子不想吃

情境

我的孩子認為巧克力是她主要的食品。每天都吃了很多垃圾食物，而且不吃健康食物。我要如何協助她培養出比較好的飲食習慣呢？

思考

孩子傾向於聚焦在立刻的滿足，而不是在於長久的好處，尤其當他們在吃東西的時候更是如此，你必須花時間教育他們，並且給予一些行為改變的方法，才能改變你女兒的飲食習慣。

解決方法

1 許多孩子如果手邊有垃圾食物就會去吃它們。第一個階段，就是要讓你的這些食物比較拿不到。讓你的廚房、櫃子和冰箱裡面清掉一些食物，只留下一點點可以拿得到的食物。然後你也必須將一些巧克力藏起來，讓他們沒辦法找到。

2 孩子當然不會因為看到紅蘿蔔或者是蘋果而感到很興奮。嘗試準備一些好吃的健康食物供他們選擇，你可以去尋找一些低脂肪、低糖分的點心，而且孩子會覺得有興趣。有很多種類的鬆餅、貝果、麵

包、裡面有水果的點心、布丁，或者小餅乾，都是很好的點心選擇。

3 習慣是一股很強的力量。如果孩子一直重複吃到他們喜歡的食物，就會養成一個習慣。把他們原來就喜歡的食物收起來，取代成為比較健康的選擇。例如，如果你的孩子常常吃馬鈴薯脆片，你可以嘗試去找到含有鹽分比較脆的東西取代，例如，椒鹽脆餅。如果你的孩子喜歡吃糖果，你可以選擇一些歐亞甘草、軟心豆粒糖或者比較硬的糖果，而且比較少量的會是更好的選擇（請注意！年紀小的孩子不要給太硬的糖果，有可能會嗆到）。

4 鼓勵你的孩子主動一點，別讓無聊或不想動的孩子，因為沒有事情可以做，所以整天都在吃東西。讓你的孩子去參加一個運動或者是社團，有一個團隊，他就比較容易開始去做自己感興趣的東西，或者練習一些手藝，取代這些舊的習慣。例如，在電視前面吃東西，而把它取代成比較有生產力的活動，再來鼓勵他們用更多的遊戲來取代吃東西。

L

懶散，在家懶散

請參考：◆粗心大意◆馬虎

情境

當她沒在看電視的時候，我的孩子最喜歡的消遣是看兔子揚起塵土穿過陽光下（dust bunnies float through the sunshine），她很懶惰而且缺乏動機與能量，我不確定要如何讓她動起來。

思考

很少有真的「懶散」的孩子，大多數的孩子就只是有一些壞習慣，輕輕推動就能將孩子導向正確的方向。

解決方法

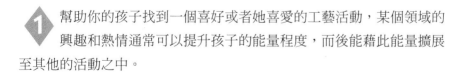

幫助你的孩子找到一個喜好或者她喜愛的工藝活動，某個領域的興趣和熱情通常可以提升孩子的能量程度，而後能藉此能量擴展至其他的活動之中。

孩子在學校充滿能量，在家卻懶散，這需要安排使她在家裡的自由時間更加結構化，發展特定的日常活動，並且包括家務、戶外遊戲、藝術，以及手工藝或者嗜好。

孩子也許看起來懶散，但事實上她只是電視看得太多了，每天超過三十分鐘電視時間可能培養出固定坐著的習慣，而讓心智也「暫

停」了，監控你家孩子的電視時間，而若你有找到例外，可以翻到本書在「電視，看太多電視」一節讀一讀。

4 有些孩子會變得毫無生氣，是由於太少運動並連結至飲食習慣不良的結果。監控你的孩子的飲食習慣，以確認她是否攝取了足夠的營養、低脂肪、低糖分的食物。除此之外，鼓勵透過玩遊戲以及運動來做活動與運動（請參考吃東西、缺乏運動精神）。

! 家庭諮商師或心理師應該會看得出來孩子表現出極度悲傷、孤獨或憂鬱的樣子；小兒科醫師或家庭醫師應該會看見孩子表現出正常的行為，只是突然地變得懶散而沒有活力。

懶散，在學校懶散

請參考：◆家庭作業，如何讓他們固定的去做家庭作業◆家庭作業◆沒有在一定時間內完成家庭作業◆家庭作業，完成或者急著完成家庭作業◆在學校的行為問題◆不願上學

情境

我的孩子常常缺乏動機，而且在學校很懶散。

思考

嘗試去了解你所關心的實際問題是什麼，而且找出特定的行為，你希望他們的這些行為可以改變。如果能夠更清楚的了解問題的所在，就比較容易解決這個行為。

解決方法

1 和老師約一個時間碰面。了解一下你的孩子在課堂上表現如何。其中這個行為最常見的理由，就是你的孩子已經趕不上課堂的進度，而且很努力的想要趕上。相反卻很常見的理由是，你的孩子已經超

過課程的進度,而且對於上課的內容覺得很無聊。一旦確定了兩者之一的情況之後,我們就比較有辦法來設計如何改善這個行為,然後你就必須要採取某些步驟來改善他在課堂上的情形。

2 你的孩子可能會缺乏某些基本技術,覺得上課沒有很大的收穫,如果有這樣的情形,可以讓孩子進入某些加強教育的家教課程,或者去雇用一個家教老師。

3 你的孩子也許只是很容易被擾亂,並且需要人協助他管理時間,買一本日誌和一本月曆,幫助你的孩子計畫去完成家庭作業的每一個步驟,幫助他對於今年度的目標有一個清楚的圖像,若他有特定的方向,他將會對他每日的活動更有興趣。

4 孩子們的個性不同,有些孩子天生就比其他孩子更熱情、更自動自發。確認你的期待是合理的,而不是遙不可及的期待。要根據孩子實際的能力來設定你對孩子成就的目標,而不是根據你所想要的。

傾聽,不願意傾聽

請參考:◆爭執,和父母親爭執◆合作,不合作◆打斷◆教導如何尊重他人

情境

我的孩子不願意聽我講話,即使叫他們做什麼,他們都不去做,我必須一直重複說話,甚至,我一再提醒他的時候,他也只是看著我,都不會照我說的話去做。

思考

你的孩子就是我們常見的「選擇式的聽你的話」(也就是說,你大聲喊叫但是他的耳朵裡好像塞了棉花一樣;但是如果你小聲的和他們說話,像把他們從情境當中拉出來,他們的聽覺突然間變得很敏銳)。這

是一個好消息，因為你可以用以下的這些方法來解決。

解決方法

1 對孩子提出要求的時候，一定要確定你的孩子有專心聽，你可以碰觸他的手臂或手，然後和他做眼神的接觸，並且使用清楚簡單的句子。例如，要從三個房間以外那麼遠的距離來叫他「應該要走了」，比較好的方法就是**走到孩子的身邊**，用眼睛看著他，然後把你要求他的每一句話清楚的說出來，「茲特，請你把你的鞋子穿好、外套穿上，趕快上車！」

2 若是你的孩子不回應你的請求，要求他複誦你所說過的話：「費斯特，我希望你做什麼？」一旦孩子重複了你的請求，你就知道他有聽見你所說的（而他知道你知道他有聽到你說的），而他會更可能去完成這些事。

3 確認你沒有用嘮叨的方式來促進這樣的行為，或者要求一些你自己也沒有做到的事。若你往往在採取行動前會重複個三、四次，或者是十二次，你的孩子將會知道他可以在前幾次的時候忽略你的要求，因為會讓他受不了的是必須聽你單調低沈的聲音。

4 需要讓你的要求很簡短，而且針對重點。例如，你希望孩子能夠準時上床睡覺。不要站在那邊對他說教十分鐘，告訴他睡眠的意義和價值在哪裡，還有為什麼需要準時上床的理由，星期二你怎麼到外面去那麼久然後感冒，然後整個晚上都沒有回來……等等這些繁雜的事情。讓你的話簡短有力，只是簡單的幾個重點字：「九點了，上床睡覺。」

5 採取行動而不是用說的。不要一直站在那邊抱怨，他的襪子丟滿了整個房間。只是將襪子撿起來，然後將襪子交給你的孩子，當他們手上拿了很多骯髒沒洗的襪子，他們的感覺一定會很強烈。

若還是不放心，可以請醫師檢查孩子的聽力，確定不是因為聽力的問題而聽不到你所講的話。

失敗

請參考：◆缺乏運動精神◆競爭◆自我價值感低

情境

當我的孩子在比賽失敗後，全世界都知道這件事情。不論是棒球比賽，或者是遊戲的友誼賽，只要是失敗他就會失控。他會變得很煩躁，指責所有其他的人作弊，以及找出在比賽當中所有「超不公平」的事情。我該怎麼讓他了解呢？

思考

沒有人會喜歡失敗，要學會平和的接受失敗，需要透過時間、成熟以及練習來學會這個技巧。

解決方法

1　故意觀察當孩子到家時，報告他贏了比賽或輸了比賽所傳達的訊息。一些評論包括「最後一名是笨蛋」，或者「我覺得我一定能夠在他之前就到達終點」，其後就呈現出有關失敗的一些錯誤訊息。自己也檢查一下有關失敗的態度，有一些對孩子有重要影響的大人，對於失敗的價值觀是什麼。是否你對於贏的時候顯示出極大的熱情和高興，但是卻在他輸的時候，意興闌珊？或者是在他參加打球比賽時，只要沒按照你要求的表現就會呈現失望的態度？或者當你最喜歡的球隊贏時，你就特別高興，但是當他們輸的時候，你就開始呈現出相當絕望的表情？你對於贏了或是輸了呈現出哪些訊息會讓孩子看到？

2 不要過度保護你的孩子,不要讓孩子在和你玩遊戲時,都是贏。讓他在安全的家庭氣氛中輸了,會讓孩子了解,你仍然會愛他們,而且當他們不是贏家的時候,他仍然是有價值的人。

3 對於孩子的感覺給予接納——沒有人喜歡失敗!然後協助孩子能夠讓這樣的情緒趕快過去,和孩子討論遊戲比較愉快的部分,還有這個遊戲你特別喜歡的部分是什麼。當孩子贏的時候,花一點時間提醒他,他也有輸了比賽的時候。

4 首先需要確定家裡面並沒有任何大人,習慣性的把孩子和其他的兄弟姐妹做比較,或者和朋友比較誰是比較好的打擊者。某些評論可以讓孩子的失敗經驗得到接納,而某些評論要讓孩子覺得好一些,事實上更加重他們失敗的感覺。例如,「你從來都沒有玩過這個遊戲,所以才會輸」,或者「因為你年紀最小,所以才會輸」。小心自己的評論,反而會讓孩子覺得自己比人家差,而不是覺得自己更好。

說謊

請參考:◆承諾,不遵守承諾 ◆自我價值感低

情境

已經好幾次抓到我的孩子說謊說他「沒有這樣做」。我要如何停止這樣的行為?我很擔心將來會變得更嚴重。

思考

孩子通常有很多原因會說謊。他們常常會說謊讓父母親高興,說謊讓自己不要遇到麻煩,或者說謊來掩飾自己的尷尬或沒有能力,或者因為他們對於事實和童話故事沒有辦法做出明顯的區分。必須要教導你的孩子說真話的重要性,而且要多花一點時間,繼續的傳達這樣的訊息,

並且帶著耐心。

解決方法

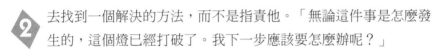

不要去問一些問題，讓孩子陷入不得不說謊的陷阱當中。你的孩子臉上有巧克力或者是糖果已經不見了，不要再問他：「是否已經吃掉櫃子裡的糖果？」而是必須要描述事實：「我對於你吃掉糖果卻沒有問我可不可以吃這件事覺得很失望，今天你就只能吃那樣的點心，不能再吃別的東西。」如果你的孩子說「我沒有吃」，就不要再重複玩問問題的遊戲了。只要說出這個事實：「糖果已經不見了，而你的臉上有巧克力的痕跡。回到你的房間休息一下，當你願意談這些事的時候再下來找我。」

去找到一個解決的方法，而不是指責他。「無論這件事是怎麼發生的，這個燈已經打破了。我下一步應該要怎麼辦呢？」

如果你不確定自己的孩子是否說謊，你可以叫他誠實的告訴你，「我聽起來覺得你說的這些不是真的。」

如果你的孩子最後說出事實，你要忍住不要對他說教。謝謝你的孩子告訴你這個事實，而且聚焦在找出一個解決方法，或者讓他必須要去完成這件事情造成的後果，你不可以表現出生氣。不要說錯話，「若你說了實話，你就不會被處罰了」，我們所有人都會犯錯，要坦白承認它們並不容易，但我們仍然必須接受我們行為的責任。身為一個大人，若是你開車撞到停車場裡某人的保險桿，你坦承了你的錯誤也不會就此脫身，但是若你被抓到是「撞了就跑」的人，那你的麻煩就大了。「若你說實話，你就可能可以脫離險境」，反過來想想這種方式：「若你說謊，你甚至會有更大的麻煩！」

孩子有時候會說謊，因為他們覺得他們沒有達到你的期望，而且他們認為說謊會比感到失敗來得容易，看看你是如何在回應你孩子所犯的錯或者不適當，並確認你有預留不完美的空間。

6 示範誠實，當你的孩子聽你說那些無辜的「小小善意的謊言」，你正在教導你的孩子誠實。我所謂的「小小善意的謊言」意味著什麼？要你的孩子告訴電話中的那個人說你不在家，讓你可以不用講話；將你孩子年齡少報，你就會在電影院、遊樂園或餐廳，拿到較便宜的兒童票，其實，每一刻你都在教導著你的孩子，無論你是否有計畫這麼做。

! 若是你的孩子發展出某種形態的謊言，或者在重要事情上會說謊，並且在發現事實後還是持續在說謊，你最好尋求專家的建議，你的小兒科醫師、學校諮商師，或者醫院，能夠幫助你找到一些人談談。

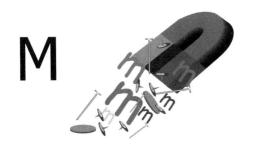

儀態，在家的儀態

請參考：◆爭執，和父母親爭執◆頂嘴◆不尊重◆打斷◆教導如何尊重他人◆當孩子在家中發脾氣

情境

孩子在家裡儀態很不好，對我們很沒有禮貌，而且對他的兄弟姐妹也是如此，他所做和所說的這些事實，如果把他帶到外面都還是這樣，我會覺得很丟臉。

思考

孩子並不是在高速公路裡面橫衝直撞，或者拿著牛排刀亂揮，或者把你的錄影機丟來丟去。你已經用各種方式讓他知道，這些行為是不能被接受的。既然這些行為都能表達清楚你自己的立場，可以用同樣的方法，決定哪些行為在家裡是不被准許的。

解決方法

 先確定是否有人會嘲笑他不好的儀態。這些嘲笑反而會讓他的行為得到增強，他認為這是一個好笑的行為。

避免一些舊的反應方式：「說什麼？」而必須採取方法，讓孩子知道他需要重新說過這句話，並且用你可以接受的方式來說：「我希望聽到的部分是，你應該要這樣說：『我可以再多吃一塊鬆餅嗎？』」

3 教他們，不要責罵他們。不要這樣說：「真令人討厭，不要看起來像一頭豬。」而採取另外這種回應方式：「在餐桌上打嗝是不禮貌的，如果忍不住這樣做的話，你就應該說：『不好意思！』」如果孩子不知道哪一些是合適的行為，教導對他來說是很重要的，可以好好教他，你就示範給他看一個好的儀態方式，可以讓他稍微覺得用這種方式來表現是有一點愚蠢的。

4 如果這個孩子用這些不好的儀態來展現自己或「吸引你的注意力」，最好的方式就是忽略它，然後移開這個主題，甚至很明顯的忽略，把你的身體轉過去，並且聚焦在別的事情上。等過一會兒之後，找時間和你的孩子說說看哪些方式是比較恰當的儀態表現。

5 看著你的孩子的眼睛並且告訴他：「當你可以用比較好的態度來要求我的時候，我就會很高興的回答你。」當他使用比較好的禮貌來跟你講話的時候，可以表達出你的欣賞和感謝。

6 示範你希望看到的行為是什麼。很多父母親經常忘記用**請**、**謝謝**、**不好意思**，尤其在針對孩子的時候也忘記自己的禮貌。請記得自己的儀態，這是一個好的教導和示範的方式，會讓你的生活更加愉快。所以最好的取代方式是將「鐵鎚給我」改成「請你把鐵鎚拿過來給我」。

儀態，餐桌的儀態

請參考：◆不尊重◆吃東西，和孩子在外面吃東西◆教導如何尊重他人

情境

人家說，和家人一起去外面吃飯可以增加彼此之間的關係和凝聚力，但我家卻不是這樣。我的孩子吃飯的時候，我要花一整餐的時間來糾正他們、指責他們，甚至拜託他們表現出比較文明的樣子！我要如何讓他們用比較好的儀態在外面吃飯呢？

思考

孩子並不是天生就有好的儀態。是要被教才會的。家裡面的餐桌旁，就是一個孩子學習的好地方。

解決方法

1 保持耐心並且教導他們。不要囉唆也不要抱怨。告訴你的孩子你到底要的是什麼，而不是你不要的是什麼，不要這樣說「不要用你的手吃東西」，告訴他你**要**的是什麼：「尼克，請你使用叉子。」保持一個正面的心情用餐。聚焦在愉快的對話，不要花時間來責罵他們或者是說教。一個愉快的用餐環境對於好的用餐儀態是有好的引導性。

2 嘗試接受適合他年齡的行為，有些孩子仍然會把牛奶溢出來，或者是把番茄醬用得到處都是，還有椅子上面擺了自己很多的東西。我們需要時間來讓孩子練習自己的肢體運動的技巧，才能夠學會保持整齊和乾淨。

3 可以在家裡吃一頓正式的餐點。可以鋪上桌巾（當然可以用一張舊的桌巾），然後選擇一套純銀的器具以及餐巾。假裝你們是在正式的餐廳，讓每一個人可以誇大的表現他最好的儀態是什麼。你甚至可以選擇性穿著比較正式甚至使用蠟燭，這是一個好的教導方式，而且家裡面也會變得很漂亮，吃這樣的飯可以創造很多愉快的記憶。

4 希望孩子能夠在被教導之後表現出自己的儀態。如果孩子仍然刻意在你面前呈現出不好的儀態，把他的餐盤拿起來，把他帶到另外一個房間去，然後告訴他，他只好一個人吃飯（**絕對不要**把他放在電視機前）。

5 保持一致的態度，要求好的儀態，隨著時間的進行，你會發現你越來越不需要去注意他們。例如，大部分的孩子只有在比較小的時候才會被教導說「請」，但是隨著他們四歲或五歲的時候，就可以自

動說這樣的話。孩子必須要常規的練習使用好的儀態，這樣才能夠將這些儀態變成好的習慣。

儀態，公開場所的儀態

請參考：◆不尊重◆禮物，無禮的反應◆禮物，感謝卡◆貪心◆打斷◆教導如何尊重他人◆無禮言語評論◆當孩子在公共場合發脾氣

情境

當我們在公共場所的時候，我的孩子似乎忘記他在家裡面使用過的各種好禮貌和儀態。當我們遇到認識的某人時，他甚至連打招呼都沒有。他也忘記要如何說「謝謝你」以及「不好意思」。情況一直持續下去。我要如何讓他記得使用他自己學會的這些禮貌和儀態？

思考

你的孩子仍然缺乏原來學會的儀態，必須要壓抑住自己的衝動，不要在公開場所或其他人面前責備他。我看過許多父母這麼做。如果想要教他學會好的儀態，這種方法效果是很不好的，孩子會表現出最糟糕的儀態來讓父母看。

解決方法

1 許多孩子不知道他們不好的儀態是什麼，而且一定要被教導，不僅是他們不應該怎麼做，而是還要教會他們這時候應該怎麼做。例如，如果一個朋友和你的孩子說話，而他一直看著自己的鞋子，忽略別人說的話，這種情況是令人尷尬的，而且一直忽略掉孩子為什麼這樣做。當這個朋友離開時，短暫的告訴你的孩子，「凱西，大人跟你說話時，你就要有禮貌的看著他的眼睛，至少要回一些話。當大人和你說話時並且稱讚你的新鞋，你就應該說：『謝謝你，這雙鞋子是新的。』別人跟你說話時，你就應該用這種方式回答。」

如果你的孩子仍然採取粗魯的方式，將他帶離開其他的人群，靜靜的，並且短暫去糾正他。微笑並且抱著他，表示出你很愛他。然後你可以在他已經準備好更好的表現時，再把他送回到原來的情境。

在社交情境之前，短暫的讓你的孩子知道，你希望當時會有哪些行為出現，比較小的孩子可能在家裡面先有個角色扮演，然後可以預先看看他會有哪些行為表現，是一個很好的方法。

當你的孩子表現出很好的禮貌時，記得給他鼓勵。孩子和大人接觸時，表現出好的儀態，不論你相不相信，他們常覺得不好意思，因為常聽到大人這麼說：「我們很好，謝謝你，那你好嗎？」他們覺得這是他們自己不可能對自己說的話。

自慰

請參考：◆裸體，當孩子遊戲時 ◆個人的性方面不適當行為

情境

我的孩子養成一個習慣，就是把他的手放在他的內褲裡，我會覺得不舒服。我應該要如何阻止他？

思考

某一段期間，大部分的孩子都會探索他的生殖器官，就如同他們探索身體的其他部位一樣。孩子必須要給予適當的教導適當的儀態，私底下發現他們從事這種活動時，試著教導他們。

解決方法

如果你的孩子把手放在他的內褲裡，只要叫他停下來，告訴他這是應該私底下做的事情，然後鼓勵他從事有興趣的活動。

有些孩子沒有好好的清洗他們的生殖器官，有可能皮膚會乾，或者是紅腫。看看是否孩子這個部位有長紅疹會癢而去抓。

2 某些孩子當他們看電視覺得無聊時，會出現類似自慰的行為，如果是這樣的情形，就要限制看電視的量，而且當他們看電視時，手邊要有點心或活動（例如，讓他們有一串珠珠或者卡片）可以玩，他在看電視時就放在旁邊，並在看電視時你也在旁邊一起看。如果你不特別提起這個習慣就是讓你造成改變的原因，而是希望他們養成這種習慣，看電視時做一些別的事情，就不會讓他們覺得特別被注意或者是尷尬。幾個星期後，這個習慣就會被打破。

3 如果你的孩子在快睡覺時自慰，你可以改變睡覺的常規活動。可以讀書給他們聽，當你關掉電燈後留在房間，和他們靜靜說著話並且摩擦他們的背部，一旦他們睡著了，你就可以離開房間。

4 如果因為宗教的關係必須要壓抑自慰的行為，不要採取處罰的方式，或者用丟臉來讓孩子不要做這個行為，這樣可能造成你的孩子將這樣的行為隱藏起來，而且覺得罪惡感或者很丟臉；相反的，冷靜地和他們解釋你對於這件事情的感覺，而且讓他們能夠了解這個動作是正常的，而且有這樣的慾望也是正常的，讓他知道為什麼你覺得他現在不應該這樣做，你的想法和感覺是什麼。

5 請你去買一本有關於性和發展的書。自己閱讀後，裡面有很多的內容你已經忘記了，甚至很多內容是你根本就沒聽過的。和孩子適當的分享你所看到的內容，讓你的孩子知道有問題時可以來找你。

物質化

請參考：◆貪心◆金錢◆浪費

情境

我的孩子過度把焦點放在東西上，而且喜歡買的就是最新流行的名牌。他花了很多時間去看看其他人有什麼東西而他沒有，他就會想要買。我要如何來調整他這個物質化的傾向？

思考

物質化通常是來自於電視或者其他媒體對孩子造成的影響。父母親常常給孩子太多東西，而讓這個問題變得更加複雜。如果你對這樣的行為不會有罪惡感，我們可以打賭，我們許多孩子的朋友和父母親不會有罪惡感，而你和孩子整天看到和聽到的就會影響他們。

解決方法

1 要讓孩子度過這段期間就要教導他有關錢的價值觀，剛開始使用預算來讓他了解東西用金錢的方式有多少價值。「我知道你喜歡每天去麥當勞，但是昨天我們吃的餐花了二十塊，而你的預算裡面這個星期並沒有兩倍的錢可以用。」當你的家人買比較大量的東西時，花掉的錢也說給孩子聽，讓他能了解和他有關的部分是：「我們昨天買的新熱水壺花了八百塊。這差不多等於你要存七年的錢才能買到這個東西。」

2 當你的孩子想要某樣東西，而你不想買時，不用藉口說「我們沒辦法買這個東西」（當你這樣跟孩子講時，就是讓孩子認為如果你能夠負擔得起你就會馬上買給他一件昂貴的夾克）。我們必須要說「這不在我們的預算當中」，或「我們選擇不要花這麼多錢在這些東西上，我們可以把這些錢拿來幫汽車加油或者買這星期要用的民生用品。」

3 教導你的孩子需要跟想要有什麼不同。當你買東西給你的孩子時，他們知道用合理的價錢買到最好的品質是重要的，而且可以好好的滿足自己的需求。讓你的孩子再加上一點點的費用，如果他們希望能多花一點錢買一些比較新的有名的品牌，這種就是滿足自己想要的。方

式是讓你的孩子在買東西時有自己的預算。例如,讓他知道你在買校服上面花掉多少錢。示範讓他看看,如何花同樣的錢買一件名牌的牛仔褲,或同樣的錢可以買三件雜牌的褲子,他就可以決定是否要買這個名牌的東西。他做這種選擇,也不要指責他,因為經過幾個月之後,他可能就會抱怨他沒有足夠的錢來買衣服穿,重新提醒他當時做出這樣的決定。

4 教導你的孩子如何從每天生活當中做出金錢的選擇和決定。如果你想要買冰淇淋來做點心,讓你的孩子知道在附近買的一支冰淇淋,同樣的價錢就可以買一罐超級市場的冰淇淋。

5 協助你的孩子特別去注意是否有些東西是不需要花錢的。協助他了解擁有許多東西未必帶來快樂,和他討論適合的人和情境,藉此來教導關於這樣的價值。

惡形惡狀

請參考:◆憤怒,孩子的憤怒◆爭執,和父母親爭執◆惡霸,你的孩子像個小惡霸◆不尊重◆朋友,沒有任何朋友◆教導如何尊重他人◆自我價值感低◆兄弟姐妹間的爭吵,口語上的◆兄弟姐妹間憎恨的情感

情境

我的孩子常故意表現出殘暴和令人討厭的樣子。我不知道他為什麼要這麼做。這令我很挫折,並且導致我常常對他吼叫,我也知道這方式並沒有辦法讓他改變他的行為。我該怎麼辦才好呢?

思考

孩子典型的殘暴行為原因有三種:獲取權力、得到關心,或者是在反應他們自己的不安全感。有用的方式是,你先觀察孩子的行為,並且嘗試確定原因所在,然後再根據原因來計畫如何控制他的行為。

解決方法

1 告訴孩子他的感覺是可以被接受的,但是他的行為必須要被控制。換句話說,他可以對妹妹生氣,但是不可以打她或者是拉扯她的頭髮。如果你覺得孩子這麼做是為了設法得到關心,那麼幫助你的孩子學會新的方式去達到他想要的目標。例如,學會一個新的技巧,或者是請求別人的幫忙。

2 不是告訴你的孩子他不可以做什麼,例如,「不要推你的妹妹」;而是告訴他你希望他怎麼做,「史考特,請溫和的對待你的妹妹,如果你想從她旁邊走過去,那麼只要說『麻煩借過一下』就可以了。」

3 注意並且稱讚孩子所表現出的溫和親切行為,即使只是一個小小的行為。當孩子表現出你希望的行為,給予他正面的關注。

4 確定不是你自己影響了孩子的行為。有時候,當孩子表現出殘暴的行為時,父母親也會用很極端暴怒的方式反應他。這一點很明顯的是,不要透過這種示範,而讓孩子學習到你不希望看到的行為。雖然很困難,但關鍵在於你也要控制自己的脾氣(請參考:生氣,父母親的生氣)。

5 提供孩子讓他有負責任的機會,並且因而建立他的自尊心,那麼他將來就不用再以這種方式來顯示自己的能力與重要性。指派他做一些可以讓他感受到負責和成就感的工作,例如,讓他負責煮晚餐、彩繪椅子、給汽車打蠟、幫狗洗澡,或者撫摸嬰兒的背直到睡著。

6 固定和孩子聊聊,關於他生活當中重要的事情以及他的感覺。如果家裡有五個孩子,那麼允許每個孩子每週裡可以有一天不用做廚房清潔工作,而可以坐在門廊上和爸媽談話。如果孩子的情緒與想法有其他的渲洩管道,那麼他比較不會用不被接受的方式表現出他的情緒。

7 當孩子表現出社會上無法接受的行為時，那麼立刻要求他暫停把他隔開。不同於典型的推測大約每一歲就多隔離一分鐘，針對孩子的惡行需要更長時間的隔離。由於小孩子或者學齡前的孩子還沒有能力去了解隔離的真正意義。這個行為發生在年齡較大的孩子身上時，能夠真正讓他們了解體會，大概可以根據情況每一歲多五到十分鐘的暫停。例如，一個十歲的孩子大概可以要求他待在自己的房間裡一個小時。除了要求他暫停把他隔離之外，父母應該還要再和孩子平靜的討論，簡單的敘述一下發生的事情、為什麼這些行為是不能被接受的，以及他應該怎麼做。然後孩子學會這些殘暴的行為在我們的社會裡是不被接受的，如果他們繼續這麼做，那麼他們將會感覺到寂寞、被疏離。

! 如果孩子不斷地表現出惡形惡狀，顯示出他並沒有意識到自己行為是不對的，或者孩子還顯示出其他的困擾行為，例如，憂鬱症、睡眠障礙，或者缺乏胃口等，這時候最明智的方式是尋找專家的協助。

藥物，吃藥

請參考：◆ 合作，不合作

情境

當我的孩子必須要吃藥時，他會一直又吵又鬧並且抱怨。如果我抓著他把藥丟進他的嘴裡，他常會將一半的藥吐出來。為了不要折磨彼此，我該怎麼做才能讓他合作？

思考

孩子認為他們是無法被征服的。只要你離開留下他們，那麼他們會被說服把藥吃下去，這個難題將會消失。他們並不知道為什麼要勉強自己把你給他們這個很難吃的東西吞下去。

解決方法

1 當藥物是醫生處方規定要吃的時候,用孩子可以理解的語言,和他解釋他為什麼要吃藥。對一個年紀更小的孩子,可以把藥比喻成和他的病症戰鬥的勇士。跟孩子解釋你知道藥很難吃而且吃藥也不好玩,但是他一定要吃藥的。用一個實際的方法,告訴孩子你知道他是一個負責任的人,而且將會選擇吃藥讓自己的病趕快好起來。不要對孩子道歉,「我很抱歉你必須要吃藥」,反而要對孩子說,你很感謝現代的藥物,因為藥物有能力可以把他的病治好。

2 當有可能時,可以給孩子選擇吃藥的方式。他要吞藥丸還是選擇要喝藥水?他想在早餐前或者是早餐後吃?他吞藥的時候要搭配果汁還是牛奶?

3 用巧克力糖漿或者其他孩子喜歡的食物或飲料和孩子要吃的藥物混在一起(要先跟孩子的醫師確定可以這麼做,因為有一些藥物不能和其他食物混合)。另一個方法是,可以允許孩子在吃完藥之後,吃一些軟糖或者是點心。你可以一手拿著藥,另一隻手拿著點心,然後跟孩子說:「先吃這邊,然後你可以吃另一邊。」如果你的孩子開始猶豫,那麼告訴他,越快把藥吃完就可以越快吃到點心。

4 利用孩子的醫師作為一個權威的角色。可以請求醫師直接跟孩子解釋必須要吃藥的原因,並且教孩子如何吃藥。孩子很喜歡和一個有權威角色的大人談話,例如,醫師,通常這個方法對孩子很有效。

5 允許孩子自己把藥放進嘴裡,很多孩子很痛恨大人強迫的把藥塞進他的嘴裡。

混亂,孩子持續的混亂

請參考:◆臥室,打掃◆家務事,如何完成家務事◆濕答答

情境

我的孩子把玩具、骯髒的衣服、碗盤以及一切其他的東西丟得到處都是，而且會希望我跟在他後面收拾這一切。我該怎麼做才能讓他自己打掃這一團混亂呢？

思考

我們可能在偶然間自己造成了這樣的狀況。當孩子誕生的時候，他需要我們全天候的關心與照顧；然而有一天，當他已經六歲了，他沒有必要突然要去改變自己的生活方式。相信我，如果我有一個會跟在我後頭、收拾我的一切混亂的僕人時，那麼我也會很高興讓他去做這些事！

解決方法

1 創造一個每日打掃的慣例。一天所造成的混亂通常是很容易處理的，但是每天加起來的混亂就會變得越來越不可收拾！最好的方法是，每天找一個固定的時間去執行每日的打掃。例如，在吃完晚餐後，或者要換上睡衣準備睡覺前，要持續的執行。剛開始，可以和孩子一起參與打掃，讓這段時間變得更有趣一些。在幾週以後，每天打掃的慣例就會成為習慣，並且孩子將會比較少抱怨的去做（請注意！我並沒有說孩子不會抱怨！）（請參考：家務事，抱怨做家務事、抱怨）。

2 如果孩子有許多種亂七八糟的東西，那麼他們當然會很常搞得一團混亂！好好的看一下被孩子亂丟在地毯上的東西，有哪些東西是如果不見了也沒關係的呢？找一天孩子不在家的時間，把這些所有的玩具、東西排列整理，並且丟掉其他不需要的東西（或者把這些不需要的東西裝在箱子裡放在頂樓，或者把它捐給慈善機構）。把留下來的這些東西有系統的裝進箱子、洗衣籃或者木盆裡，並且在每個上面標明東西的種類或用途，例如，書、積木、填充玩偶等等。另外也把孩子學校與體育所需要的用品整理放在一起。在孩子的臥室安裝更多掛夾克的鉤

子或者是放鞋子的架子。如果每一樣東西都有放置的地方，那麼會更容易維持房間裡的乾淨整齊。

3 拿一個大箱子放在車庫裡。在箱子外圍很清楚的用黑筆標示為「監獄」。在每天晚上，把孩子丟在房子裡亂七八糟的東西撿起來，並且把這些東西放進這個箱子裡。告訴孩子他必須付十塊錢的罰款或者做一些家務事，才能把這些東西從監獄裡釋放出來。請你保持平靜以及堅持的態度，你會很驚訝的發現，當孩子需要付罰款贖回他們的背包、足球鞋、家庭作業或漫畫書時，你每天晚上可以撿到的東西將會少很多！（如果你不喜歡使用罰錢這種方法，只要簡單的把箱子藏起來以及每週六把它拿出來。告訴孩子這天結束前有什麼東西還留在箱子裡，那麼這些東西將會被拿去丟掉。）

4 你可以採取罷工的方法。如果你的孩子已經大於十歲了，那麼告訴他你不再幫忙收拾別人造成的混亂，他們將要為自己的東西負責。增加一條重要的規則：如果家裡是混亂的，那麼你將不允許他的朋友來家裡玩；同樣的，他也不能去朋友家玩。你會很神奇的看到，當電話響起的時候，孩子可以一下子很快的把房間收拾乾淨！

金錢

請參考：◆零用錢◆貪心◆物質化

情境

我的孩子認為我的口袋像是無底洞。每當我轉過身來時，他就跟我要錢。昨天，當我說我口袋裡沒有錢時，他就建議我用信用卡付錢！我真的很厭倦孩子的這種態度，但是我不清楚該如何改變這種狀況。

思考

當你的孩子跟你要錢時，有時你會同意，有時會反對；有時會發牢

騷抱怨，跟孩子哀號，然後同意給他錢。只要你繼續這樣的狀況，那麼你的孩子將會把這件事當成在玩金錢遊戲一樣，因為這麼做可能對他是有好處的。

解決方法

1. 回顧你的孩子所需要花用的錢，並且開始設定你可以給他的零用錢。幫助孩子去運用預算的概念、存錢以及花錢的計畫。

2. 開設一家「家庭銀行」，以及設定貸款的規則。孩子要錢時，需要以書面方式申請貸款，寫明這筆金錢的用途以及還款的時間表，這也包括孩子為了興趣的額外花費，甚而用抵押的方式讓他貸款更大筆的費用。

3. 購買孩子所需要的東西並且讓他自己去賺錢換取他所要的東西。你可以設定額外的家務事或者建議他開始送報紙，或者在鄰居間找一些臨時工作做。

4. 開始教導你的孩子關於費用和價值的觀念。讓你的孩子看買東西的收據；讓他在速食餐廳自己付午餐的費用，如此他可以看到錢就是這樣花掉了。讓他自己決定要如何花錢而不要去干涉他，幫助他自己更精確的去衡量金錢的價值。「是的，我可以給你五十塊去租一部電影來看；還是你要把這筆錢留下來作為買新 CD 的一部分經費呢？」

5. 要保持一致的態度執行。決定你希望金錢的議題要如何被處理，告訴孩子新的規則，然後貫徹的執行這些規則。

情緒化

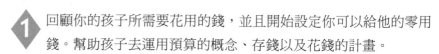

請參考：◆抱怨◆自我價值感低

情境

　　我的女兒很情緒化！在一分鐘前她看起來是很開心愉快的；但是接下來就開始發脾氣和不可理喻！有時候甚至只是一些很小的事情，就能嚴重的影響她的情緒，我該怎麼幫她呢？

思考

　　很多孩子都會經歷很情緒化的階段，其中有些孩子天生就是比較情緒化。關於孩子喜怒無常的問題，通常孩子情緒化對父母的影響比孩子自己更大。換句話說，這種情形甚至會讓*父母*比孩子更加的焦躁不安。

解決方法

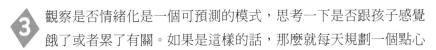

1　如果對孩子說：「你不要脾氣這麼壞！」那麼通常事情只會越來越糟。孩子會看見被你貼上標籤的自己，而且表現出更壞的脾氣來證明你說的是對的。讓孩子探索自己的情緒，並且幫助他學會如何辨識自己的感覺及克服它們。花一分鐘的時間評估這個情境，然後描述你對他的感覺及想法，並且給予一些有用的建議。可以再告訴他，當你面臨這樣的情境時，你會如何處理（這個方法通常會比你說「你應該怎麼做……」還好得多）。例如，你也許說：「當你無法決定穿什麼衣服去上學時，當然會感覺到很挫折。如果是我沒辦法決定的時候，我通常會穿我最喜愛的毛衣，因為每次當我穿著它的時候心情都會很好！」透過這些簡短的對話，很容易在「愉快」的氣氛中討論這些情況，而不是在很情緒化的狀態下去處理他的問題。

2　忽略孩子情緒化的反應，並且透過分散他的注意力，或者讓他參加某些活動，鼓勵他振作起來平復心情。例如，要他愉快的陪伴你一起去做某件事，很快的他將會有愉快的心情。

3　觀察是否情緒化是一個可預測的模式，思考一下是否跟孩子感覺餓了或者累了有關。如果是這樣的話，那麼就每天規劃一個點心

時間或者是休息時間。有時候情緒化是由壓力造成的，或許他在每場籃球比賽前特別容易情緒化。如果是這種情形，那麼幫助你的孩子以更有用的方式來處理他的壓力，或許可以在車道上預先練習，或者在路上討論比賽的戰術等等。幫助你的孩子了解自己的感覺，以及找出當情緒掉下去時把自己拉起來的方法。

4 讓孩子每天去做某種運動。如果孩子每天坐太久而且花很多時間看電視，那麼他可能會變得更情緒化。讓孩子加入某種體育活動，或者在後院設計一些有趣的事讓孩子去做。限制孩子每天只能看三十分鐘的電視，讓他去做一些工藝活動或者培養嗜好，鼓勵他開始蒐集某些東西。當孩子焦點放在學習新的事情或者參與某些活動，那麼孩子會變得更加愉快，也比較不容易生氣。

5 確定你的孩子是否在做某件重要的事情上遇到困難，例如，練習彈鋼琴、學會乘法表、講一種新的語言，或者在新的球隊裡踢足球。有時候，如果孩子沒有辦法表現出他們心裡所想像的那樣，他們的自尊就會受到影響。除了感到挫折之外，也可能會顯現出憂鬱的樣子。如果孩子很像上述講的這樣，那麼幫助他看到自己的成長與進步。孩子或許會設定很高的表現標準，但他可能還不清楚自己到底學會了多少。透過更多的練習以及把事情變得更有趣一些，讓孩子開心起來，而不是一件沈重的差事。如果他似乎被活動佔據了所有的心思，那麼設法引導他投入其他的事情裡。

6 情緒化有時候只是孩子成長獨立的癥兆。換句話說，即使孩子喜歡和家人一起郊遊，但答應郊遊就不那麼「酷」了。只要像平常般的對待他，並且避免為了某件事而權力鬥爭，或者演變成無法控制的狀況。

! 要確定情緒化的狀況是否是孩子人格的一大劇烈轉變。如果是這樣，或者情緒化的行為持續數週，也影響孩子的睡眠、飲食或者其他的事情上，那麼或許有些問題是你還沒察覺的。這時候最好是尋求

專家的協助。

早晨的混亂

請參考：◆家務事，如何完成家務事◆合作，不合作◆傾聽，不願意傾聽
　　　　◆學校

情境

　　我真的認為我可以用錄音帶把早上對孩子說的話錄起來，每天直接對孩子播放：「起床了、換衣服、吃早餐。趕快、趕快、趕快！」我自己每天都聽煩了，孩子還是沒辦法準時做好該做的事。我怎麼樣才能控制每天早晨的這種混亂呢？

思考

　　對很多父母親而言，每個上學日的早上都是一個讓人很挫折的挑戰。控制它的關鍵在於這些部分：計畫、分配責任、組織，以及創造慣例。

解決方法

1. 開始一個慣例，就是在前一晚就為隔天早晨做準備。選擇並且放好衣服，把午餐打包好，簽同意書，甚至在你晚餐後清理完桌面時，就先準備好早餐的桌子，把背包、鞋子和外套都放在門邊。你事前做的準備越有組織、越多，那麼早上的一切將會更順利。

2. 為每個孩子製作一張早上要做的事的清單，依順序列出他們將要完成的所有任務。一個很好的方式是，用油性簽字筆（擦不掉的）把列出的清單寫在白板上，每天早晨再用白板專用筆（可以擦掉的）核對清單上的項目。然後，可以時常跟孩子確認：「你的清單上的事做得如何呢？」

3 早三十分鐘叫孩子起床。有些孩子在他們剛醒來的前二十或三十分鐘這段時間，沒辦法做任何事情。這可以幫助他們，在開始完成早晨的慣例工作前，慢慢地醒來再去做（有一個暗中進行的方法，是將孩子的鬧鐘偷偷往前調三十分鐘，這會幫助你實現你的目標。誰知道呢？這或許也會讓孩子想要早點上床去睡覺）。

4 讓自己早一點起床。如果早點起床，你可以在叫醒孩子之前，沖個澡並且打扮自己，你可以享受一段早晨的寧靜時光。問問自己，「哪一個比較重要？是少三十分鐘的睡眠時間，或者是有一個平靜的早晨？」很確定的是早三十分鐘起來是值得的，你甚至可以有更多的時間喝一杯咖啡或者看一份報紙！

5 為每個孩子在房門口準備一個箱子或者洗衣籃。如此一來，孩子可以先把背包、簽名單、午餐以及其他學校的用具放置在這個地方。一旦孩子習慣使用這個箱子，那麼你會很容易讓所有重要的事情進行得更順利。

6 如果你有比較年幼的孩子，那麼可以在前一晚就穿好衣服（說真的！），以及讓他們穿著這些衣服睡覺。大部分孩子的衣服會是皺皺的，但這個方法可以為你節省每個孩子十五分鐘的準備時間。如果你有不只一個五歲以下的孩子，那麼這個技巧真的可以讓你節省很多時間（但最好不要告訴你的母親你這麼做）。

*（請找尋和睡衣所標示類似安全材質的衣服。）

 確定你的孩子有足夠的睡眠。沒有充分休息的孩子在早上通常會暴躁不安或者動作很緩慢。

搬家，搬家後孩子心情低落

請參考：◆自我價值感低

情境

我們最近搬家了，我的孩子似乎很難調適搬家所面臨的改變。

思考

就像是你忙完搬家之後覺得很開心一樣，孩子也許在搬家後感覺到的是很難過和失落。他失去了原來的朋友，環境也不再是他所熟悉的，以及學校和環境的重新適應。所以孩子也許感到害怕，擔心自己會交不到新的朋友，或者擔心他會不喜歡新的老師。大部分孩子在搬家後都會有不同程度的這些情緒。如果你的孩子有一段時間感覺比較難過或適應困難，你可以用比較關心、支持以及溫柔的態度對待他，幫助他調整和度過幾個禮拜的適應期。你可以根據下面這些建議做做看。

解決方法

1 搬家會衍生出很多需要去適應的事情，試著盡量去維持家庭常規的活動和儀式。有一些簡單的事情，像是維持和之前一樣的晚餐時間，以及一個固定上床時間，這樣會讓孩子比較習慣與放心。盡量把孩子的臥室安排得跟老家的臥室很相像，你也可以考慮在其他的房間也用這種方式來安排擺放家具。別擔心，因為一段時間後你可以再重新安排。

2 讓你的孩子知道，你了解他很難過離開了老家和朋友。允許他說出他的感覺以及難過，甚至是生氣的情緒。如果你的孩子做出苛刻的評論。例如，他說：「你破壞了我的生活！」盡量不要發脾氣，因為孩子會有一段時間不太能了解搬家的原因。試著從孩子的觀點去了解他，並且幫助他整理他自己的感覺。要注意的是，不要讓孩子一直停留在這種感覺裡。反而要幫助他去面對這些感覺，讓這些事慢慢過去。你也可以談一談自己難過的感覺，接著再談談搬家後令你興奮以及覺得很新鮮的事情。

3 幫助孩子搭起一座從老家到新家的橋樑。鼓勵他邀請老朋友來參觀新家，並且幫他「炫耀」新家。允許他打電話或寫信給老朋友，跟他們聊有關於新家的事情，同時也鼓勵孩子並且協助他認識新朋友以及探索新的領域。雖然搬家會讓你很忙，但很重要的是，你要找出一段有趣的時間，例如，每天花一點時間和孩子聊聊，也讓自己休息一下。參觀新的公園、在新的披薩餐廳用餐或者散散步。和父母親在一起的時間可以幫助你的孩子去面對與處理自己周遭將會面臨的改變。

4 給你的孩子一些任務去做，讓他保持在繁忙的狀態，那麼會幫助他順利的把心思轉換到新家來。設法給他做一些好玩有趣的工作，例如，讓他彩繪郵箱、澆花或者是幫忙養鳥。

5 如果你自己也因為搬家而感到難過傷心，那麼當孩子在身旁時，試著不要讓自己表現出太多負面的感覺。當孩子不在家裡面時，你可以打電話給朋友談談或哭泣。搬家的確會有很多事需要重新去適應，可以接受自己這樣的情緒，但不要讓孩子受到這些負面情緒的影響。好好的照顧自己，讓自己在新社區裡交到一些好朋友、認識鄰居，以及去發現一些開心美好的事情。

搬家，事先計畫搬家

情境

我們正在計畫要搬家，也希望孩子可以順利的接受與適應。有什麼方法可以幫助我們去減少搬家可能會遇到的適應問題呢？

思考

假設最好的狀況是，大部分的孩子通常很快就可以適應搬家這件事，尤其是當父母親事先計畫好之後才搬家。

解決方法

1 如果可能的話，可以找幾次機會先帶孩子參觀新的家、新的社區和新的學校。當孩子對他未來所在的環境比較了解時，他會比較安心。如果你要搬到比較遠的地方去，當你去參觀這個新的城市時可以拍一些照片，也可以請房屋仲介業者或者地方機構給你一些介紹的圖片與資料。那麼你可以和孩子一起看這些小冊子和資訊，從資訊中找到當地的動物園、遊樂場、游泳池、電影院、社團，或者你的孩子喜歡的任何地點。最重要的是，要找出你孩子最有興趣的地點，例如，孩子喜歡溜直排輪，那麼先找出他以後可以在哪裡溜直排輪。如果他喜歡騎馬，那麼找出新家附近的騎馬場，並且計畫在搬家後帶孩子去參觀這些他喜歡的地方。

2 在搬家時，最後才去整理打包孩子的房間，並且到新家後最先把孩子的東西打開拿出來。不要用大掃除的方式清理孩子的臥室或者扔掉一些舊玩具。如果在一個新的房間裡找不到任何一樣舊的、他們所熟悉的東西時，孩子會很害怕。如果新家可以找到很多舊家裡熟悉的東西，那麼他們會更容易適應。如果有可能的話，直接把同一個房間裡的東西打包在一起，包括掛在牆壁上的圖片，這麼一來，孩子會在一團混亂中找回熟悉與安心的感覺（當然！如果你想要藏起來的話也可以）。把孩子的臥室安排布置得跟老家的很相似，那麼孩子會有熟悉的感覺。如果你的孩子已經夠大了也有興趣，那麼可以幫助他們設計與安排自己的房間。把規則放鬆一點，例如，讓他把海報放在牆壁上，在床上建造一個堡壘，或者讓他在房間周邊鋪好玩具火車的軌道。

3 如果可能的話，可以在搬家這一天，讓你的孩子和親戚或朋友待在一起。許多孩子無法接受所有的東西從房子裡被搬出來，以及被搬到卡車上，可以向孩子保證所有從家裡搬出來的東西都會搬進新家裡。年紀太小的孩子可能很難去了解這一點，你可以帶他在房子附近走一走，並且很具體的告訴他你所說的那些東西是冰箱、沙發、檯燈等等。

4 給你的孩子一個箱子或者行李箱，讓他把自己最重要的東西裝進去，並且自己帶過去新家。這個方法可以讓他自己把最喜歡的玩具和衣服帶過去，也會帶給他很真實的安全感。

5 保持積極與樂觀的態度。你的孩子會受到你的態度影響，如果你很緊張也很擔心孩子的適應問題，那麼孩子也許就會表現出你所擔心的那樣。通常父母在搬家這段期間會很忙碌也會很有壓力，常常沒有意識自己對孩子發脾氣或不耐煩。試著對孩子的情緒保持敏感，並且把焦點集中在搬家的好處上。如果你發現沒辦法這麼思緒簡單以及這麼樂觀，那麼就親切的對待孩子，並且讓他有空時多去親戚家或朋友家玩。

音樂課，開始上音樂課的年齡

情境

我希望孩子學音樂，但是我不知道什麼年齡開始去上音樂課比較好。

思考

把音樂融入你的家庭生活的確會讓生活更加有趣，你需要花點時間去探索你和你的孩子許多的可能因素。

解決方法

1 可以在孩子很想學音樂的時候開始讓他去上音樂課。對有些孩子而言，可能在五歲時想學音樂，但其他孩子也可能是在十三歲時才想學，也有一些孩子從來都不想學音樂。要記住一件事，如果孩子從未體驗過音樂或者從沒看過別人彈奏或唱歌，那麼他並不可能會想去學他毫無所知的事情。可以在家裡跟孩子介紹一些樂器和音樂，以及帶孩子參加非正式或正式的音樂會，或者讓孩子實際去接觸樂器。當你的孩子表現出對樂器或唱歌的興趣，那麼就可以讓他去上音樂課，幫助他發

展興趣。

2　確定你希望孩子上音樂課的原因。列出原因，例如，培養好習慣、學會欣賞音樂、發展動作技能。不要把焦點放在最後的結果而是放在學習的過程。看看自己列出的原因，並且決定是否上音樂課是符合這些需求的最好方式。如果是這樣，那麼允許你的孩子選擇他想要學習的樂器，以及選擇他想要上課的形式，例如，音樂課的課程時間跟頻率。如果孩子從一開始學習就自己投入的話，那麼他將會是個有意願學習的學生。

3　選擇一位很隨和好相處、並且教導孩子很有經驗的老師；選擇一位有熱誠並且積極的老師和你的孩子一起度過美好的時光。

4　如果你的孩子有顯露出他在音樂方面的天賦，那麼幫助他去發展他的天賦是一件很美妙的事情。並不是很隨性的讓他自己設定步調，而是鼓勵他自己選擇要參加哪一種有趣的音樂活動，這樣活動可以包括家裡自己買某種樂器或者是讓他去參加合唱團。需要時間讓孩子參加不同的音樂活動，去探索自己的喜好與選擇。

音樂課，不想要繼續上音樂課

情境

我的孩子現在有在上音樂課，但是他不斷的抱怨並且不想再去上課。

思考

在孩子抱怨之後，你需要靜下來幾分鐘思考原因是什麼。如果你了解孩子為什麼而抱怨，那麼你就越可能找到正確的解決方法。

解決方法

1 通常當孩子聽見某人彈奏樂器，例如，小提琴，他將會愛上音樂以及想要學會它。然而，當他開始上音樂課的時候，他發現他沒有辦法彈出他所聽到的那樣美妙的音樂，而且開始感覺到學習是一件很困難的事情，所以挫折是很多孩子想要放棄音樂的真正原因。如果能找到一個很有創造性，而且可以用很不一樣的方式去激發孩子興趣的老師，那麼將會對孩子很有幫助。通常，在孩子真正學會音樂並且可以享受音樂的旋律之前，老師通常會用死記硬背的方式要孩子先學會彈簡單的旋律。仔細的觀察孩子上課的環境和老師的教學方式，因為這會讓你知道孩子上課的地方是否適合。

2 和孩子做個約定，約定他必須在一段時間內盡他最大的努力，例如，六個月（要先確定這段時間是否足夠讓孩子發展一些技能）。到了約定的時間之後，孩子可以決定他要繼續或者是要放棄。通常過了一段時間，孩子有足夠的能力決定他是否要繼續上音樂課。在這段時間內，可以帶孩子去參加專業的音樂會或者有音樂天賦的兒童音樂會，那麼他就可以看到他要學習的目標了。

3 可以讓孩子先中斷目前學的課程，或者略過某個課程，讓他去嘗試其他的課程。讓他從一些選擇當中，選擇自己想上的音樂課程，或許是更簡單的課程，那麼孩子在課程中會更輕鬆容易的學習，也會獲得更多的成就感。

4 確定你的孩子是否有太多的活動了。大部分的孩子可以同時處理學校的功課、家務事，再加上一個額外的活動；或許有一些孩子可以參與兩個額外的活動，例如，音樂課和一個體育活動。如果孩子的活動太多，例如，加入童子軍、美術課程或者象棋社團，可能會讓孩子覺得很有壓力。如果孩子是這樣的情形，那麼允許他選擇一個活動就好，其他的就先休息一段時間。

5 解決難題之前要先確定孩子想要放棄的真正原因。傾聽孩子的想法，也問一些可以幫助你了解的問題：他喜不喜歡這個老師？他正在學哪首曲子？練習的時間表？是否有演奏會？一旦你找出他碰到的難題，腦力激盪的想一些解決方法，鼓勵孩子去試試看。如果孩子剛參加完有趣的演奏會或者團體活動之後立刻跟他談談，會是一個最好的方式。通常，這時候孩子會很享受實際經驗過的過程，當討論的主題還在他頭腦裡打轉時，會更容易發現真正的解決方法。

6 你是一個專業的音樂家嗎？是否孩子覺得他比不上你呢？你可以在他開始學音樂時，就跟他討論這個主題，幫助他克服這樣的感覺，也告訴孩子你所做過的努力以及曾經有過的失敗。

7 想想看，讓孩子繼續上音樂課為什麼很重要呢？也許理由是因為你以前很想要學音樂但是沒機會學；或者是你在很小的時候就放棄了，所以你想要再繼續。如果這是真正的理由，而且音樂並不是孩子唯一有的天分，那麼最好不要讓孩子去承擔你的期望；相反的，你自己可以上音樂課，並且好好的享受它！

音樂課，不想要練習

情境

我的孩子現在在上音樂課，但是他覺得練習很無聊也很煩。他很喜歡自己彈奏很享受音樂，但總是要懇求他或者強迫他做課程上的練習。

思考

當孩子學會如何彈奏一個樂器時，除了需要練習也需要耐心。孩子通常會很希望可以很快的達成目標。但在孩子還沒享受到成果之前，他沒有辦法真正了解練習的價值。在這之前，你是要負責的。

解決方法

1 開始用對待家庭作業的方式，同樣地對待音樂課。你的態度將會把這個概念傳達給你的孩子。如果你覺得音樂課是一定要去、沒得商量的，那麼你的態度跟行為要一致。創造一個具體的習慣，例如，在晚餐時間後練習三十分鐘。每天都這麼做，並且在孩子完成練習之後，鼓勵孩子並且給他一些正面的回饋。

2 要解決問題之前，要先確定孩子不喜歡練習的真正原因。傾聽孩子的想法以及問一些有用的問題。例如，他喜歡他學的曲子嗎？練習的時間表？他的椅子坐起來舒服嗎？在他練習的時候是不是有其他孩子在外面玩，所以他也很想出去玩呢？一旦你找出問題所在，那麼就能腦力激盪出一些解決方法，並且鼓勵孩子試試看。

3 練習可能真的是一件很無聊的事情。找一些方法讓練習變得更有趣，例如，允許孩子自己布置練習的場所；在牆上掛一個月曆，當他每天練習完之後可以在上面貼上貼紙；把樂器搬到房子裡可以照到陽光的地方；偶爾可以坐在他身邊，當一個認真聆聽並且能鼓勵他的聽眾（如果需要的話，你可以先塞好耳塞！）；可以在他每次練習完之後固定吃一頓他所期待的點心。還有一個方法是，可以把練習時間拆成兩段比較短的時間，或者改到其他時間練習，這麼做或許會讓孩子在練習時更靈活也更有精神。

N

嘮叨

請參考：◆爭執，和父母爭執◆抱怨◆合作，不合作◆傾聽，不願意傾聽
◆發牢騷

情境

　　我的孩子總是很固執他所要的到令人惱怒的程度。如果他想要某事，他就會一直要求到最後。如果我說不可以，那麼他將嘮叨直到我想要大叫！我該怎麼做好讓他停止這樣的行為？

思考

　　賭客會不斷的把銅板投進去吃角子老虎機器裡，因為有時候他會贏到一些錢。你的孩子可能從以前就學會了，只要不斷的跟你嘮叨，有時候你會說：「好啦！你可以拿走，不要來煩我！」讓孩子不再跟你嘮叨的關鍵在於，不要讓他因嘮叨而得到他所要的。

解決方法

1　不要讓孩子因為嘮叨而有收穫或者因而讓你改變主意，這麼做就等於是在鼓勵你的孩子將來繼續這樣的行為。一旦你說沒有，就要保持堅定的立場。如果你覺得在孩子的眼中，自己似乎很殘酷的粉碎他的期待，那麼就先離開孩子一會兒，讓他（或自己）獨處一下。

2 使用「壞掉的唱片」技術。直到孩子停止嘮叨之前，只要平靜的對孩子不斷的重複自己第一次所說的即可。

3 盡量少對孩子說「不」。當你可以允許孩子的時候，就說「可以」。如果你不太肯定，就說「可能可以」。可以回答孩子一個有限制的「可以」，例如，「是的，你可以吃一塊餅乾，在你吃完晚餐之後。」

4 有一個固定的規則：「如果我說『可能』，而你再來要求我，那麼答案將自動變成『沒有』。」

5 在你已經給了孩子答覆之後，就忽略他持續的嘮叨。這時候最好的辦法是你直接走開，或者轉身對著孩子哼唱或吹口哨，這意味著「我沒在聽」。當每次孩子對你嘮叨時，若你回應他，那麼你就讓他有更多的機會跟你繼續嘮叨。很肯定的是，如此一來，每當你反對他時，他就會用嘮叨的方式對付你。

咬指甲或摳指甲

請參考：◆習慣，壞習慣

情境

我的女兒會咬她的指甲。這一點非常討厭，而且她的指甲看起來很可怕。我該怎麼讓她停止咬指甲呢？

思考

孩子咬指甲常常是因為要減輕焦慮，讓自己感覺輕鬆一點。一旦這成為他的習慣，要他停止咬指甲是非常困難的。嘮叨或譴責你的孩子並不會讓他停止咬指甲，而且通常會讓他咬指甲的情況更糟。

解決方法

1 和你的孩子談一談，並且談到他咬指甲的習慣（他可能並沒有注意到自己很頻繁的咬指甲）。和孩子解釋你希望他停止的原因，問他對這件事的感覺。跟孩子建議使用一個微妙、溫和的暗示，如果當你出現這個暗示時，就是你要求他停止這個行為，例如，輕拍他的肩膀或者是說暗號。

2 注意你的孩子最常在什麼時候咬指甲，例如，他坐在車裡時、看電視時，或者是在社會情境裡時。在他最常咬指甲的時候，給他另一個物品讓他的手保持忙碌，例如，一串珠子或者是一個光滑的石頭。

3 透過溫和的和孩子討論他咬指甲的習慣，以獲取孩子的合作。不要只是假設孩子會想要放棄！一旦他答應你要努力改變這個習慣，你用鼓勵的方式和堅持的態度，再加上溫和的暗示他，這些都會比你嘮叨或者讓他覺得很丟臉好得多。使用一台下意識的「啟動器」幫助你的孩子，當他的手又靠近嘴邊時，很快的說「不可以」並且把手夾在膝蓋裡。重複這個動作十次，然後當天只要再發生就一直重複很多次。很神奇的是，這麼做之後，這台啟動器在孩子還沒有發覺的時候，就直接啟動這樣的動作（就像變成習慣一樣）。

4 設定一個獎勵去避免孩子咬指甲的行為。鼓勵在一段時間內針對這樣的行為進行行為矯正。有一個計畫是，每天早上第一件事就是給孩子十個銅板（或五個，根據孩子的年齡決定）。告訴他當你看到他咬指甲時，那麼你將會要求他還你一個。到了當天晚上，沒還給你的銅板就是屬於他自己的。對女孩提供的另一種獎勵，當習慣改變後，可以給她一套專業修指甲的工具和一瓶指甲油。

辱罵（用很難聽的綽號叫別人）

請參考：◆朋友，不適當的選擇朋友◆儀態，在家的儀態◆儀態，公開場所的儀態◆教導如何尊重他人◆戲弄

情境

鄰居裡有幾個孩子，他們常常辱罵對方。我也好幾次聽到我的孩子這麼做。我該怎麼樣去打斷這種行為呢？

思考

被辱罵的孩子明顯會受到傷害，但是那些用辱罵去攻擊別人的孩子同樣也會讓自己受到傷害。為了雙方的和諧，最好的方式是堅持要他們不再辱罵彼此。

解決方法

1 避免在其他人面前責備他或者對他說教，而讓他感到羞愧，因為你的目的就是要阻止孩子辱罵的行為；相反的，立刻把孩子打斷，並且說「請你在廚房裡待一分鐘」。把孩子帶到一旁私下和他討論。很堅定的聲明你對辱罵行為的立場，以及設定一些很具體的限制。

2 許多孩子用辱罵來表達他的憤怒。給你的孩子一個其他的選擇，教導他當他生氣的時候可以說些什麼。例如，教他說哪些話，才能用比較尊重的方式來表達自己的憤怒。討論其他選擇，例如，走開。解釋這些技巧跟辱罵相較之下的好處。

3 設定辱罵之後的標準行為後果。通常，當孩子辱罵是因為他很憤怒。一個很適當的行為後果是，要求孩子用三種比較尊重的方式來改變他的用語，例如，如果你聽見孩子大叫：「把我的東西還給我，你這個豬頭！」那麼你可以回應孩子，「好的，傑克，你知道規則。不

可以辱罵。你可以用哪三種比較好的方式來說這些話？」如果你的孩子
很不情願回答，那麼可以提供給他一個選擇，「你可以現在就告訴我，
或者休息一下，待會兒把它寫在紙上拿給我看。」

4 在某次私下跟孩子談話時，教導孩子當被其他孩子辱罵時比較好
的回應方式。例如，「只要你說我是什麼，那麼你**就是**你說的那
個東西」，或「也許我要幫助你記得，我的名字叫莎拉！」只要幾次很
好的回應他，那麼辱罵的人將會覺得不好玩而沒有興趣再這麼做。

午睡，不要午睡

請參考：◆上床時間◆合作，不合作

情境

我的孩子需要每天在中午小睡片刻休息一下，但他總是拒絕去休息
還跟我吵鬧。當我可以把他安頓好去午睡的時候，**我也**需要好好的休息
了！

思考

需要你的孩子白天午睡片刻休息一下的人是誰呢？就這一點你需要
先審視一下自己的動機，是否你才是真的需要休息的人呢？給自己幾分
鐘的時間休息一下是完全沒問題的，只要你允許給自己一點休息的時間，
那麼你需要敞開心胸去創造一些方法來解決這個問題。

解決方法

1 對於很多活潑的孩子而言，要他睡午覺似乎是很強迫他去做的一
件事，而且他們會拒絕配合你、不願意合作。不要對他們說**午睡**
這個字眼，改說成每天的一段「安靜時間」。告訴你的孩子，在這段時
間內他必須躺在他的床上。也許他可以看看書，或抱著一個動物玩偶，

或者是聽比較安靜的音樂。用鬧鐘設定好安靜時間的長度，告訴孩子當鬧鐘響的時候他就可以起來並離開床上。如果你的孩子真的累了，那麼在安靜時間內，他自然會很容易的睡午覺；即使孩子不累不想睡，那麼這段時間也將會給你一段屬於自己的寧靜片刻。

2 到家裡附近的圖書館去借一些兒童的有聲圖書。當你的孩子在床上的這段時間，可以放有聲圖書的錄音帶或 CD 給他聽，和孩子介紹這時候是「故事時間」。選擇一個能創造安靜環境的故事，一旦故事播放結束，你的孩子將會休息，你可能也同樣。一個疲累的孩子在很平靜的時刻通常會安靜下來或者睡著了。

3 許多孩子會擔心，如果他們睡午覺將會錯過好玩的事情。告訴你的孩子當他們午睡的時候，你在做什麼事情，讓孩子覺得這些事很無聊。對孩子承諾當他們午睡起來後可以做一些有趣的活動。

4 增加孩子早上的體育活動，並且確定讓他吃健康的食物。有些孩子似乎因為他們的激動和壞脾氣的行為而需要午睡，但實際上，他們需要的可能是更多的運動和健康的飲食（請參考：吃東西，挑食的孩子、過多的垃圾食物）。

5 兒童對睡眠的需要常有變化，甚至常常每日不同。當你的孩子在安靜、較少活動的日子，他可能不需要午睡。或你的孩子也許準備放棄每日午睡。許多孩子從兩歲起就不再午睡。讓你的孩子嘗試沒有午睡或縮短午睡時光。一點休眠時間可以用更早的上床時間或稍晚起床來調整。

噩夢

請參考：◆怕黑◆夜驚

情境

我的孩子有時候會從噩夢中嚇醒並且尖叫、哭泣。有什麼好方法去處理這個問題嗎？

思考

孩子相信童話故事裡所說的內容與情境。他們需要長大成熟到某個程度，才能了解夢想、幻想和現實之間的區別。同時，也要記住孩子的夢對他而言是很真實的。

解決方法

1 大多數孩子做噩夢的內容是和被攻擊或被遺棄有關，他們需要確定自己是安全的。用平靜的口吻安慰孩子，「沒關係，媽媽在這裡。它只是一個噩夢。你現在是安全的」。給孩子一條他喜歡的毯子或是填充玩偶，並且把夜燈打開。在孩子心情平靜下來以及漸漸睡著之前，陪著他並且待在一起。

2 孩子做噩夢的隔天早上，可以很偶然的問孩子是否記得這件事。如果他還記得，那麼讓他告訴你關於這件事，說說夢裡什麼是真的（你腦袋裡的想法）。這些想法跟真實的情況做比較，說：「可以想想看一隻大黑熊。你能不能想像牠看起來會是什麼樣子？這隻熊現在能在你的頭上傷害你嗎？那就像作夢一樣。現在，把這隻熊穿上禮服，在牠頭上繫上一個蝴蝶結，並且和牠一起跳舞，這也像是做夢一樣。」透過這樣的練習，當孩子又作夢的時候，有些孩子甚至會學會自己去改編夢中的內容。

3 在睡覺前幾小時內，如果看了很激烈或者有恐怖內容的電視節目、電影和書籍，或者孩子本身就比較敏感，那麼將會導致孩子做噩夢。一部可怕的電影可能會影響一些孩子幾個星期甚至更久，在他們的腦海裡和夢裡不斷地重播他們覺得最恐怖的畫面。

> 如果你的孩子做噩夢是很頻繁或者很強烈的狀況，那麼也許是因為壓力或者害怕而導致的結果。如果你認為可能是這類的原因，可以尋求家庭醫生或者醫院的專業診斷與協助。

夜驚

請參考：◆噩夢

情境

這已經是第二次了，我的孩子做了一個非常奇怪的噩夢而嚇醒。他在床上坐起來並且很傷心的哭了十幾分鐘。他眼睛是張開的，但是他就像睡著一樣對我沒有任何的反應。

思考

你的孩子實際上並不完全是在作夢，他自己也不知道是怎麼一回事，他的這種經驗稱為「夜驚」。夜驚與噩夢不同，夜驚時孩子是處在一種睡覺時意識並不是很清楚的狀態。

解決方法

1 在夜驚的這段期間安慰孩子是沒有用的。父母親通常看到孩子夜驚的情況會很擔心，但孩子是睡著的，他醒來也不會記得這件事。只要站在他旁邊看著，確定他是安全的（你也可以撫摸他或者小聲的安慰他，但通常這些行為是讓自己比較安心，對於孩子效果不大）。有時，孩子會在夜驚的最後醒來，這時最好的方式是，你可以走到他身邊並且摸摸他的背讓他繼續睡覺。等到孩子繼續睡時，幫他把被子蓋好並且親吻他一下。

2 在你的孩子平靜下來之後，讓自己喝杯溫牛奶並且回到床上繼續睡！

3. 如果夜驚的情況發生得很頻繁、內容太激烈或拖了很長的一段時間，或者因此而出現夢遊的行為或伴隨著身體顫抖，那麼就需要和醫生談一談。

吵鬧，過分吵鬧

請參考：◆對他人的暴力行為 ◆吶喊與尖叫

情境

我的孩子很習慣說話很大聲，而且通常伴隨著固定的行為模式。他似乎總是這樣，一天到晚都在跟他說：「安靜點！」每天聽這麼多次，說不定他以為自己的名字真的叫作「安靜點」。

思考

有些孩子擁有自然、充沛的能力和宏亮的聲音。這一點通常是因為孩子的人格特質，而不是他選擇要表現出這樣的行為。可以從這一點看到其中的好處是，他將不會成為被同儕擺布的牆頭草。

解決方法

1. 對於這種孩子而言，如果給他的熱情與能量一個出口，那麼他將會表現得更好。可以找一個讓他喧鬧卻不會吵到別人的地方，你可以考慮選擇遊戲室或者是臥室。在這個房間的門邊加裝一些隔音或密封的材料，以降低他的噪音干擾。每當孩子的聲音越來越大的時候，你可以直接要他進去那個房間。

2. 當孩子越來越吵並且已經干擾到你，你可以打斷他正在做的活動，並且要求他改做一些更安靜的活動。可以讓他開始玩猜謎遊戲或者是蓋房子遊戲。

3 孩子很容易受到周遭的人影響，學習到某些行為模式。想想看在孩子的生活裡有沒有人常常大聲地講話或者是經常大叫？你自己是否會因為要讓孩子注意到你而說話越來越大聲？家裡是否有人會很大聲的直接叫另一個在房間的人呢？訂一個家庭規則，要跟人說話時得找到他，並且跟他面對面的說話，而不是在另一個房間裡大聲叫喊的跟他說話。

4 有一點很容易做到的是：不要對孩子**大叫**，例如，大叫要他「**安靜！**」反而要用溫和、平靜的聲音要求孩子遵守你所說的話。通常，如果已經讓孩子注意到你並且在他耳邊輕聲說話，那麼他將會平靜下來聽你說話。如果你讓他沈靜下來一會兒，那麼效果將可以持續一段時間。

! 如果你發現，你的孩子除了說話很大聲之外，你也常抱怨「他從來不聽我說話」，或者你發現要他做什麼事時，必須一再嘮叨的跟他說很多次，那麼你的孩子也許有聽力方面的問題。另一個會顯現出聽力問題的癥兆是，他無法用很小的聲音或很平的語調清楚且正確的表達他所要說的話。有聽力困難的孩子會很常說：「什麼？」如果你的孩子經常感冒以及常導致耳朵感染發炎，那麼這些生病的期間也許會暫時影響他的聽力。如果你懷疑孩子可能有聽力方面的問題，一定要盡快的安排聽力方面的專業人員為孩子進行評估。

摳鼻子

請參考：♦習慣，壞習慣

情境

討論這個議題通常讓我覺得很不好意思，但這真的是一個很令人討厭的習慣。我的孩子摳他的鼻子，我甚至不想跟他說他要做什麼以及他

在那裡發現了什麼。我沒有辦法對他這種習慣袖手旁觀。我曾經要他把手拿開不要再摳他的鼻子了！

思考

摳鼻子通常會讓孩子感到焦慮減輕，感覺比較舒服。由於手總是放在鼻子上，讓他無法抗拒，而導致摳鼻子的習慣。

解決方法

1 嘮叨或責備你的孩子並不會讓他停止這種習慣，也會讓他感覺到很羞愧。找一個機會和你的孩子談談，談他對這個習慣的想法（他可能並沒有注意到他有多頻繁的在摳鼻子），和孩子解釋你希望他停止這個行為的原因。讓孩子站在鏡子前面，看看自己摳鼻子的樣子，讓他可以自己看到這個不太好看的動作。建議孩子，你會用一個微妙、溫和的提示，提醒他停止這樣的行為，例如，輕拍他的肩膀、遞面紙給他，或者使用暗號。

2 觀察你的孩子在什麼時候最常出現這個習慣，例如，當他坐在車裡、讀書，或者是看電視的時候。在那些時間，給他另一個東西讓他的手保持忙碌，例如，一串珠子或者一個光滑的石頭。

3 透過溫和的和孩子討論他摳鼻子的習慣，以獲取孩子的合作。一旦他答應你要努力改變這個習慣，你用鼓勵的方式和堅持的態度，再加上溫和的暗示他，這些都會比你嘮叨或者讓他覺得很丟臉好得多。使用一台下意識的「啟動器」幫助你的孩子，當他的手又靠近鼻子時，很快的說「不可以」並且把手夾在膝蓋裡。重複這個動作十次，然後當天只要再發生就一直重複很多次。很神奇的是，這麼做之後，這台啟動器在孩子還沒有發覺的時候，就直接啟動這樣的動作（就像變成習慣一樣）。

4 設定一個獎勵去避免孩子摳鼻子的行為。鼓勵在一段時間內針對這樣的行為進行行為矯正。有一個計畫是,每天早上第一件事就是給孩子十個銅板(或五個,根據孩子的年齡決定)。告訴他當你看到他摳鼻子時,那麼你將會要求他還你一個。到了當天晚上,沒還給你的銅板就是屬於他自己的。

愛管閒事

請參考:◆打斷◆儀態,在家的儀態◆儀態,公開場所的儀態◆教導如何尊重他人

情境

我的孩子很喜歡知道關於所有事情的一切。無論你是坐在他旁邊或者是在隔壁房間,他會去聽你們所有的對話,並且問你關於對話中所有的人或事情。

思考

有些孩子很自然的會好奇所有一切的事情,包括在他附近的大人所說的對話。這些孩子通常是非常聰明的,也會很熱切的去學習新的事物。作為父母親,你的目標應該是鼓勵孩子用適當的方式去滿足他天生的求知慾。

解決方法

1 即使不喜歡孩子愛管閒事,也要避免對孩子大叫:「管好你自己的事!」一個更好的選擇是,用眼睛看著孩子並且說:「這不是你需要問的事。當我們談話的時候,請你去做其他的事情!」

2　找機會和你的孩子談一談，先讚美他對很多事情的好奇心，以及和他解釋有時候別人交談時問這些是不恰當的行為。用角色扮演的方式練習幾個例子，試著用孩子的觀點來幫助他了解這個道理。一個例子是：「如果你和你最好的朋友瑞恩，正在房間裡聊昨天的棒球比賽，以及和你計畫淘汰賽的事情。如果這時候我走進來你的房間，並且開始問你很多問題，打斷了你跟瑞恩的談話。這時你會有什麼樣的感覺呢？」

3　運用一個手勢或暗語，來代表「這件事與你無關」這句話。告訴你的孩子當你給他暗示時，就代表他已經越線了，不應該再干涉這件事情。例如，溫和的壓壓他的肩膀，或者說：「你可以給我一張面紙嗎？」順便對他眨一下眼，或許就可以在對話中擺脫他。

4　讓孩子知道，如果他對於某個特殊議題有問題想問你，告訴他你很歡迎他稍後再來問你。除非他被邀請加入談話，否則他不可以中途打斷大人之間的談話。

裸體，當孩子遊戲時

請參考：◆自慰◆和朋友間的性方面不適當行為

情境

我發現，我的女兒和隔壁的小男孩在玩脫衣服的遊戲。現在該怎麼辦呢？

思考

孩子會透過脫掉衣服來滿足他們對身體的好奇心，這對於四歲到六歲之間的孩子而言是很正常的發展行為。對於光溜溜的身體，孩子想的和你所想的是不一樣的，他們很單純只是因為好奇。

解決方法

1 最好的方法是用平靜的態度與口吻，做一個適當的評論，例如，「當你玩的時候，你的衣服需要穿在身上。所以現在請你把衣服穿好。」然後，幫助孩子把衣服穿好，並且轉移他們玩遊戲的方式。

2 關係很密切的異性兄弟姐妹，也可能純粹只因為好奇而彼此碰觸對方的性器官。一個簡單的說明。例如，「那是你哥哥屬於自己私人的部分，你的泳裝蓋住身體的所有部分也是屬於你自己私有的。我們不可以碰觸對方私有的部分。」

3 玩裸體的遊戲也許表示這是可以進行性教育的開始，有一個好方法是，給孩子們看一本關於性主題的兒童書籍，例如《我從哪裡來》（*Where Do I Come From*？）。讓孩子先了解簡單的知識就可以了，並且用誠實和簡單的方式來回答孩子的問題。告訴孩子你就是為他們解答問題的人。

4 要密切的注意孩子在看的電視和電影內容。幼兒是天生的模仿家，當他們看到成人做什麼就會去模仿，即使他們還不了解他們所做的事情的意義是什麼。

5 之後，可以找個機會和孩子討論，以及用孩子容易了解的方式向他說明解釋，例如，「當你要換衣服或者準備洗澡的時候，是可以脫掉衣服的。在其他的時候與場合，穿戴好衣服是一種有禮貌也是一種適當的行為」。當發現孩子的這個問題時，也是一個很好的機會，去教導孩子什麼是適當或不適當的碰觸行為。

! 如果你的孩子持續的在玩遊戲時會脫掉衣服裸體，或者顯現出更多玩這種遊戲的意義，這時最明智的方法是尋求專業人員的協助。醫生或諮商師可以幫助你進一步去確認或指出一般人正常發展當中不會出現的行為，或者其他可能的潛在問題。

裸體，當在家裡時

情境

我們偶爾會在家裡有裸體的情形。但現在孩子越來越大了，我們想知道是否應該改變我們的行為。

思考

在很多家庭裡，當孩子是小嬰兒時，在家裡光著身子其實是一件很輕鬆的事情。問題通常會出現在當孩子越來越大的時候，這時候父母親需要再重新評估在家裡裸體的習慣。

解決方法

1 在這個情況下，最好的方法就是跟著自己的直覺去做。如果你的孩子開始會看著或去碰觸父母親的私密部位，那麼這時候是個教導他合宜行為的好時機。建立關於隱私的規則，例如，在進入臥室或者浴室之前要先敲門，以及在別人面前上廁所要把門關上。用很溫和、簡單的方式以及隨和的態度教導他，就像你教他其他的事情一樣。

2 教導你的孩子，有些事情在家裡是可以被接受的，但在其他地方則是不可以的。有一個例子是：「卡瑞莎，你在家裡玩的時候可以穿著內衣，但是當我們在爺爺家的時候，你需要把衣服穿好再下樓來，這是一種有禮貌的表現。」跟孩子解釋什麼是可以被接受的，而什麼是不能被接受的。如果孩子曾經面臨大人不適當裸體的情境，那麼這將幫助孩子為自己的行為做出一個適當的決定。有一個容易的方法，就是教他只要泳裝遮蓋住的地方就是屬於自己隱私的地方。和孩子談論在什麼情境下誰可以看他的隱私區域（要記得在這次的討論中，也包含家庭醫師診療的情境）。

3 尊重孩子成長中對於個人隱私的需求。你從孩子出生時開始幫他洗澡;當孩子長大到六至十二歲之間時,他會開始感到害羞。我們需要給較大的孩子更多的隱私權,讓他知道你了解他已經長大了,並且你尊重他需要更多的隱私權。同時,也一起鼓勵孩子可以和你自由的談論任何有關發展與性別等問題。

其他人的孩子，朋友的孩子

請參考：◆生日，其他來參加的小朋友有壞行為◆其他人的孩子，鄰居的孩子◆其他人的孩子，親戚的孩子

情境

我有一個很要好的朋友，我們常常很開心的在一起做很多事。問題在於他的孩子很不守規矩以及很令人討厭。在我和朋友相處時，他真是一個令人掃興的傢伙。

思考

你喜愛的這位朋友，他愛他的孩子，所以這是一個敏感的問題。問題在於他沒有用你的方式去看待他的孩子。試著看開點，並且記住孩子很快就會長大了。

解決方法

 安排自己的客人在某些時候來訪，例如，孩子在學校時，或者孩子在忙某些事情時。也可以試著和朋友約在外面吃頓飯，或者安排和朋友在成人活動的場合中見面。那麼他將會把孩子留下來給保母照顧。

接受你的朋友處理他孩子的行為（或者他也有可能不處理）。只有當涉及你的孩子或所有物時才去介入。用不批評以及友善的態

度說出你的評論。

3 當你和朋友的孩子有問題時，不要試圖去改變他的生活。把焦點放在問題上，去發掘眼前問題的解決方法，只需要能應付客人來訪的這段時間即可。

4 運用你的熱情作為出發點，邀請你的朋友陪你一起參加父母課程或聽這類的演講。和朋友分享你最喜歡的教養書籍，或者你很喜歡的演講課程錄音帶。

5 不要挑起戰爭。試著去忽略這些小事，並且為自己孩子有教養的表現而感到開心。

其他人的孩子，鄰居的孩子

情境

我的孩子喜歡和鄰居的孩子一起玩，但是其中有一些孩子的行為表現很糟。

思考

有其他孩子會跟你的孩子玩，這是一件好事。通常，由於地利之便，你的孩子很容易跟鄰居的孩子做朋友。有個方法是，你可以當他們相處在一起的時候看著他們。誰知道呢？說不定你會是能改進鄰居孩子的行為和生活的人。

解決方法

1 邀請孩子們在你的家裡或庭院裡玩耍，要他們遵循一個規則——「我的房子；我的規則」。很清楚的讓所有孩子了解你的期望是什麼，並且房子的規則是什麼，用很親切和友善但堅定的口吻告訴他們。

很神奇的是，當你表達得很具體並且很一致的執行時，即使是很頑皮的孩子，在你家也可能表現出守規矩的行為。

2 如果孩子表現出不良的行為，不要感到不安以及對他嘮叨，也不要在其他孩子面前對他吼叫。只要簡單的把他帶到你旁邊，用非常禮貌和平靜的口吻，向他解釋什麼是你希望看到的。如果用尊重並且禮貌的方式請求孩子的合作，很多孩子將會很高興的照著做。

3 當你和鄰居的孩子之間發生問題時，不要設法去解決他們家庭裡的所有管教問題。只把焦點放在這個特定的問題上，去發現解決當前問題的方法，在程度上只要讓這件事順利的過去就可以了。用友善且不是很正式的方式表達你的評論，不要指控也不要責備，只要簡單地陳述問題並且找出解決方法。

4 如果有某個特定的孩子非常不守規矩，你不希望你的孩子跟他在一起而受到他的影響，你可以很溫和的打斷他們之間的友誼。這種方法需要幾個禮拜的時間，但會有有效的結果。每當這個孩子要來家裡玩或打電話來的時候，說一些簡單的藉口拒絕他。如果通常他某個時間會出現在某個地方，例如，放學後留在學校，那麼就在那段時間找些事給你的孩子做。隨著時間的過去，孩子將會找到其他一起玩的朋友，也會比較少跟這個孩子在一起（這個方法比設法禁止孩子跟他玩還要有效，因為當你禁止孩子做某事時；相反的，這件事可能會讓孩子更感興趣）。

其他人的孩子，親戚的孩子

請參考： ◆祖父母

情境

親戚裡有很不聽話、很有破壞力的孩子。我無法相信他的父母會讓

他這麼沒紀律的在房子裡到處亂跑。只要我們的訪客裡有他們，那麼我總是很緊張，而且常常快要氣炸了。

思考

請記住這個界線：「他們不是我的孩子，這不是我的問題」。當他們來訪時，把這句話當作名言提醒自己。除非他們要搬進你家住，不然你不需要為了他們的行為而費心（我看見你一直抖來抖去的，你看看？這樣以後會更糟）。

解決方法

1. 避免自己去處罰孩子們，允許親戚處理自己孩子的行為（或者他也可能不處理）。在很有壓力的這段期間內，給自己片刻暫停的時間，去浴室整理休息一下，或者去煮一壺咖啡。如果當問題涉及你的孩子或家中的財物時，才用快速且溫和的方式去介入處理。

2. 不要花太多力氣去評論或給建議，認為你能改變你親戚家裡的生活方式。只把焦點集中在找出當前問題的解決方法，只要處理到讓這件事順利過去的程度就可以了。避免讓對方父母變得很防衛，做出關於「所有孩子」的評論（代替直接針對你的孩子的評論）。提出友善的建議，「吉兒，諾頓用那塊積木打來打去玩得太興奮了，也許我們可以找一個其他的東西給他玩」，或者是透過轉移孩子的注意力，讓他參與另一個活動，「諾頓，你可以幫我一個忙去澆花嗎？這是澆花的水壺。」

3. 用很友善的方式分享養育孩子的想法，例如，「你猜猜看我學會了哪一招？」而不是直接指出親戚孩子的缺點，只把焦點集中在分享最近自己學會的新觀念或者新方法。以你的熱情作為邀請的原因，邀請親戚和你一起參加父母教養課程。很多父母親並沒有意識到他們的孩子很不守規矩，而且你不需要去把這一點指出來！暗地裡用「我們做父母的都是同一國的！」的方式接近，你可能會獲得一些好的結果。

4 　試著把這些來訪的客人看成是提醒自己教養的重要性，而且為自己教養的成功而感到開心。學會去忽略一些小事情，試著去享受親戚來訪的片刻以及忽略不重要的事情。把焦點放在和這家人相處開心的事情，或者和他們一起做其他開心的事情。

P

宴會，在宴會裡的壞行為

請參考：◆生日◆禮物，無禮的反應◆儀態，公開場所的儀態◆公開行為，
反抗

情境

每一次當我帶孩子去參加宴會時，他的行為總是讓我覺得很丟臉。
就好像他把所有的規矩跟禮貌都留在家裡了！因為他的行為表現，我甚
至開始拒絕這些活動邀請。請幫幫我！

思考

孩子並不是天生就了解這些社交應有的態度，必須要教導他們關於
這些事情。有些孩子會在宴會裡感受到不同於往常的氣氛，因此讓他們
忘記了平常被教導要遵守的那些方式。

解決方法

1 最好的方式是採取「預防」的措施，防止這些事情的發生。換句
話說，如果當你被邀請參加宴會，在參加前花一些時間跟孩子談
一談，讓他知道你期望他表現出什麼樣的行為。你也可以做一些關於宴
會固定的清單，而且在參加宴會出門前再和孩子複習一次。當宴會進行
當中，如果他的行為開始脫軌時，立刻提醒他關於宴會的規則。

如果你的孩子年紀更小，可以在家裡先演練宴會的情形。有一個「預演」的宴會，將會讓你的孩子表現出你所期望的行為。這個方法能幫助你強調你的態度，所以孩子會很清楚的了解到你的態度。

如果你的孩子年紀更小，可以在家裡先演練宴會的情形。有一個「預演」的宴會，將會讓你的孩子表現出你所期望的行為。這個方法能幫助你強調你的態度，所以孩子會很清楚的了解到你的態度。

避免在其他客人面前糾正或是責備你的孩子。把孩子帶到一個比較隱私的地方，例如，浴室，和他談一談。不要只是指出他哪裡做錯了，要簡單而具體的說出你對他行為的評論，以及一些具體指示，說明你想要看到的行為是如何。

宴會，不想要參加宴會

請參考：◆生日，壞行為，你的孩子作為客人◆朋友，朋友睡在我們家 ◆儀態，公開場所的儀態◆在長輩前的害羞行為◆在平輩間的害羞行為

情境

我的女兒拒絕參加宴會以及社交活動。她為什麼會這樣呢？我應該強迫她去參加嗎？

思考

當你思考這個問題時，不要只針對這個情境。需要整體的評估孩子的生活狀態，那麼你將會找到正確的解決方法。她在學校適應的情形好嗎？與她的兄弟姐妹相處得如何？她飲食正常嗎？睡眠正常嗎？她有喜歡的興趣和活動嗎？這些問題的答案將可以決定解決這個困境的最好方法。

解決方法

如果你的女兒只是拒絕一、兩個事件，不用太在意這個問題。孩子不想要參加宴會的理由，有可能你的孩子跟宴會的小主人並不

熟，他被邀請只是因為這個宴會邀請了班上所有的同學。也或許你的孩子不喜歡玩保齡球、技術也不好，而他不想要在同學面前出糗。

2 有一些年幼的兒童（大約七歲以下）在宴會的環境中會感到很不舒服。對於大部分的孩子而言，將會自然的通過這個階段，當他們上小學大概一、二年級時，他們就會和孩子們在宴會裡玩得很開心。

3 如果你的孩子一再地拒絕所有的邀請，試著去了解影響孩子決定的真正原因。是否他的個性很害羞？是否他比較喜歡跟更少、更熟的人玩在一起？參加的同學裡有沒有平常會欺負或嘲笑他的人？在以前的宴會裡是否有發生過什麼，讓他很不想再參加這樣的場合？問孩子一些問題幫助了解他的情形，接下來則是努力的想出一些幫助他處理害怕的方法。

4 溫柔的鼓勵你的孩子參加宴會。盡你所能的提供他很多宴會的資訊，讓他能事先了解並且準備。如果宴會是在一個公開場所舉行，例如，一個溜冰場或者保齡球場，可以事先帶著孩子先去參觀地點。如果孩子的某個朋友也被邀請參加宴會，那麼可以跟朋友約著一起去，如此你的孩子就不會擔心自己會單獨赴宴。

5 幫助你的孩子規劃屬於自己的宴會。這種合作的經驗以及享受努力之後的結果，或許會讓他對宴會有不同於以往的觀感。

完美主義

請參考：◆家庭作業，完美主義

情境

我的孩子必須把所有的事情做好，否則他會變得非常沮喪並且哭泣，甚至會放棄。他似乎過度在意所有事情的成功。

P

思考

在我們這個成就取向的社會裡，孩子可能在很小的年紀就受到完美主義的影響。你可以溫柔的哄哄孩子，並且教你的孩子學會如何放鬆。

解決方法

1 幫助你的孩子學會去排定事情的優先順序。追求完美的孩子傾向於覺得每項任務都同樣重要，所以會讓他們感覺很沈重，快被壓垮了。幫助他了解有些事真的很重要，而且需要花很多時間去做，例如，他的期末報告。但也要讓他知道有些事可以很快的做完，例如，削尖他的鉛筆。

2 讓你的孩子看到你所犯的幾個小錯誤，也讓他們看到你用沉著和幽默感來處理這些狀況，「天啊，我把雞烤焦了！好吧，我想你會是那個吃麥片當晚餐的幸運孩子！」這種示範可以幫助孩子學會去寬容自己所犯的錯，讓孩子看到，即使有些事做得並不好，你仍然可以很享受做這些事的過程。例如，讓你的孩子看到你打網球打得很開心，即使以前從來沒有打過網球，有一半以上的球也沒接到。

3 仔細地觀察在孩子的生活裡，他從周遭的大人裡接收到哪些訊息。當他被封殺出局時，你是否表現出失望的樣子？你是否曾經在他數學得到 B 時，問他為什麼沒有得到 A？當他的飲料溢出時，你是否曾經說他「粗心大意」？學會去讚賞他的努力和積極的態度，並且幫助他把焦點放在過程而不是結果。幫助他了解犯錯不是一件壞事，而是通往學習的其中一步。因此，他不需要做每件事都要求要完美。

照顧寵物

請參考：◆家務事

情境

　　我的兒子哀求我們說他想要養一隻狗，並且承諾他會照顧牠。最後我們答應他養了一隻狗，但是要求他去照顧寵物變成每天爭執的一大問題。

解決方法

1 孩子如果還未滿十二歲，那麼他們還沒有發展出足夠的生理與心理能力去獨自照顧寵物。他們想養寵物來自好的出發點，也很愛護寵物，但當他每天需要做照顧寵物的工作時，這就變成了一大責任。把這件事看成是教導孩子責任感的一個好機會，接受你將必須教導他並且監督他自己照顧寵物，當他年長一點時，他就可以做得更多。

2 讓自己幫助孩子做一張照顧寵物的表格。將每天要做以及每週要做的所有照顧工作分別列在兩張清單中。把清單整齊的影印並且貼在海報板上，每項工作前面都有一排框框，可以在每天做完該項工作後在前面打勾做記號。把海報板掛在一個顯眼的地方，例如，孩子臥室門上。當每天照顧完寵物後，讓他去檢查是否完成每個項目。做這個表格有兩個目的，一是孩子把要做的事情寫在表格上，確保他會記得該做的每件事；二是提供一個基礎讓孩子發展出日常的習慣。

3 把照顧寵物的差事和其他的日常生活流程結合，這樣孩子會更容易記得去做這些事。例如，在吃晚餐前要先去餵寵物。透過這個方式，你可以很容易的提醒孩子，「當你餵好了狗狗後，你可以馬上來吃你的晚餐。」

4 當孩子忘記去照顧寵物時，讓孩子承擔必然的結果。如果你的孩子早上忘記餵他的幾內亞豬，那麼就不允許他放學後把牠從籠子放出來並且和寵物玩。如果你的孩子沒有把庭院裡的狗大便撿起來，那麼他想和狗狗玩之前，必須要先做他未完成的工作。教導孩子在遊戲時

間之前要先照顧寵物。

5 事先告訴你的孩子，如果他在上學前沒有完成照顧寵物的差事，那麼你將會幫他完成這項工作。**然後**，當他放學回家後，就換他幫你做一些你的差事。例如，如果孩子上學後，你發現狗食盆和水盆是空的，那麼就要幫忙裝飼料和水；然而當他從學校回到家時，讓他幫你把洗衣籃裡乾淨的襪子和毛巾摺疊好。

如果照顧寵物的工作幾乎都是你在做，而且必須嘮叨或不斷地要求孩子去處理你才能休息，那麼簡單的變動也許可以得到大家的注意。你可以宣布寵物現在是屬於你的，例如，「我決定貝奇現在是我的狗。我將會餵牠、帶牠散步，並且撿起牠的便便。如果你們其中任何一個想要跟牠玩或帶牠去散步，必須要先取得我的同意。從今晚開始牠會跟我一起睡在我的房間裡。」當孩子哭而且抱怨時，告訴他們從現在起五天內你會願意再考慮看看。接下來的這五天，你可以獨自的佔有貝奇，當你出門時也一起帶牠出去，在孩子面前很開心的跟牠玩，並且拒絕孩子要帶牠去散步的要求。你可以說：「不用了，謝謝！我會自己帶牠去散步。」在五天後，你將可以看到孩子態度的改變，這時再使用上述的解決方法，來讓孩子更認真投入的照顧寵物。如果事與願違，孩子似乎不太關心也不在乎，那麼你將需要做出決定。你是否真的希望貝奇是你的狗？或者你想幫牠找一個新的家？如果你決定把牠賣掉，不要用這一點威脅孩子，只要簡單的對孩子宣布，你覺得幫貝奇找一個新的家，是對貝奇最好的選擇，然後就這麼去做。如果你已經做了上述所提的方法，但仍然無法讓孩子願意負責照顧寵物，因而常與孩子爭論，那麼不要再因為孩子哭泣或者再度的承諾而改變你的決定。

隱私，孩子的隱私

請參考：◆臥室，兄弟姐妹之間的隱私◆自慰◆裸體，當在家裡時◆性方面

情境

我的孩子抱怨他沒有任何的隱私。當我們想進入他的房間時，他不讓我們進去，甚至要求我給他一把房間的門鎖。

思考

很多孩子長大了，會開始感覺到需要有自己的私人空間，這是發展過程中很正常的部分。然而，孩子還是需要透過自己可信賴和責任感的表現，才能贏得他的個人隱私權。

解決方法

1 這是一個很好的機會，可以和孩子討論你覺得尊重別人隱私的重要規則。家裡的每個人都需要先問過才能進入別人的更衣室，或者要先敲門才可以進入別人的房間裡。然而，必須要教孩子回應：「是誰？」如果回答是媽媽或爸爸，他們需要回應說：「進來」。不要允許你的孩子說：「我很忙」，或其他類似的回應。讓孩子知道敲門是為了禮貌，而不是為了要獲准才能進入（但相反的是，孩子進入父母的臥室之前，需要先被允許才能進去，這就像是同一件事在不同時候應該要因地制宜的反應）。

2 許多孩子開始發展他們自己的獨立性，渴望對自己的臥室擁有更多的自主權，因為這時候他們感覺到臥室是房子裡唯一一個真正屬於他自己的地方。如果你有一個基本上可以負責任的孩子，那麼可以訂一系列清楚的規則，然後把他的臥室交給他自己管理。這些規則應該包括家務事（在房間吃東西的規則、多久要用吸塵器清潔房間地板、床單多久要換等等）和設計問題（你對於牆壁上的海報以及其他裝飾的感覺）。告訴你的孩子，如果他可以很負責任的遵循這些規則，那麼他就可以得到在自己房間的隱私權。如果孩子違反你對他的信任以及房間裡的規則（例如，在你說不可以之後他還是繼續玩或吃東西），讓他知道

房間的門一定要保持敞開，直到他再次獲得屬於他自己的隱私權。如果你的孩子繼續違反規矩，很簡單的旋開螺栓，把門拆掉後存放在車庫裡，並且設定時間表，讓孩子知道他要遵循多久才能要回他房間的門。

 探討你的孩子想要更多保密性的原因。這是否是正常的發展，或者他想要設法隱瞞什麼事？如果原因是後者，那麼他的行為很可能看起來也會是躲躲藏藏的樣子。他也許會很小聲的打電話，或者用模糊或轉移主題的方式回答問題。如果是這樣的情形，設法直接問孩子去了解相關的訊息。可能他正在計畫給人一個驚喜，或者花時間在讀一本書，例如，琳達‧馬達拉斯的《我的身體發生什麼改變？給男孩》。這也可能是你的孩子正在探索他的身體或者有自慰的行為。如果你和孩子談過之後並沒有解除你的疑惑，那麼就是該和家庭諮商師或其他專業人員談談的時候了。

⚠ 如果你的孩子花太多時間獨處或者顯示其他異常的行為，例如，持續的憂鬱、憤怒或者躲躲藏藏，那麼請和家庭諮商師討論你的擔心。

隱私，父母親的隱私

請參考：◆儀態，在家的儀態◆裸體，當在家裡時◆教導如何尊重他人

情境

我們的女兒無論何時都要和我們一起進入臥室和浴室，總是讓我們又忙又亂，也沒有任何隱私，這一點變得很令人討厭。

思考

關於個人隱私的議題，孩子需要學會適當的禮節。他們要經過學習，才會知道什麼行為是適當的，特別是當他們還是幼兒時，他們進入房間或者跟著我們是不受限制的。

解決方法

1 也許可以透過一次簡單的討論，討論關於隱私的議題，例如，關門的意義、何時要敲門，以及其他有禮貌的態度細微差異。保持一致的態度，並且記住仍然需要簡單的提示他，你的孩子將隨著時間的過去而學會規則。

2 製作和旅館裡相似、可以掛在門把上的標誌。一邊寫著「請進」，另一邊則寫著「請尊重隱私」。允許每個人在自己臥室的門把上都掛上標誌，並且教每個家庭成員去尊重標誌顯示的內容（當孩子掛著「請尊重隱私」的標誌時，身為父母當然還是可以請求進入）。

3 不要為自己想要有一些隱私而覺得有罪惡感。你不需要把每天二十四小時都給了你的孩子才算是個好父母。實際上，如果你可以給自己一點平靜的時間，好好的洗個澡、換衣服或者上廁所，或許你會是一個更好的父母。

拖延

請參考：◆抱怨◆合作，不合作◆健忘◆承諾，不遵守承諾

情境

我的孩子會把事情拖到最後一刻，才邊哀號邊抱怨的做這件事。

思考

孩子做事有時會拖延是正常的。沒有孩子會在新的電腦遊戲正等著他的時候，先選擇去洗碗盤！

解決方法

1 教你的孩子如何管理他的時間。當被分配任務時，花一點時間坐下來和孩子談一談，以及討論出計畫的大綱與步驟。接下來，為每一個步驟分配時間表，以及每一天需要完成的項目。幫助你的孩子做一個「要做的事」的清單和日曆。固定的和孩子一起確認他所做的是否能跟上他的目標。

2 不要說一個範圍太大的聲明，例如，「打掃你的房間」，孩子可以自己解讀成一件很大的任務，那麼孩子會不惜一切代價的去避開這個任務。反而要幫助你的孩子把任務劃分成更小、更容易處理的小工作。做一個工作完成清單：「衣服放在櫃子裡、書放在書架上、積木放在箱子裡、把害蟲趕出去」等等。每一次只看清單裡一個項目，這樣似乎可以讓一件大任務變得容易處理多了。

3 清楚地建立你的孩子可以遵守的具體事件慣例。每天要在同一段時間與同一個地點做家庭作業，並且要在另一個特定時間完成家務事。當孩子遵守這些慣例時，那麼它將會成為習慣，並且不會拖延的完成任務。

4 不要逼迫你的孩子花很長的時間做他覺得很不愉快的事情。例如，如果孩子不想練一個小時的鋼琴，那麼就嘗試著把它分成三次，每次二十分鐘來完成它。

5 不要去拯救把事情拖延到最後的孩子，如果你這麼做，那麼孩子將不會從錯誤中有所學習。也不要去責備或者處罰孩子，你這樣的反應會讓孩子的焦點從手頭上的任務（以及因為拖延而導致的結果）轉移成你對他的憤怒。當他轉移了焦點，那麼就失去了一次學到教訓的機會。

> 如果孩子繼續不斷的拖延，而且是用很消極的態度，也許還有另一個潛在的問題。或許他的拖延是為了抗拒你權威的管教，也或許是他顯示出對於很勉強開始做這件事的害怕或焦慮的癥兆。從孩子「整個人」去檢視問題的所在，如果你懷疑有隱藏的問題，就應花時間去了解並且處理真正的問題所在。

承諾，不遵守承諾

請參考：◆合作，不合作◆健忘◆說謊◆拖延

情境

如果我再聽見我的孩子說：「我將會……我承諾……」我想我會想大叫！他總是說他會做事，但他根本不會遵守諾言。

思考

所有的孩子常缺乏持續進行的動力，但如果你的孩子一直表現這樣的行為模式時，那麼花時間教導他履行承諾的價值是很重要的。

解決方法

1 不要做一般性的聲明去標籤你的孩子，例如，「你從不遵守你的諾言」。相對的，要引起孩子對具體問題的注意，並且假設他執行到底。「你承諾會在吃完午餐之後，去收拾你的混亂。我希望你能履行你的承諾。」你可以教導你的孩子做一個總是遵守諾言的人。

2 確定你自己也有遵守你的承諾。通常，父母親會許下諾言，然後會有正當的理由讓他們沒有履行諾言。例如，你說「在吃完晚餐後，我可以跟你一起玩球」，另一方面因為鄰居過來請求你的幫忙，所以你並沒有和孩子一起玩球。可以透過不同的說詞來避免這些情況，例如，「我們將看見……」或「如果可能的話……」，或者是「如果所有

的事都依照計畫中進行……」。另一個選擇是，先保留你自己的想法，並且對孩子說，當你準備好的時候你會宣布要做什麼。

 指出孩子什麼時候許下承諾。通常，孩子會說他們沒有想太多就去做某件事。告訴你的孩子你所聽到他說的承諾：「安潔莉娜，我聽到你說你明天將會開始打掃你的房間。我相信你會記得並且履行你的承諾。」

4 當你的孩子許下承諾時，建議他把諾言寫下來，並把它貼在一個安全的地方，以便於幫助他記住並且執行。

公開行為，反抗

請參考：◆爭執，和父母親爭執◆頂嘴◆合作，不合作◆不尊重◆教導如何尊重他人◆當孩子在公共場合發脾氣

情境

我的孩子可以非常粗魯並且在其他人面前違抗我。他這樣的行為令我很沮喪，也覺得很丟臉。

思考

父母有時候會受到別人的判斷而影響自己的感覺，因而表現出不尋常的方式、吼叫或者說他們平常不會說的話。第一步，要了解所有父母都會害怕必須去應付孩子失控的各種狀況。你絕對不是唯一的一個，我猜測當許多人看到這種狀況時，心裡想到的是，「還好，這一次不是我！」

解決方法

 把焦點放在實際發生的行為，而不是其他人怎麼判斷這件事。去思考如果這是在家裡私底下發生的事情，那麼你將會如何處理，

並且就決定這麼去回應。

2 不要讓情況擴大成一場公開的戰爭。立刻把你的孩子帶到旁邊，告訴他你很生氣，並且你將要處理他的行為後果。告訴他如果繼續這樣的行為，那麼他每一次的行為都將會把事情搞得越來越糟。稍後，當你有時間平靜下來時，做出一個理性的決定。決定這個行為實際上有多壞，並且確定什麼是適當的後果。當事情過了一會兒以及離開狀況現場，並且決定如何處理之後，這時你會比較容易下決定，該讓孩子接受怎樣的行為後果。

3 從狀況中學習。為什麼你的孩子會這樣回應你？你是否用大叫的命令他，或者在其他人面前讓他感到很糗？如果是那樣，那麼要更注意自己在公眾場合對孩子的反應方式。要在私底下糾正他或者發出指令。對於他必須做的事可以提供他選擇，並且在宣布之前發出警告。

4 在你下次參與公開場合之前，具體的跟孩子說明，什麼行為才是你所期待的。告訴他你將會在那裡待多久，以及你將會做什麼。你能在事前清楚簡單的告訴他你的期望，你的孩子就越可能表現出你期望的行為。

5 讓你的期望符合現實。如果你盼望在你逛街購物三小時，一個三歲大的孩子還沒吃午餐也沒有休息，還要表現得很好，那麼就是不切實際的期待。如果七歲大的孩子正在操場玩，而你途中遇到鄰居閒聊而擋在操場中二十分鐘，那麼也將會達到孩子無法忍耐的極限。當然啦！這種事一定有可能會發生，因此，試著從孩子的觀點去看事情，以及想想看你能做什麼讓這些情況更能被忍受。

6 在你離開家之前，給你的孩子三個代幣。告訴他如果他的行為不良，那麼你會要求他還你一個代幣。如果當你回家後還有代幣，他可以用代幣換一場電影、一份點心，或者和你下棋。如果他已經沒有代幣了，他就不能得到上面說的任何一樣，再加上他必須有一段時間待

在自己的房間裡（告訴他為了失去一個代幣而爭執，將會導致他失去第二個代幣）。

7 為了讓孩子能夠在**公開場合**表現出適當的行為，那麼需要注意他**私底下**的行為。有時會在家裡發生同樣的事，但是因為沒有旁人在場，所以你並不特別去注意。如果你認為自己可能有這樣的情形，可以讀一下這本書的前言。

公開行為，平靜地離開

請參考：◆合作，不合作◆當叫他們的時候沒有來◆傾聽，不願意傾聽
　　　　◆當孩子在公共場合發脾氣

情境

當該離開（公園、宴會、速食餐廳）的時間到了，我的孩子拒絕聽我的話。如果沒有不斷的懇求他、對他吼叫、威脅甚至是賄賂，他是不會離開的。

思考

有哪個孩子會很理性的想離開有趣的生日宴會，只是為了回家以及做完他的家庭作業呢？所以對孩子提出這樣的請求，應該要採取多一點說服力以及非常一致的教養計畫。

解決方法

1 練習「預防性的管教」。在你出門之前，讓孩子知道什麼是你所期待的。跟孩子解釋你要去哪裡，以及你將會在那裡做什麼，並且你將會停留多久。如果孩子有清楚的期望，那麼他可能在那段時間裡比較願意合作。

2 讓孩子習慣使用「離開的警告」這個方法。告訴你的孩子「我們會在五分鐘後離開」。過了三分鐘時做另一次的警告，並且最後一分鐘時做最後的警告。要堅持在五分鐘後就離開的行為模式，你的孩子將會熟悉這樣的規則，以及在該離開的時候願意離開。

3 不要從四十英呎外叫你的孩子。走到孩子身旁，和他有目光的接觸，並且具體的要求他合作。「崔爾，離開的時間到了。請你穿上外套跟著我上車去。」

4 要注意你是不是常說現在要離開了，然後卻改變主意或拖延到更晚才離開。如果你會這麼做，那麼孩子可能會認為在你宣布了四、五次之後，可能才是你真的要離開的時候。

R

不喜歡閱讀

請參考：♦家庭作業，沒有在一定時間內完成家庭作業♦懶散，在學校懶
散♦學校

情境

　　我的孩子很不喜歡閱讀，有的話只是為了作業所需才會做少量的閱
讀，我知道在課業方面，流暢的閱讀是很重要的，我應該如何鼓勵他多
閱讀呢？

思考

　　你的想法是對的，良好的閱讀是幫助孩子在學校課業制勝的關鍵之
一。運用一點點的創造力，可以幫助你的孩子更喜歡閱讀，並且花更多
的時間在閱讀上。

解決方法

1 購買或是借一些有趣的書籍，選擇一些你的孩子閱讀起來會較容
易的書籍，也就是說，選擇一些程度稍微低於你的孩子閱讀能力
的書籍。另外，選擇你的孩子有興趣的東西，例如，棒球、騎馬、夜間
聚會、野生動物、昆蟲之類的書籍、偵探小說、笑話集、電影明星或運
動員的報導，甚至是漫畫都可以，不要對這些書做任何評論，只要把它
們放在你的孩子可以看到的桌上就好。一個初學者必須經過大量的練習，
才能成為一個好的閱讀者，如果你可以找到你的孩子有興趣的書籍類型，

那麼他將會經由這樣純粹的練習，漸漸的把不易閱讀的書籍變得簡單。

2 允許你的孩子擁有自己的圖書館借閱證，帶他到圖書館，教他使用電腦以及大量的館藏資源，很多圖書館提供教導孩子如何使用館藏資源的課程，安排一個固定的時間去圖書館，並且確定你有足夠的時間可待在那裡，好讓你的孩子能夠從容的在圖書館找尋他想要的寶藏。

3 利用孩子的喜好，例如，孩子喜歡電腦遊戲的話，就買一組需要先大量閱讀的電腦遊戲給他，像是電腦互動遊戲、旅遊類遊戲、偵探類遊戲之類，避免買一些純粹只是電腦遊戲的遊戲軟體。

4 幫孩子買一盞閱讀用檯燈或是小桌燈，告訴他，從現在起他必須在一個特地時間就上床待著（例如，八點半），而他在床上可選擇睡覺或是閱讀，大部分的孩子都願意做任何事勝過於睡覺，因此，這樣有可能幫助他養成睡前閱讀的習慣。

5 當身旁有點心可吃的時候，有些孩子會更樂於閱讀，在廚房的桌子上擺一些書籍和雜誌，因此當孩子在廚房吃小點心時，也能翻閱書籍。

6 經常讀書的內容給孩子聽，但當孩子學會自己獨立閱讀時，便停止閱讀給他聽。這樣例行性的閱讀改變會對一個享受於聽父母閱讀而入睡的孩子帶來巨大的悲傷感。即使是到了青少年的年紀，若父母閱讀的書籍讓他感到很有興趣的話，他也是會很享受於父母的閱讀，和孩子一起挑選書籍，並且確定所挑選的書籍是你本身也喜歡的，這樣在閱讀時你也能樂在其中，並且把你的快樂藉由閱讀傳達給孩子。

! 有些孩子不喜歡閱讀是因為視力不佳或是一些尚未被發現的學習障礙，試著尋找一些問題的癥兆，你的孩子在閱讀後常會揉眼睛嗎？或是抱怨頭痛？在閱讀時是否易動怒或是焦躁？如果你發現任何問題，請帶孩子做健康檢查以及完整的視力檢查。

教導如何尊重他人

請參考：◆爭執，和父母親爭執◆頂嘴◆不尊重

情境

如何教導孩子尊重父母、兄弟姐妹以及其他人？

思考

我希望更多的父母花時間問這個問題，這個問題同時也暗示著孩子在家中的家教是否夠好。在我們周遭，好像有很多孩子並沒有被教導要如何尊重他人，因為你知道尊重他人是必須教導給孩子的課題，而你也已經在教導孩子尊重他人的路上了，以下有幾項建議供你參考。

解決方法

1 身教。孩子從父母親身上最容易學到如何尊重他人。當你對你的孩子尊重時，他也會以尊重的態度對待你，即使是在生氣的時候（相反的，若當你的孩子有不良的舉止時，你對孩子大吼大叫、威脅、藐視、咒罵，或是以其他令人不舒服的方式回應他，此時，你本身已成為一個行為不佳的示範）。

2 不要允許孩子不尊重彼此，孩子們對待彼此的方式也就是以後對待其他人的方式。學習如何幫助孩子建立健康良好的兄弟姐妹關係，此部分在本書中的〈兄弟姐妹相處篇〉有提到。

3 孩子們需要知道在社會中與人相處該有的尊重，這部分是相當複雜的。有時候，他們的行為會讓人覺得是因為忽視而造成了不尊重，在安靜的地方教導孩子，以一對一的方式，會比在其他人面前大聲的糾正孩子來得好。一個輕微的錯誤或是疏忽可以不用太在意，過一會兒再與孩子討論；但是當孩子犯了較嚴重的錯誤時，把他帶到旁邊小聲

的糾正他的錯誤，並且告訴他該有的適當行為。

4 指出你在一天中所看到的尊重以及不尊重的行為，對收銀人員、朋友或是周遭的人的行為做一些評論，同時也指出電視或是電影中的尊重以及不尊重的行為。

對他人的暴力行為

請參考：◆惡霸，你的孩子像個小惡霸◆惡霸，你的孩子是被惡霸欺負的受害者◆吵鬧，過分吵鬧◆吶喊與尖叫

情境

我的孩子們玩遊戲時相當暴力，他們玩摔角、彈跳，或是奔跑，他們發出很多噪音，而且好像要敲壞所有東西並且傷害彼此，對這樣的行為我沒有太大的耐心，而且我總是以尖叫的方式停止他們這樣的行為。

思考

這樣有活力的行為也未嘗不是件好事，不是嗎？不過雖然這樣動態的遊戲對孩子來說很開心，但對父母來說卻是相當傷腦筋的，以下有幾個方法能幫助你解決問題。

解決方法

1 最主要的問題是在於孩子們玩遊戲的**地點**，當你看到孩子開始有一些肢體上的動作時，請他們到室外或是到一個安全的房間內（康樂室或是遊戲室），好讓他們可以盡情的玩。

2 針對他們的粗暴遊戲訂一些規則，例如，要在雙方都同意的情況下才能開始玩，遊戲中不能碰觸到對方的臉，不能使用任何武器。選一個信號表示「停止」的意思，當情況太激烈時，他們可以說出這個信號字以停止這個遊戲，或是你可以使用這個字停止他們的遊戲。

在孩子們失控前停止他們的遊戲，一般來說，父母會不斷的提醒
孩子「小心點」或是「冷靜點」，直到真的有什麼東西被摔壞了
或是有人受傷了，才會真正制止孩子們的遊戲。所以當你覺得情況不對
勁時，適時的介入並且讓孩子玩其他的遊戲。

如果有東西被破壞或者有人受傷了，那麼讓孩子們承擔一樣的責
任，不要允許孩子開始責備其他的孩子。

有時候，如果孩子們玩暴力遊戲只是因為他們感到無聊，或是不
知道要做什麼，讓他們玩一些簡單易取得的遊戲，像是飛機模型、
拼圖或畫畫之類的遊戲來消耗他們的精力。

蓄意的無禮言語評論

請參考：◆不尊重◆禮物，無禮的反應◆儀態◆教導如何尊重他人

情境

我的孩子會說一些失禮或是造成別人傷害的話，要怎麼制止他這樣
的行為？

思考

一個正在學習適當的社交禮儀的孩子，還沒有辦法了解或是覺察到
他所說的話的真正涵義。通常，孩子不經意的脫口而出是一種保護自己
的方式，或是一種表達他們真正情感的方式，然而，這樣的情況是會隨
著知識以及年齡的增長而改善的。

解決方法

最好的回應方式是教導以及改述，「阿敏，我想你的話傷害了南
珊，如果你不想繼續玩，告訴他你想玩其他的遊戲。」

2 向被言語攻擊的人道歉，把你的孩子拉到一旁，私下告訴他你對他說的言論的感覺，問他要如何收拾善後，如果他不知道的話，告訴他應該怎麼說。之後，好好的跟他討論剛才發生的狀況，並且強調如果他所說的話對別人造成了傷害，那麼結果會是如何。針對這樣的狀況，一封道歉信會是比較適當的處理方式。

3 仔細觀察影響孩子行為的因素，一個行為不佳的朋友？一個用無禮行為製造幽默的節目？一個有影響力和拙劣幽默感的成年人？一個總是揶揄別人的兄弟姐妹？如果你可以找出原因，便可以改善這樣的情況。

非蓄意的無禮言語評論

請參考：◆禮物，無禮的反應◆儀態

情境

我的孩子因為過於誠實而說出帶有攻擊性的言論，昨天我和我的孩子在郵局時，我的孩子很大聲的說：「媽媽！那個小姐有鬍子！」我聽了都快昏倒了。

思考

要讓孩子知道實話以及言語傷害之間的不同是需要經驗及時間的，因此，把這些狀況當作是機會教育吧！（或者是在接下來幾年裡，把這個問題隱藏在家裡！）

解決方法

1 最好的解決方式就是把孩子拉到一旁，很快的糾正他，像是跟他說：「你那樣子的說法很有可能會傷了別人。」之後再私下跟孩子解釋每個人都會有比較不一樣的地方，以及在公眾場合應該怎樣談論

別人。

2 當你注意到你的孩子正在看一個「有吸引力的人」時，你可以事先避開一些會令人感到尷尬的言論，彎下腰小聲的跟孩子說：「那個人只有一條腿，這樣注視他很不禮貌，我等會兒再跟你說明。」不要忘記之後向他解釋剛剛的狀況，讓他知道人與人之間的不同。

3 在令人感到尷尬的言論之後，最好將孩子的注意力轉移開來，之後再針對剛剛的情況好好幫他上一課，如果你有勇氣的話，直視那個陌生人的雙眼，並且微笑地告訴他，「剛剛的事我很抱歉。」你不能收回孩子所講的話，但你可以對其表示你的感覺。

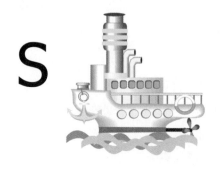

在學校的行為問題

請參考： ◆合作，不合作◆傾聽，不願意傾聽◆教導如何尊重他人◆自我
價值感低

情境

　　我剛接到孩子學校老師的電話，她告訴我，我的孩子今天在教室有
不好的表現。他是個好孩子，我接到這通電話真的覺得很沮喪，我不知
道該怎麼做。

思考

　　被告知自己的孩子行為不好是一件非常困難的事，為自己的孩子辯
護、找藉口及責任，是很正常的反應。請盡力將私人的感情放一邊，詢
問老師詳細的情況，好讓你可以真正處理所發生的事而不只是一般的抱
怨。

解決方法

1 　　計畫一個家長、教師及學生參加的會議，這樣的安排會比只有教
師及家長參加的會議來得好，因為這樣顯示出你的孩子要為自己
的行為負責任。在會議之前，花些時間和你的孩子坐下並列出問題、評
論以及可能的解決方式。

❷ 避免處罰孩子之類會引起孩子反感的方式，處罰不能解決問題，只會讓你的孩子感到生氣並且建立起防禦心，取而代之，讓他參與合作以共同解決問題會是較好的方法。討論事實並且做一份解決問題的計畫，擬定一份你和孩子之間的契約，在這份契約中列出孩子該有的行為表現，包括違反合約該有的處理方式，讓你的孩子在上面簽名，張貼在顯眼的地方，並且安排一週一次的討論以回顧孩子的進步。

❸ 告知老師關於使用一天一次或一週一次的報告方式（一天一次或是一週一次的決定，取決於孩子的表現、年齡，以及老師對於計畫的記錄），製作一份簡單的表格，上面寫著：「史帝夫今天在學校的表現□滿意、□不滿意」，將此表格影印一疊並拿給老師，請老師每天結束時簽一張（或是一週一張）（若該次的是「滿意」，請老師寫一些正面的評論）。告訴孩子每天都要帶一張老師簽過的表格回家（或是每個禮拜五），假如忘記帶回家的話，當天的表現就是「不滿意」。每張簽有「滿意」的表格將會讓孩子持續享有日常生活中的權利，而簽有「不滿意」的表格將會使孩子失去權利，你可以建立一個喪失權利的記錄，那麼每個負面的記錄將會和之前的加在一起，例如，如果你使用的是一天一次的方式，你可以先宣布，第一次的不滿意記錄將會導致孩子在那週剩下的幾天不能使用電話；第二次的不滿意記錄將會導致孩子不能使用腳踏車；第三次的記錄則失去看電視的權利，而每週一則又是新的記錄開始。這些方式都是教育的計畫策略，一旦孩子的行為有改善時，你可以停止使用這些表格（如果你的孩子再犯時，你可以重複這些程序）。

❹ 如果你的孩子在家也有類似的問題，那麼你應該好好的評估你的教育計畫了。在你和孩子的關係中你有建立起管理的方式嗎？孩子行為表現不當時，你有特定的處理方法嗎？你的孩子清楚的知道他該有的行為表現是什麼嗎？請用一分鐘的時間重讀本書的前言。上一些教育方面的課程或是參加家長團體也許會有幫助，在當地的學校、教堂或是醫院都可以找得到。

5 有時候行為不佳是另一個問題的癥兆，你的孩子可以趕得上課業嗎？或是，相反的，課業對他來說太簡單了嗎？他和同學之間的關係有問題嗎？或是你的孩子正在抗爭家中不尋常的情況？像是離婚、再婚，或是新生兒的到來。一旦你徹底的審查孩子的狀況，你也許就會有特殊的方法來解決行為不佳的問題。

! 詢問輔導諮詢人員或校長，以幫助你評估及解決問題。

校車上的行為

請參考：◆惡霸◆你的孩子是被欺負的受害者

情境

我的孩子曾在校車上行為不佳。

思考

四十個孩子擠在一個狹小並且沒有逃脫空間的區域裡，一天兩次，這是他們一天中最難熬的部分了。加上有些孩子可能是他們的朋友，但有些則不是，再加上一個沒在注意他們，正在專心在開車的大人，會是怎樣的情形呢？就是一個大麻煩。

解決方法

1 親自帶你的孩子到公車站，計畫一段時間和校車司機談話，也許是經由電話，或者，如果你家是在校車的最後一站的話，在一天要結束時，用問題的方式請她解釋給你情緒不佳的明確說明，並請問她何謂解決問題的好方法。有可能的建議方案是讓你的孩子坐在前面的位子，在司機的後方，以便有更好的監督。

② 試著判斷車上是否有另一個孩子促使你的孩子行為不佳，有時候孩子會互相影響而做一些不是他們本身會做的事，如果是這樣的話，請司機要求他們坐在不同的區塊，例如，一個在前面一個在後面。

③ 如果你的孩子喜歡搭校車上學，而你的計畫又允許你做些許的變動，在一段特定的時期開車載你的孩子上學吧！跟你的孩子索取開車載他上學的費用，而這些費用是他自己做事賺來的，做的事包括洗車、摺衣服，或是其他的家務事。

利用載他上學的時間討論在巴士上行為不佳的問題，並且答應行為改善時的條件。當你的孩子繼續搭校車時，每天和司機確認孩子的表現是否進步。

④ 校車司機對孩子們也許沒有什麼特殊的管教紀律，而且也許也不太知道要如何處理孩子表現不佳的狀況。花一些時間擬出一張規定清單並且和孩子一同檢討，在有特殊期待的情況下，大多數的孩子都會有較好的表現。

不願上學

請參考：◆惡霸，你的孩子是被惡霸欺負的受害者◆黏著你◆害怕，對於真實情境的害怕◆朋友，沒有任何朋友◆早晨的混亂

情境

我的孩子說她討厭學校，她說自己頭痛、肚子痛，或是找其他的藉口以逃避上學。

思考

藉由觀察你的孩子、問一些敏銳的問題，以及和老師談話的方式，你也許就能知道他行為不佳的原因了。孩子不想上學的原因有很多，也

許是因為學校愛欺負人的學生盯上你的孩子了，也許是因為她沒有任何朋友，或者是她對某些科目感到困難，或者是她和老師間有私人的衝突情況。如果你的孩子不喜歡講話，用「有些孩子」之類的安全性評論，並且好好的猜測你認為真正的問題可能是：「有些孩子害怕在巨大的校園建築物中迷路，你覺得要如何找到自己的方向？」一旦你確定問題出在哪裡時，你便可了解她的感受，之後你便可以和你的孩子一同找到解決問題的方法。

解決方法

1 和小兒科醫生預約健康檢查。視力不良、聽力問題或是其他難以察覺的學習障礙，都有可能讓孩子覺得學校是個不愉快的地方，健康檢查能找出是否有生理上的問題。

2 不要過分保護孩子而造成孩子的不安全感，說些像是「如果需要我的話就打電話給我」，或是「有任何問題的話，老師和校長都會協助你」。這類的話都會增加孩子的恐懼及不安全感，她也許會這樣想：「如果我的父母會擔心的話，那我也應該擔心。」所以用另一種輕鬆並且支持的態度吧！讓孩子知道，每個孩子都需要上學，這是很正常的，而且是人生必做的事之一，藉由多參與學校的活動，以及對孩子的學校作業及活動表示高度興趣，讓孩子覺得上學變得更有趣。

3 藉由讓孩子自己演練或是練習那些她害怕的情境，來幫助孩子克服恐懼。如果她害怕在課堂上發言，讓她練習舉手發言並且在餐桌前問一個問題，當她這樣做時，說些鼓勵的話，像是「這是個好問題！」如果她不太會交朋友的話，教她一些可以開啟話題的話，像是「嗨！我叫席勒！要一起玩接球嗎？」如果她害怕會在走廊迷路的話，你可以在下課的時間到學校一趟，和她一起在校園繞繞，讓她指出她的教室、美術教室、體育館以及自助餐廳。

4 如果你的孩子的問題是和老師有關的話，和孩子好好的聊聊，找出真正的問題出在哪裡，如果問題是非常明確的（老師從來不點她），和孩子一同找出解決問題的方法，如果你協助孩子演練，說些可以對導師說的話，將會有相當的幫助，例如，「我想要在課堂上回答更多的問題，你可以多點幾次我的名字嗎？」如果問題較複雜的話，和老師見個面討論，若你發現這位老師的幫助不大時，請找學校校長或是學校的諮詢師。

5 訂下一些待在家裡而不用去上學的規定，例如，發燒到三十八度、嘔吐之類的情形。建立一個生病日的規定，一個必須待在床上整天並且延緩參加任何夜晚活動的健康的孩子，通常會很快康復的。

6 孩子抱怨必須去上學的時候，簡單的回答她，「這是規定，每個孩子都應該去上學。」

! 如果你的孩子對於上學有嚴重的恐懼，一定有更複雜的原因導致他不想去學校，此時，尋求專家的協助是很重要的，打電話給學校或是當地的醫院，請他們推薦此方面的專家。

不喜歡學校老師

情境

新的學期剛開始，我的孩子卻已經開始抱怨有關他的老師的事。

思考

不要太快就認為這是個問題，很多孩子在新學期開始時抱怨，是因為老師在悠閒的暑假後給他們作業，或者是因為他們無意間聽到一些關於老師的負面評論。給這段新的關係多一點時間，鼓勵你的孩子把焦點放在朋友或是課業上，讓他和老師之間的關係自然發展就好，讓你的孩

子知道，如果他是一個有禮貌的好聽眾，在這個情境下他會盡力而為的。

解決方法

1 讓孩子知道，每個人都不同是很正常的，而這些不同通常都會有所發展，而試著去解決事情會比抱怨來得有建設性，不要給你的孩子有關老師的負面評論，因為這樣只會更加強孩子對老師的抱怨，並且帶走任何和老師關係發展的動機。問一些有助於釐清孩子不喜歡老師的原因問題，也許會是一個特定的原因，或是個人的衝突。經由討論後，你通常可以明確知道真正的問題，並且試著找出解決方法。

2 向學校提出看孩子上課的要求，即使只是一小段時間。直接與老師見面會讓你更清楚老師與你孩子間的關係。

3 如果是比較特別的問題，不要沒有好好思考或是計畫就急著解決，首先，列出你認為是問題的因素，並且敘述已經發生的問題；之後，試著想出一些有可能的解決方法；最後，安排和老師見面，用平靜並且不帶有任何控訴意味的態度告訴她你的想法。

4 如果你已經試著和孩子一起解決問題，也和老師見過面，但問題依然存在的話，也許你應該尋求更多的協助了。首先，你必須知道，如果只是一個小問題，太注意它的話會讓它更嚴重（小題大作）。但如果你覺得這個問題已經影響孩子的課業，或是影響他的情緒發展，那麼尋求協助就會是必要的了。如果你找的位階越高，那麼學校的反應越好。換句話說，在還沒和老師、學校諮詢師或校長討論前，不要先找管理階層的人，當你要向不同人尋求協助時，請使用「解決方法 3」列出的步驟。

! 讓孩子轉班或者是轉學是最後的手段，讓孩子知道有一些問題是他無法解決的，或是他某個地方出了問題，這樣也許可以幫助你的孩子遠離那些問題。如果問題嚴重到必須讓你的孩子轉學或轉班時，寫一封信給地方長官，讓其他孩子可以不要遇到相同的問題。

S

自我價值感低

請參考：◆朋友，沒有任何朋友◆情緒化◆兄弟姐妹間的嫉妒行為◆不喜
　　　歡參與運動及活動

情境

　　我開始猜想，我的孩子的負面行為是因為缺乏自信及自我價值感，
我該如何幫助他讓他喜歡自己呢？

思考

　　教孩子閱讀、寫字，甚至畫畫，或是操作洗碗機都是很正常的事，
然而教孩子如何發展自我價值感卻不是習慣的事，雖然這是他們學習過
程中最重要的事。

解決方法

1　健康的自我價值感的建立，是一種從父母無條件的愛，以及父母
　　對子女的認同感覺而形成的，在孩子邁向成人的階段時期，面對
著種種的考驗，他們需要大量的愛幫助他們。確定你每天都對你的孩子
表現基本的關愛，用言語、行動，或是你的心表示。

2　幫助你的孩子發現他的才能和他擅長的事，允許他嘗試不同的運
　　動、嗜好及活動，鼓勵他多參加這些他能駕馭及樂在其中的活
動，成就建立自信，自信建立自我價值感。

3　分配孩子家事，參與做家事可以讓孩子覺得自己是個有用並且負
　　責的家庭成員，分配家事也會讓孩子覺得自己是被信任的、重要
的，以及是有技能的（參見：家務事）。

4 不要在孩子身邊徘徊或是保護他，讓他從考驗、掙扎，以及錯誤中學習。孩子最大的成就感是來自於個人的努力以及成功。

5 每天都誠懇並且明確的讚美你的孩子，孩子會經由別人對自己的行為反應而在自己心中建立一個自己的形象，尤其是父母。當你發現有任何值得讚美的事時，用敘述情況的方式來讚美你的孩子，例如，「你真的從頭到尾的把整個計畫完成了，這是需要相當的堅持以及毅力的！」

6 謹慎選擇用字，你也許聽過你的父母對你說：「你哪裡有問題？」或是「你就不能記得嗎？」而現在你不經意的對你的孩子重複這些話，仔細想想你的話中表達了什麼意思，試著找出更適合並且更能明確表達你的意思的替代字。

7 幫助孩子用更正面的態度看人生，耐心的修正他的負面想法，當他說「我做不到」時回應他，「慢慢來，再試一次，我對你有信心！」如果他嘀咕：「我這麼笨，我不可能學會滾輪溜冰的」，告訴他「學新事物都是困難的，別忘了你第一次滑雪時摔了一大跤，而現在你滑雪比我強多了呢！」

自私行為

請參考：◆儀態，在家的儀態◆儀態，公開場所的儀態◆蓄意的無禮言語評論◆自我價值感低◆分享◆兄弟姐妹間的嫉妒行為

情境

我的孩子過度的佔有她自己的東西並且不願意分享，她好像太專注自己的需求及感覺，對別人沒有太多的同理心。

思考

　　嬰兒及年紀較小的孩子很自然的會以自我為中心，體會別人感受的能力需要隨著時間以及年紀增長慢慢培養而成，有些孩子的同理心發展會比其他孩子來得早，用愛的方式幫助你的孩子關心他人的需求。

解決方法

1 有些孩子會害怕他們的東西遺失或是被損壞，他們必須學習人是比他們的擁有物還重要的，這個觀念的教導，身教比言教來得簡單多了，樂意的與你的孩子分享你的東西，並且明確的指出你樂意與她分享東西是因為你對她的愛。另外，提供一個安全的地方讓孩子放她最珍貴的寶物，當她最寶貝的東西保管好時，鼓勵她和別人分享其他的東西。

2 在孩子的生活中，她的自我價值感也許會焦躁或是掙扎，有的孩子對於自我的價值會有極度不安的感覺，因而表現出自私的行為，孩子必須知道無論如何她絕對是被愛的，她需要定期的與一位她生命中重要的人相處，一旦她覺得在生命中的位置更安定時，自私的行為便會減少了。

3 鼓勵你的孩子多關心別人，讓她參加志工性的活動，像是參與老人或貧窮家庭或是當地流浪動物之家的工作，當她這樣做時讚美她，並且讓她聽到你和別人說她的善解人意的行為。

4 不要過分溺愛你的孩子，如果孩子的每個需要或是要求都被滿足了，她會習慣得到她想要的東西，那麼她就會有偏向自私的行為表現了。去思考如何監控孩子的行為，從帳單去確認是否孩子太貪心、太重視物質以及金錢。

分離的不安感

請參考：◆黏著你◆害羞◆工作，不想要讓父母出外工作

情境

我的孩子害怕離開我身邊獨自嘗試新事物，或是和其他的孩子相處。

思考

面對充滿挑戰性的世界，有些孩子可以很快的適應，而有些孩子就像是游泳一樣，在跳進水池前要先用腳指頭測試水溫（適應的過程較緩慢），請耐心點並且溫柔的指引他，他會開始獨立的（誠實的說，你曾看過一個十歲的孩子像強力膠一樣黏在母親身邊嗎？）。

解決方法

1 不要強迫你的孩子馬上面對讓他感到緊張的情境，允許他在旁觀看一會兒，讓他了解大概的狀況並且有能融入情境的感覺，讓他知道他可以在旁觀看，直到他想加入為止，當孩子知道他可以慢慢來並且可以決定幾時加入，會感到比較放鬆。

2 提供一些機會幫助你的孩子邁向獨立。例如，帶你的孩子去同一個公園，當他參與一項活動時，跟他保持一小段距離，坐在長椅上閱讀，並且經常的跟他揮手或是對他的行為下評論，例如，「哇！你真的盪得好高阿！」

3 不要過度保護孩子，說些像「不要擔心，你需要我，我會在你身邊」。這類的話意味著你的孩子真的需要擔心什麼事，所以，自然的用正面評價來代替，讓他知道他在做的事其實沒什麼好擔心的。例如，當他要離開你身邊去參加一個生日派對時，給他一個正面的訊息：「親愛的，玩得開心點啊！晚點見嘍！」

S

4 讓他面對並且了解自己的感覺，然後幫助他面對及學習克服那些感覺，「我發現參加派對好像讓你有點緊張，沒關係，一切可以慢慢來，我們看看有沒有你認識的朋友，大衛在那耶！何不過去跟他打招呼，讓他看看你新買的手錶！」

5 事先討論情境，讓你的孩子了解狀況，他會在那裡待多久，他將會做些什麼，還有你幾時會去接他，這類的訊息會幫助你的孩子在分離時自在些。

6 給孩子選擇的機會，「布蘭登邀請你週五去他家過夜，他很期待，他說你們會先溜直排輪，然後再做自製的披薩，有興趣嗎？」問你的孩子一些有幫助性的問題，了解他不想去的原因是什麼，也許有些特別的方法可以幫助他感到自在一些——也許他知道如果他改變主意打電話給你的話你會來接他，你的孩子或許會感到不自在而選擇不去，那沒關係，你的孩子有很多機會跟他的朋友相處，有些較猶豫的孩子將會接受邀請，並且對自己的決定感到舒服自在。很典型的，孩子會因為年紀的增長而降低與父母分開時的焦慮感。

和朋友間的性方面不適當行為

請參考：◆裸體

情境

我發現我的孩子會和朋友比較私人部位，他們說他們在玩醫生的遊戲，我該如何處理這個情況？

思考

如果你的孩子在晚餐前吃糖果，或是在家中打籃球，你可以很輕鬆的處理這樣的狀況；但是，如果他們**全身赤裸**的吃糖果或打籃球，突然

間，你一定會感到困惑及擔心，那是因為你是從成人的角度來看這個狀況，孩童時期裸體以及對彼此的好奇心是很正常且自然的，你只需要讓孩子知道什麼是適當的行為就好。

解決方法

1 如果你到房間時正好目睹孩子赤裸著玩遊戲，最好保持冷靜，並且做些聲明，例如，「光著身體玩遊戲不是很適當的行為」。幫他們把衣服穿上並讓他們做些事，之後，找時間明白的告訴你的孩子，什麼是適當的行為，什麼是不適當的，教導他們必須保護好自己隱私的部位（穿泳衣的部位），如果兩個孩子有這樣相同的的狀況不只兩次，在沒有人在旁邊的狀況下不要讓他們一起玩（不用做什麼重大的聲明，只要監視他們就好）。

2 把這樣的行為當作是你的孩子需要更多性教育的信號，空出一段時間回答任何孩子問的問題，讓孩子的興趣及問題領導整段談話，不要給孩子太困難的回答，給孩子直接、明確又簡單的答案，針對適當及不適當的接觸加以說明，讓孩子學習尊重自己及他人的隱私。

3 買一本關於性與發展的書來閱讀，首先，因為有很多知識也許你已經忘了，或者有些是你從來就不知道的！找一段適當的時間和你的孩子分享，讓孩子知道你可以回答他任何的問題，這邊推薦兩本有名的書，琳達‧馬達拉斯寫的《給女孩們——我和我的身體》和《給男孩們——我的身體怎麼了》。

4 認真的看待你的孩子從電視上或電影上看到的東西，孩子會模仿他們看到的東西，即使他們不了解其意義，所以多注意孩子所接收的訊息吧！

! 對性方面有過度的興趣或是性方面行為的重複，也許是其他問題的癥兆，也許是因為在一個團體中有一個孩子的年紀比一般的孩子大，和小兒科醫生、學校諮商員或是治療師討論你的觀察結果。

個人的性方面不適當行為

請參考：◆ 自慰 ◆ 裸體

情境

當我和我的兒子在公園時，他一直把手放在褲子裡，之後，我們到商店時他還是這樣，我對他這樣的行為感到相當不舒服，我該如何處理呢？

思考

在現今社會，孩子在很小的時候就可藉由電視、電影或是其他媒體，接觸性方面的訊息，重要的是，身為家長的你，在孩子還沒被這些訊息搞混前，先教導孩子正確的性知識以及發展，如果可以在孩子很小的時候就教導他是最好的，對於孩子所提的問題，給予簡短精確的答案作為開始。當孩子更大時，學習當「有問必答」的父母，也就是說，可以回答孩子所有的問題，即是是最讓人感到尷尬的問題也一樣，而且不只是回答，還要有跟孩子討論的空間。

解決方法

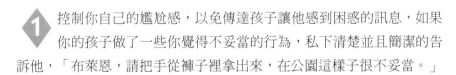

1 控制你自己的尷尬感，以免傳達孩子讓他感到困惑的訊息，如果你的孩子做了一些你覺得不妥當的行為，私下清楚並且簡潔的告訴他，「布萊恩，請把手從褲子裡拿出來，在公園這樣子很不妥當。」

2 不要用成人的性思想來看待孩子的行為，他把手放在褲子裡也許只是在抓癢，或者是覺得冷，也或者是因為褲子沒有口袋的關係。不要太早下結論，在採取行動前，花個幾分鐘觀察情況再說。

3 和小兒科醫生聊聊孩子性發展的情況，或是參加這類議題的課程，很多醫院有開設這樣的課程協助家長教育及回答孩子的問題，這

有助於年輕人了解青春期的發展。

分享

請參考：兄弟姐妹間未經過允許使用他人物品

情境

我的孩子不太喜歡與人分享東西，她非常寶貝自己的玩具和其他東西，但這只是開始而已。在公園她甚至不與其他孩子分享盪鞦韆；在公車上她也不會和其他人分享座位；在沙灘上她甚至獨自霸佔她認為是屬於「她」的區域。

思考

當你還是個孩子時，沒有什麼東西是**真正屬於你**的，也許在你生日時你得到了一支特別的權杖，但當你用這個打你的哥哥時，你父親就會將它沒收了；也許有一件你非常喜歡的毛衣，但當你長大時，你母親就會將它送給其他親戚；也許是在公園的一座盪鞦韆，但當你到公園時，其他孩子正霸佔著不走，然後你的保母告訴你稍等一下吧！你也許會開始相信要把你重要的東西藏起來，確保它們會安全而不被拿走。

解決方法

1 安排一個讓孩子感到無威脅的情境，讓你的孩子練習分享東西，玩一些需要兩人一起的遊戲，像是羽毛球或是售貨遊戲、迷宮遊戲、任何可以讓孩子分享東西的活動，如畫畫時分享蠟筆和麥克筆，或者是堆積木時分享樂高積木。

2 在分享東西的情境開始前，讓孩子了解狀況。例如，在朋友來訪前，告訴她這位朋友預計會待在這裡多久，而在這位朋友回家後，向她保證她的所有東西還是會在原來的地方。允許你的孩子將少數

她不必分享的東西收起來，但讓她知道，客人在來訪的期間會玩其他沒有收起來的玩具。

 和孩子分享你的東西，並且讓她知道你在做什麼，例如，「安蕊亞，你想按按看我的計算機嗎？我很樂意跟你分享喔！」

 鼓勵你的孩子跟你分享玩具，和父母親分享東西通常較簡單，因為孩子知道你會小心使用，並且用後也會歸還，這是一個很好的練習。

 讓孩子自己做選擇而不是直接要求她分享玩具。例如，「莎拉想要玩一些動物娃娃，你想借她哪一個？」

當孩子**不是**在分享的情境中教導她如何分享會比較簡單，在她正在拉扯爭奪兔寶寶娃娃的戰爭當中，她不會察覺到你心中那些關於分享的想法。有很多關於分享的書可以用來教導孩子，並且有很多在家中就可以練習分享的機會。

建立一些關於分享的特殊規定，對於一些擁有權是孩子或是家庭的東西，例如，遊戲器材、運動器材，應該要有一些「分享擁有關係」的規定，針對個人所有的東西設一些分別性的規定。例如，別人送的玩具或是孩子自己買的玩具，允許孩子保有一些可以不用和別人分享的東西，這樣一來，他們會更樂意跟別人分享其他較無所有權東西。

順手牽羊

請參考：偷竊行為

情境

我真的很震驚！我的孩子在店家偷東西被抓到！她是個好孩子，所以我真的覺得很困惑，到底是怎麼了？

思考

很多孩子在他們的生活中至少會偷過一次東西，如果父母親的反應沒有太過度，這會是一次機會教育的時間，孩子偷東西的原因有很多，而這些原因可以幫助你了解孩子的動機，進而直接了解孩子的想法，無論如何，偷竊是不對的行為，而且也是犯法的，這是你最主要要傳達給孩子的訊息。

解決方法

1 如果你的孩子只有六歲，或是更小，她拿東西的目的也許只是因為她想要而已，她並不了解這樣的行為的涵義，這是教導孩子財物和買賣固定的好機會，在大部分的狀況下，最好的作法是讓你的孩子獨自將物品歸還給店家，並且道歉（先打電話給店家，了解他們針對孩子偷竊行為的處理方式，如果你覺得店家的處理方式過於草率，你可以選擇自己處理善後，不需要藉由店家）。

2 如果你的孩子偷竊的物品是衣服或珠寶之類的東西，那麼他偷竊的動機可能是因為他想要跟同學一樣。孩子會觀察其他同學時髦的穿著，而衣櫃裡只有舊衣服或基本款衣服的孩子，也許會試著要藉由外表來得到別人的肯定。成人很難了解並且接受這個事實，也就是同一件事有些人可以接受，但其他有些人卻很難走的過去。在店家偷竊的行為可以讓我們對這方面有更深入的探討，討論孩子好的本質是很重要的，像是評論一本書時我們看的不是封面。而在人生的過程中，真正的成功又是什麼。除此之外，確切的表示穿著好的衣服是一件美好的事，幫助你的孩子找出最適合她的衣服及風格。例如，找一家質感好的二手衣專賣店，然後再協助她計畫賺錢及儲蓄以買她最喜歡的東西。

3 如果你在家發現她偷的東西，不要問一些狡詐的問題來套她的話，例如，「這是哪裡來的？」如果你這樣問的話，你將要處理的問題是說謊而不是偷竊，因為大部分的孩子被抓到偷竊時都會很恐慌。所

以，做一些無威脅性並且確切的陳述，「席勒，你房間的那張新 CD 是昨天晚上從唱片行拿來的吧！你並沒有付錢，我們需要好好談一談。」問他為什麼要偷竊，和他討論偷竊行為的涵義，並且做歸還物品或是付款的計畫。

 如果你的孩子繼續在店家偷竊，或者這是伴隨不安行為或是反社會表現的行為，請求專家的協助吧！

在長輩前的害羞行為

請參考：◆黏著你◆儀態，公開場所的儀態◆分離的不安感

情境

在社交場合裡，我的孩子在長輩前的表現很害羞。

思考

即使是最活潑或是最愛講話的孩子，面對長輩的社交場合時，也會突然變得害羞，大多數的孩子經過時間和練習後會漸漸克服，然而有些孩子天生就需要多點與陌生人相處的經驗幫助克服障礙，而在社交場合中總是比較自我保護。

解決方法

1 允許孩子藉由一個不讓他感到具有威脅性的社交場合作為練習，例如，朋友或家庭聚會，在這類的場合感到自在是很簡單輕鬆的練習方式。

2 不要勉強孩子變得更善於社交或是外向而讓孩子感覺不自在，教導他適當的禮儀並多鼓勵他，但不要用勉強的方式。接受你的孩子就是自我保護感比較強的事實，並且了解每個人都是不一樣的，而這些不同點是很正常並且健康的。

3 有時候害羞實際上是一種困窘，孩子常常不知道要跟成人說什麼，或者如果他們說了什麼事，他們會擔心他們說了不對的話。和你的孩子練習說適當的回應話會有幫助的，告訴你的孩子什麼是該說的。例如，當茲勒先生建議你剪頭髮時，回答他「我昨天才修過」就是很妥當有禮的回答。

4 不要藉由插話或是代替孩子回答問題保護孩子，讓他自己從經驗中學習，即使過程中他會感到些許的不自在。當孩子嘗試加入社交場合時，支持並鼓勵他，一個微笑、輕拍他的背，或者緊握他的手，都能讓他感受到你對他的肯定，並且認為他做得很好。

5 不要在孩子身上貼上「害羞」的標籤，如果有任何人說你的孩子比較害羞，告訴他，我的孩子只是有時比較「安靜或是謹慎」。

6 當孩子感到相當掙扎時提供他一條出路，教導他小聲的給你些暗號，像是「PH」，表示「我現在有麻煩了，請救我」。讓他知道當他需要幫忙時有你可以依靠，可以幫助他在社交場合的對話中更有自信。

在平輩間的害羞行為

請參考：◆朋友，沒有任何朋友

情境

我的孩子與其他孩子相處時相當害羞，也很難加入遊戲。

思考

我們所知的害羞行為是很多不同情況的癥兆，有些孩子需要更多的時間暖身，才有辦法加入一個團體或是新同伴；有些孩子沒有足夠的社交練習就直接參加社交場合了。有些孩子對於新環境的試驗（tentative）

性質較高，而有些孩子天生就是比較害羞，但大多數的情況都是可以藉由練習或鼓勵克服的。

解決方法

1　邀請一個孩子到家裡玩，之後邀請兩個，當你的孩子在自己家中時會感到比較自在，也可以更了解其他孩子，他會把在家中和朋友相處的自在感轉換到其他的社交場合上。

2　陪在孩子旁邊直到他感到自在或是和其他孩子有互動時，慢慢從孩子的身邊離開，但是還是要在孩子看得到你的地方待著。

3　讓孩子參加一些體育活動，像是游泳、體操或球隊，這樣的經驗會幫助孩子建立在團隊中的信心（請參閱「不喜歡參與運動及活動」）。

4　允許孩子在加入活動前先在一旁觀看，有的孩子在參與之前需要先了解情況，在孩子還沒準備好前就推他加入，只會讓他更不自在。

5　教導孩子面對新夥伴時該有的相處方法，可以在家用角色扮演的方法練習，接受她的不自在感，並鼓勵她試著使用剛學到的社交技巧，讓她知道雖然她會擔心外表或是談話內容，而其他的孩子很有可能也跟她有一樣的感覺，一旦她成功的使用所學到的新社交技巧，她很有可能會想再試一次的。

6　有些孩子是以較平靜的方式面對這個世界，而他們對於自己的處世方式感到自在與知足，他們也許只有一個或兩個好朋友，而他們在學校的表現也很好，快樂並且自信，所以，請確定你所假設的問題是否真的存在！

！　和專業諮詢師或是治療師談談，可以幫助一個苦惱於嚴重害羞的孩子，學校諮詢師會是一個尋求解決方法的好管道。

兄弟姐妹間的口角

請參考：◆兄弟姐妹間的爭吵，口語上的◆戲弄

情境

我的孩子們一直有口角的情況發生，雖然這並不會構成什麼危險或是什麼極嚴重的後果，但我真的很受不了這個情況一再發生了。

思考

兄弟姐妹間的口角是很常見的，而且這是很令人煩擾的，就像是夏天的蚊子一樣。不過，兄弟姐妹們可以從彼此間學到許多，包括如何協議、讓步，以及了解人與人之間的不同，並且學習如何與之生活（聽起來就像是婚姻生活的訓練）。

解決方法

1 記得在小時候你的兄弟姐妹說了些你不想聽的話的時候嗎？當下最合理的反應就是搗住耳朵並且開始低聲歌唱，當你的孩子起口角時，用相同的模式來解決吧！學習忽略這件事，你可以打開收音機，打電話跟朋友聊天、看電視、放空自己，或是沖個澡，如果這些方式都沒用的話，搗住你的耳朵，低聲歌唱吧！

2 有時候口角的發生是因為一些荒謬並且不合理的原因，就像是誰的襯衫顏色比較綠之類的問題，在這樣的情況下，不要浪費你的力氣試圖解決問題，你只須說：「孩子們，你們都擁有很漂亮的綠襯衫。」之後，也不要管造成口角的原因了，用其他活動轉移孩子的注意力，像是吃小點心或是做家務。

3 在沒有你干涉的情況下，孩子**必須學習如何處理問題**，他們**必須學習如何與彼此溝通**，即使是在大家的意見都不一致時，但是你

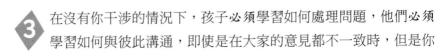

S

不一定要讓自己置身於他們的溝通過程中，你可以告訴他們，如果他們有任何意見不一致時，他們可以好好討論以達成共識，但他們必須要在別的地方討論（也就是說，要求他們離開房間）。

4 離開房間一段時間，當你再度回到房間時，你會發現口角已經停止了。暫時離開這個方式會奏效，是因為有些兄弟姐妹爭吵是希望你能介入並且宣布贏家是誰，所以在沒有聽眾的情況下，爭吵就會漸漸停止了。

5 要求孩子分開玩耍一小時（在這一小時中，不要讓任何一方看電視或是玩電腦遊戲），一開始孩子的反應會是：「太好了！我才不想跟他一起玩！」但是當他們獨自玩了一會兒後便會感到無聊，他們會開始渴望有人陪伴。

兄弟姐妹間未經過允許使用他人物品

請參考：◆儀態，在家的儀態◆教導如何尊重他人

情境

我的女兒在沒有經過同意的情況下，就擅自拿姐姐的衣服或物品。

思考

很多孩子看到他們喜歡的東西，他們沒有想到必須要先經過同意，就擅自使用了。我們必須要教導孩子適當的禮儀，幫助他們學習尊重他人的所有物。

解決方法

1 如果一個兄弟姐妹成員被抓到未經同意就「借」走東西，那麼他必須要付一筆先前同意的租金，如果東西毀損或是遺失，那麼他必須要用一個等值的東西來替換，或者是用零用錢償還。

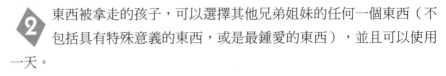

2 東西被拿走的孩子，可以選擇其他兄弟姐妹的任何一個東西（不包括具有特殊意義的東西，或是最鍾愛的東西），並且可以使用一天。

3 當孩子開口要求借東西時，給他一個正面的評價，讓他知道你很開心他這樣做。

! 允許被拿過東西的孩子在房間的門上加裝一道鎖，而父母也需要有這道鎖的鑰匙。

兄弟姐妹間的公平問題

請參考：◆分享◆兄弟姐妹間的嫉妒問題

情境

我的孩子們總是在抱怨我對他們不公平，他們對於所得到的東西永遠不會感到滿足——物品、空間、食物、關愛、注意力等。不管你信或不信，有一天我在為他們分配 M&M's 巧克力，不只是數量，我連顏色的分配都很平均了，所以他們必定會很高興拿到自己的那部分，但最後多了一個紅色的，所以他們又吵架了——只因為一小顆M&M's巧克力。

思考

人生不是永遠都是公平的，而在這樣的情況下，所謂的公平就不是完全的同等，你的孩子越早知道這個道理，他們就越能過得開心。請使用以下的解決方法帶領孩子學習。

解決方法

 幫助你的孩子專注在自己的需求上，而不是其他兄弟姐妹的需求上，例如，如果你的孩子抱怨他得到的餅乾比其他孩子少，不要

試著告訴他你覺得你分配得很平均，或是告訴他哥哥和姐姐本來就應該吃多一些。取而代之的，請告訴他：「我想知道你的需求，你還會餓嗎？還要再來些餅乾嗎？」當你總是給他這類的回應，你將會幫助他成為一個可從自己的生活中找到幸福的人，即使是他的同事得到升遷、他的哥哥蓋了一幢夢想中的房子，或是他的鄰居買了一部新車。

2 不要讓孩子共用同一樣物品，當家中有一個孩子的鞋子穿不下時，不要覺得要其他孩子穿同一雙鞋是強迫的事，要大家共用一件東西很容易讓孩子覺得不公平，因此，針對孩子的個別需求做回應。如果有一個孩子正在計畫生日派對，他會需要你多花些時間在他身邊給他意見；如果一個孩子正參加足球營活動，那麼他會需要更多的注意；如果這些事對家庭來說是前所未有的，抱怨是難免的，但是給孩子多一點時間，孩子會適應這個新的公平的定義。

3 了解孩子的感覺，並且讓他知道抱怨是沒有用的。例如，如果你的孩子說：「為什麼艾德溫可以去另一場球賽！我一次都沒去過！不公平！」最好的回應方式就是使用同理心，告訴他，「你是對的！」並且以同樣的語氣帶到主題，告訴他「我知道你真的很想去看球賽」，讓他知道有些人也覺得他所受到的待遇很不公平，會讓他覺得好過些。

4 接受一個事實，那就是你的孩子不會用你的角度來看待事物，對於一位成年人來說，一個六歲的孩子必須比一位十二歲的孩子早上床睡覺是再清楚且合理不過的事，但是，不管你表明多明確的立場或是多合理的理由，一個六歲的孩子還是不會接受的。在某些時候，你必須要保持冷靜，不要讓自己的情緒隨著孩子起舞，儘管做你認為是對的事就好，身為家長最重要的事不是取悅孩子，也不是要他贊同你所做的每件事。

5 用幽默的方式或者是分散他們注意力的方式來停止爭吵，當孩子們因為誰的果汁比較多之類的小事爭吵時，是很容易被其他事情吸引的。

兄弟姐妹間的爭吵，肢體上的

請參考：◆惡霸◆汽車，在後座打架◆兄弟姐妹間的爭吵，口語上的◆戲弄

情境

我的孩子們總是在爭吵，讓我感到最煩擾的是當他們有踢、打、捏、推或是抓頭髮之類的肢體行為發生，而我通常都是以吼叫的方式來結束他們的戰爭，有任何方式可以讓他們停止爭吵嗎？

思考

孩子不是天生就知道如何協議及讓步的，當他們感到煩擾或生氣時，他們有時會有揮拳之類的暴力行為，如果沒有教導他們管控自己的情緒，或是如果沒有人指導他們如何協議或讓步，他們很可能會繼續用這樣的行為來得到他們想要的。教導孩子們在遇到意見不合的狀況時如何以社會能接受的方式解決，是我們的責任。

解決方法

1 當兩個孩子正在打架時，立即將他們分開到不同的房間冷靜下來，當雙方都靜下來後，坐下來好好談談，直到問題結束為止。

2 讓孩子分別坐在沙發的兩端或是兩張鄰近的椅子，告訴他們當爭論結束後才可以起來。剛開始你可以擔任調解的角色，帶領他們解決問題的方式，過一會兒，他們就會學著自己協商及妥協了。

3 告訴孩子他們可以分別玩耍一個小時，安排他們在不同的房間玩耍（不要讓任何一方看電視或是玩電腦遊戲）。他們一開始的反應可能會是：「太好了！我才不想跟他一起玩！」但是當他們經過一小時的獨處後，他們會覺得有同伴一起玩耍是比較好的。

4　讓攻擊的的孩子為受傷的孩子做一些事，像是鋪床或是倒垃圾。
另一個替代方式是讓攻擊者預繳一筆罰款，大約十元，而受害的
孩子可以保留這筆錢（若親眼目睹事發狀況，可強制孩子繳交罰款）。

5　讓孩子在你的協助下擬一份他們之間的契約書，大聲宣示什麼樣
的行為是不被接受的，以及什麼樣的結果是違反合約的，讓每個
孩子簽名並且張貼在顯眼的地方，必要時，從頭到尾都遵循契約書的內
容。

6　不要每次都認為動手的那一方是錯的，有時候是「受害者」用辱
罵、嘲諷、污辱或是拷問的方式而激怒其他孩子。雖然暴力是不
對的行為，但你需要了解孩子藏在背後的痛苦，以及考驗你的孩子耐心
極限的事情真相。如果你發現有這樣的情況發生，讓孩子們好好解釋為
什麼會有這樣的行為產生。

7　當他們相處融洽時，給予正面的鼓勵，像是「我很高興看到你們
玩得這麼開心」，當他們得到鼓勵時，他們會持續這樣的正面行
為表現。

!　如果你的孩子時常有嚴重的肢體衝突行為，這樣的行為象徵著另
一個更嚴重的問題，此時最好尋求諮詢師或是醫生的建議。你可
以在教堂、學校、心理諮詢室或是當地醫院找到一位最合適的專家。獨
自解決這樣的問題是很困難的，不要害怕向別人尋求協助，向別人尋求
協助表示你真的很關心你的孩子以及他們之間的關係。

兄弟姐妹間的爭吵，口語上的

請參考：◆汽車，在後座打架◆辱罵◆兄弟姐妹間的口角問題◆兄弟姐妹
間的爭吵，肢體上的◆戲弄◆干擾別人講電話

情境

孩子們間的戰爭快把我逼瘋了，他們的爭吵通常都是為了一些非常不重要的事，像是誰可以用紅色的樂高積木（即使盒子裡還有十五個以上類似的東西），我對那些尖叫以及脅迫感到相當厭倦了，請給我一些能結束他們口角的意見。

思考

當我們從醫院把第二個孩子抱回家時，腦海中都會浮現著我們的孩子成為終身好友的畫面（有些甚至是希望第一個孩子有伴，所以才決定生第二個孩子）。當孩子們吵架時不只是刺激我們的情緒，而是讓我們感到痛心。我能給你最好的意見就是冷靜下來並且放輕鬆，用實際的方式來看待孩子們的戰爭，為了一塊紅色樂高積木而爭吵，看起來是很激烈，但是當他們發現他們需要的是一塊藍色的樂高積木，他們就會停止爭吵甚至遺忘了。孩子吵架的原因有很多，他們也許是因為不願分享而吵、為了吸引父母的注意而吵，或因為他們對於公平的看法不同而吵，或者，很簡單的，只是因為他們必須要長期共同使用一個空間。兄弟姐妹間的爭吵大多數都不至於會對他們的關係造成負面的影響，所有這些的考量，都是提供從兄弟姐妹的戰爭中可以存活的方法。以下有幾個方法可以減少孩子吵架的次數以及降低吵架的激烈程度。

解決方法

1 有一個經過證實的事實，那就是，當有觀眾在旁邊時，孩子們的戰爭會持續更久、更大聲，並且更激動，通常是因為他們希望你加入並且解決問題（你有時會說這樣的情況在你家也發生過，因為當你的兒子在跟姐姐爭吵時，眼睛看的卻是你）。因此，基於這個原因，如果你離開房間的話，他們將必須靠自己解決問題，而在沒有父母親干涉的情況下，大部分的戰爭都會草草結束。仔細想想，你會喜歡這樣的解決方法的，這和我曾經看過的一句話有一樣的涵義：「當道路開始磨損，

就是到了鬧市了。」

2 試著釐清孩子們間的戰爭是否有一定的模式？他們是否會為了同一件事而爭吵？例如，電腦的使用或是電視頻道，如果是的話，擬一個電腦以及電視的使用分配表。當你在準備晚餐時他們是否會爭吵？你可以要求他們一起幫忙準備晚餐，給他們吃一些健康餅乾，或是讓他們在這段時間做作業或是一些家事。他們是否會因為餐桌的位置或是車上的位置而爭吵？如果會的話，安排特定的座位，並且一個月換一次。他們在晚上睡前時是否會爭吵？如果會的話，在一段特定的時間，讓他們一次一個人輪流使用臥室。這個主意可幫助釐清容易引發孩子間吵架的原因，並且能進一步創造出一個避免爭吵情況持續發生的方法。

3 教導孩子在彼此間如何交涉以及妥協，讓兩個孩子分別坐在沙發的兩邊，或是兩張相近的椅子，告訴他們你將會裁定或是調解，這讓他們自己選擇其中之一，當然，他們一定會問你這是什麼意思，告訴他們，**裁定**就是你將會為他們做決定，而他們必須要依照你的決定；而**調解**就是讓他們自己做決定，而你會協助他們達到最好的結果。經由練習，幾次之後他們將會學會如何自己處理爭執了。

4 如果爭執是因為一件微不足道的小事，你可以用幽默的方式或是其他活動來化解緊張的氣氛。例如，如果一個孩子抱怨他的哥哥對他扮鬼臉，這時，選擇干涉絕不是一個明智的方法，取而代之的是忽略這件事，問有誰要幫忙你做巧克力糖，或者幽默的方式回應他，「喔！不！我讀過一個故事，有一個小男孩做了一張鬼臉然後被冷凍了，他們必須要將他的食物搗碎，他才可以用吸管吸被搗成泥的披薩，他的進食非常痛苦，所以瘦了很多，瘦到讓貓以為他是繩子的一部分並且在廚房追趕他。」

5 當孩子們玩得很開心時，你心裡會想：「太好了！我可以好好趕我的工作了。」當你這樣想時，不要忽略了孩子們相處融洽的情況，這是一個給他們小點心或是讚美他們的好時機，當他們有好的表現

時獎勵他們，而獎勵會讓他們的表現越來越好。

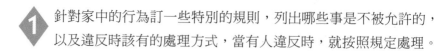 如果你的孩子們不常一起玩，或者是常對彼此說一些冷酷或是互相傷害的話，那麼你應該尋求諮詢師或是治療師的意見，也許也可以在教堂、當地醫院或是學校找到適合的專家。不要害怕尋求幫助，這是一個不容易解決的問題，尋求幫助表示你非常關心你的孩子以及他們之間的關係。

兄弟姐妹間憎恨的情感

請參考：◆憤怒，孩子的憤怒◆惡霸◆惡形惡狀◆教導如何尊重他人◆兄弟姐妹間的爭吵◆兄弟姐妹間的嫉妒行為

情境

我的孩子爭吵的激烈程度很讓我心碎，他們總是告訴彼此或是告訴我他們有多憎恨對方，我該怎麼做才能讓他們之間的關係好轉？

思考

雖然你無法使你的孩子喜歡彼此甚至渴望彼此的陪伴，你可以教導他們如何尊重彼此並且對彼此友善。最後，尊重和善意也許會在他們之間萌生出良好並且長久的關係。

解決方法

1 針對家中的行為訂一些特別的規則，列出哪些事是不被允許的，以及違反時該有的處理方式，當有人違反時，就按照規定處理。

2 教導孩子在彼此間如何交涉及溝通，很多緊張的負面情感只是因為缺乏良好的溝通，當他們意見不合時，提供他們一些交涉的基本原則，避免親自涉入解決他們兄弟姐妹之間的問題，如果你親自涉入解決問題的話，你只是幫他們解決了暫時的問題，並沒有教導他們該如

何自己解決問題。因此，教導他們並且多鼓勵他們自己解決。

3 找出孩子們共有的興趣，並且安排時間讓他們一同從事此活動，譬如他們都喜歡下棋、游泳或是棒球，安排時間和他們一起從事這個活動，相反的，不要強迫孩子花太多的時間在他們興趣以及喜好不一樣的活動上。

4 注意不要因為你對任何孩子的偏袒，或是孩子間的比較而在無意間造成了負面的感覺，每個孩子都是獨立的個體，並且注意要讓每個孩子跟家中最重要的長輩有相處的時間，感到被愛以及被保護的孩子比較不會將他們個人的情緒發洩在兄弟姐妹身上。

對家中新生兒的攻擊

請參考： 新成員的誕生

情境

我的孩子以令人非常不愉快的方式歡迎他的弟弟，他用玩具丟他，用毯子悶他到差點窒息，打他、緊抱他讓他尖叫，而這樣的行為真的讓我很害怕，我知道競爭的行為和妒忌是很正常的，但這些肢體上的攻擊行為不應該再繼續下去。

思考

在新生兒來臨前，大家都跟家中的孩子說你將會有一個弟弟陪你一起玩，以及這是一件多有趣的事。之後，寶寶誕生了，但你的孩子開始覺得「你們是在開玩笑吧？那個一直哭鬧不停的紅臉傢伙，花了所有人的時間以及帶走了所有人的注意力，這樣是*有趣的嗎*？」之後，他會開始用他自己知道的方式跟寶寶玩。他玩警察抓小偷的遊戲，用丟玩具的方式讓你生氣對他吼叫；他玩捉迷藏，試著用毯子悶住寶寶的臉讓你感到驚恐；他給寶寶一個緊緊的擁抱讓你感到氣炸，這種種的行為都讓你

對孩子感到更加迷惑。

解決方法

1 你首先要做的是保護寶寶；第二是教導你的孩子用適當的方式與寶寶互動，教導孩子如何跟寶寶玩，示範給他看、導引他，並且鼓勵他這樣做。直到你覺得可行時，再開始讓孩子跟寶寶玩。無論如何，不要讓孩子單獨跟寶寶相處，雖然這樣會造成很多不便，但這點很重要，必須要做到這點。

2 任何孩子跟寶寶相處的時刻，你都要在周圍注意情況。若你發現孩子開始有較粗魯的行為時，把寶寶抱起，並且用其他東西分散孩子的注意力，唱歌、玩具、活動，或是點心，這樣的方式可以保護寶寶，同時也能避免引發一連串攻擊行為的導火線產生。

3 教孩子幫寶寶摩背，告訴孩子這樣的行為可以讓寶寶放鬆，並且適時的讚美孩子做得很好，這樣的教導可以讓孩子學習用正面的方式與寶寶做身體上的接觸。

4 每當你看到孩子在打寶寶時，堅決的告訴他不能這樣做，讓他坐在有象徵「暫停」的椅子上或是待在房間一段時間，幾歲就待幾分鐘，時間到後，再次提醒他，「對待寶寶要用溫柔的方式」。

5 當你看到孩子溫柔的對待寶寶時，做一些正面的評論，大肆的鼓勵他，讓他知道做一個哥哥的重要性，並且擁抱他、親吻他，讓他知道你對他這樣的行為感到相當驕傲。

兄弟姐妹間的嫉妒行為

請參考：◆自我價值感低◆分享◆兄弟姐妹間的公平問題

情境

我的兒子持續的拿自己和他的哥哥做比較，並且把日常的行為事件都當作競爭，他哥哥有的任何東西或是做的任何事，他都認為比自己的更大、更好、更快、更吸引人。

思考

嫉妒是一種對於他人的成就或是優點所產生的憤慨感，嫉妒的感覺在兄弟姐妹間是很容易滋長的。家中兄弟姐妹的存在，給了彼此一把無形的量尺，讓他們用這把無形的量尺測量自己的價值。而父母該做的就是幫助孩子喜歡自己，對自己的成就感到滿足，同時也為兄弟姐妹的成就感到高興。

解決方法

1 讓孩子知道你明白他心中嫉妒的感覺，一旦他知道你了解他的感受，他也許就不會如此的強迫自己向你或是向他自己證明什麼。通常年紀較小的孩子會對較年長的孩子所擁有的特權感到嫉妒，不要輕視他的感受。譬如說，「我知道你希望可以跟布巴一樣騎大台的腳踏車，等到你十二歲時，你想要什麼款式的車？」

2 讓孩子專注在自己的*需求*上而不是哥哥*擁有*的東西上，如果他說：「為什麼他可以拿到整個三明治，而我卻只拿到一半？」你可以回答他：「你還會餓嗎？還要更多的三明治嗎？」無論如何，他會很快的說，那一半就是他要的。我記得有一次我在我姐姐家看她幫我外甥換尿布的時候，當時我的外甥不斷打噴嚏，我的姐姐很溫柔的輕拍他的肚子唱著「上帝保佑你」，此時我的外甥女莎拉說：「你為什麼從來沒有這樣對我？」幾分鐘後，我的外甥女打了個噴嚏，我聰明的姐姐走到她的身邊對她做同樣的事情，莎拉當時臉紅了，因為她覺得自己像是小嬰兒般的被對待是件很愚蠢的事，我的姐姐後來擁抱了莎拉幾分鐘，

這個擁抱是莎拉真正渴望母親的注意力。

3 避免用比較的方式鼓勵孩子做任何事，像是：「你哥哥的房間又好又乾淨，你可以像他一樣嗎？」「你姐姐做作業永遠都不用別人提醒。」「你妹妹都不怕滑雪。」比較會滋長嫉妒以及憤慨的感覺，因為孩子會認為你對他們的愛以及認同感是建立在他們之間的競爭上。

4 幫助孩子了解並且喜愛自己的長處，當他有良好表現時好好讚美他，並鼓勵他發展自己的能力。如果較小的孩子總是覺得自己在兄長的影子下，試著幫他找出不同的舞台，譬如哥哥在棒球上有良好的表現的話，可以讓弟弟嘗試踢足球，讓他在沒有比較的情況下好好發揮自己的能力。

兄弟姐妹間的謾罵

請參考：◆戲弄

情境

我的兒子會幫他哥哥取一些很不好聽的名字，我要怎麼停止這樣的行為？

思考

從孩子的觀點來看，謾罵是一種安全的方式讓你知道孩子們的不悅，畢竟你不會只處罰其中一個孩子，所以謾罵也許是一種較好的替代方式。

解決方法

1 避免在其他兄弟姐妹面前直接對孩子訓話或斥責而讓他覺得尷尬，讓他感到難堪只會造成私底下的謾罵行為，取而代之的作法是，馬上中斷孩子的謾罵，並且說：「我們等一下可在臥室聊聊嗎？」私下跟孩子討論，堅決的告訴他你對謾罵的看法並且設立一些規定。

2 很多孩子會用謾罵的方式表達自己的情緒，教導你的孩子生氣的時候說什麼才是適當的，例如，當孩子正在氣頭上並且大吼：「滾出我的房間！」你可以要求他用比較禮貌的方式重述他的要求，像是：「我希望你們不要沒經過我的同意就來我的房間。」向孩子解釋這樣說法的優點和與其謾罵說法的對立（清楚的解釋問題，而兄弟姐妹也會以正面的方式回應而不是生氣），當然，也鼓勵孩子自己想辦法解決問題，就這個情況來說，也許可以在門口貼一張「請敲門」的告示。

3 針對謾罵的行為設定一些處理方式，譬如，必須說三項遭謾罵的人的優點，或是必須用尊重的方式重述剛才說的話三次。

4 向謾罵的人收罰金，並且將罰金交給遭受謾罵的人。

5 私底下告訴遭受謾罵的孩子不要理這些謾罵，當作沒聽到走開就好，或是你也可以告訴他們一些巧妙的反駁，像是「你在說你自己嗎？」或是「這些東西已經困擾你多久了？」一些適當的回應可停止繼續謾罵。

6 注意任何有謾罵行為的模仿對象，有任何人會說類似「你像是一隻狂野的野獸」，或是「不要這麼頑皮」之類的話，當你在火車站等車時，周圍是否有任何令人感興趣的字詞是你的孩子會學到的？你曾經用別的名字提到那個你沒投票給他的候選人，而不是用他原本的名字嗎？一旦你排除了孩子從學校到家中的任何不良示範的可能性後，確保孩子不會從收看的電視節目或是電影中學到不良的行為，如果會的話，和孩子討論其節目與行為的關聯性，並且讓他選擇：「停止謾罵行為，或是停止收看節目。」

新成員的誕生

請參考： ◆對家中新生兒的攻擊

情境

　　我第一個孩子對於新生兒有強烈的嫉妒感，她很明顯的因為這個打斷她原本生活並且吸引走所有注意力的新挑戰者而對我們感到相當生氣，我們該如何做以平撫這樣的情況？

思考

　　深呼吸、平靜下來。這對家庭的每個成員來說是一個調整的時間，減少戶外的活動，稍微緩和一下家務管理，把重心放在目前的優先重點──調整家庭的大小。

解決方法

1 坦承孩子沒說出口的感覺，「家中多了一個新成員，一切都會不一樣了，我們每個人都需要一些時間去適應。」持續以柔和的方式說這些話，不要說：「我想你一定很討厭寶寶。」取而代之的說：「媽媽花這麼多時間在寶寶身上，你一定很不好受」，或是「我想你一定希望我們現在可以去公園走走，而不是在這裡等寶寶睡醒」。當孩子知道你明白她的感受，她就不會有太多調皮的行為來引起你的注意力了。

2 小心你的用字，不要開口閉口都是寶寶，譬如：「我們現在不能去公園，寶寶在睡覺。」「小聲點！你會把寶寶吵醒的！」「等我把寶寶的尿布換好再過去幫你。」這樣的情況下，你的孩子只會對寶寶更加反感，所以你可以用替代的說法，像是「我現在在忙」，「我們晚餐後再去」，或是「我等會兒就過來幫你」。

③ 多表現你對孩子的愛，說更多的「我愛你」，增加擁抱孩子的次數，找時間唸故事給孩子聽或是陪她玩遊戲，暫時的行為問題都是很正常的，而且可以藉由父母多付出的時間及關注得到緩和。

④ 教導較年長的孩子如何幫助寶寶，或是如何讓寶寶開心，讓孩子幫寶寶開禮物盒或是幫寶寶拍照，教他如何幫寶寶穿襪子，並且適時的讚美及鼓勵他。

⑤ 避免拿兄弟姐妹做比較，即使是表面上看似單純簡單的東西，像是出生時的體重、誰先學會爬或走，或是誰的頭髮較多，孩子們會把這些你覺得沒什麼的看作是一種批評或指責。

吐口水

請參考：◆咬人，孩子對孩子◆吵架，和朋友吵架，肢體上的◆習慣，壞習慣◆打人，孩子打孩子◆兄弟姐妹間的爭吵，肢體上的◆兄弟姐妹間憎恨的情感

情境

我的兒子覺得吐口水是一件很酷的事，他吐口水在地上真的是一件糟糕不過的事了，但是我現在發現他竟然吐口水在他妹妹身上，大聲制止也沒有用，我想聽聽你們的意見。

思考

有些孩子看到他們喜歡的明星球員，或是他們尊敬的同輩吐口水，剎那間他們會覺得吐口水是種成熟的行為。

只要花一點時間練習，他們發現可以吐得更多更遠，之後他們會發現這種新運動可運用在很多不同的地方，此時，父母該做的就是糾正這樣的行為。

解決方法

1 清楚且明確的告訴你的孩子不允許這樣的行為，讓他知道這樣的行為在社會上是不被接受的（除了在職業球場上），告訴他吐口水會傳染細菌，想一些針對他吐口水後該有的處罰，並執行不得有異議。譬如，如果你看到他在室外吐口水，叫他到室內禁閉十五分鐘，如果他在室內吐口水的話，讓他拿水桶及海綿把口水清理乾淨，或是要求他把整片地板清理乾淨也可以。

2 給孩子另一個替代的方式，用嘴巴做有創造力的事，買一只口琴、口哨、卡組笛，或是類似直笛的簡單樂器給他，或是考慮讓他嚼無糖的泡泡口香糖，讓他處於嘴巴裡有泡泡糖的狀態。

3 教導孩子了解他的挫敗感，有些孩子吐口水的行為像是髒話一樣，是不成熟的行為，教導孩子用令人尊重的方式表達自己心中的感受。

4 要求孩子每吐一次口水就要刷一次牙，這是個做好牙齒保健的好機會，而這樣反覆冗長的刷牙行為也會讓他很快的改掉吐口水的習慣。

不喜歡參與運動及活動

請參考：◆不希望繼續上體育課或者去運動

情境

我的孩子很不喜歡參加任何運動項目，我應該要求他參加，或是就隨他的意思就好？

思考

　　青年的運動有很多好處，運動可提升孩子團體合作的能力、健康、自信以及領導能力，參加運動也可以培養健康的生活方式，其勝過於盯著電腦螢幕或是窩在沙發上看電視。盡你所能的鼓勵你的孩子參加運動絕對是值得的。

解決方法

1 確定你提供的運動項目是適合你的孩子的，有些孩子喜歡球類運動，像是棒球、足球或是網球；有些則偏好游泳、騎馬、體操或是遊艇遊戲。分析孩子的優勢和劣勢以及孩子可以樂在其中，或是要避免的項目。讓孩子多嘗試一些活動，再從中找出最適合自己的項目。你也許從小時候就很熱愛籃球，到了今天還是一樣喜歡，但如果你的孩子喜歡的是游泳，敞開心房接受孩子所選，當然，你還是可以鼓勵孩子嘗試你喜歡的運動。

2 帶孩子到不同運動項目的專業場地觀摩，通常，當孩子看到專業的運動員時，會感受到運動帶來的刺激，同時也會對其運動更有興趣而想親身參與。

3 和孩子在家或是在公園運動，通常，和家人一起運動，在沒有教練施加壓力的情況下，孩子最能夠學習一項運動並且樂在其中，而這項運動也會成為日後的模範（當你們的運動項目是舉電視遙控器時，很難要求孩子變得活躍）。

4 找一項你和孩子都可以樂在其中的運動，像是武術、游泳，或是網球，並且一起上課，孩子會很高興得到父母的注意，在過程中也會更開心。

偷竊行為

請參考： ◆順手牽羊

情境

我發現我皮夾的錢不見了，而我的女兒突然買了一些她自己無法負擔的東西，我懷疑是她從我這拿走一些錢，而我也懷疑這不是她唯一一次的偷竊行為。

思考

這樣的行為不代表你的女兒將成為一個專做壞事的惡棍，很多孩子在生活中會因為某些原因而偷竊，有些孩子偷竊東西只是因為他們想要那樣東西而已，他們並沒有想到所謂的對、錯或是結果；有些孩子是為了在朋友面前表現而偷竊；有些孩子則是為了「懲罰」父母親不給他們想要的東西，無論你的孩子偷竊的理由是什麼，現在是時候改變這樣的行為再發生了。

解決方法

1 不要使用像是福爾摩斯偵探小說般的方式，設計圈套來套你女兒的話，讓她對你坦白一切。如果你用帶有暗示意味的問題，像是：「邦妮，你怎麼有錢買新的襯衫？」你將要面對的是你的女兒為了保護自己而延伸出來的謊言。取而代之的作法是，提出證據跟女兒面對面談，「邦妮，我看到你有一件昂貴的新襯衫，昨天當你出門去購物中心後，我發現我的皮夾少了二十美元，我們好好聊一下吧！」試著找出偷竊行為的原因，並且認真的和她討論偷竊行為，要求她為自己的行為負責任，有可能的話，把商品退回，若不行的話，要求她自己付那筆錢。

2 六歲以下的孩子較容易偷東西，因為他們看到想要的東西就會想拿走，他們不知道這樣的行為暗示的意義，當第一次的偷竊行為發生時，這是個好機會，教導孩子一些重要的社會課題。

3 首先，依據解決問題的方式處理偷竊的行為，之後，想想孩子金錢方面的需求，孩子的零用錢是否足夠基本開支所需，或者是需要做些許調整（請參看：零用錢、金錢）。

4 仔細想想，你是不是一個過於溺愛孩子的家長，習慣於要什麼有什麼的孩子會認為他們有資格得到所有想要的東西，也許你該適時的拒絕他們的要求了。

! 如果你的孩子持續偷竊的行為，或是伴隨著其他不好的行為或是反社會的行為，請尋求專家的意見。

倔強

請參考： ◆爭執，和父母親爭執◆頂嘴◆合作，不合作◆當叫他們的時候沒有來◆傾聽，不願意傾聽◆公開行為，反抗◆教導如何尊重他人

情境

我的孩子常會堅決的要做某事或是拒絕做某事，當她下定決心時，怎樣都無法改變她的決定，我對她說可以的事，她反而會更大聲堅決的否定。

思考

在她這樣讓人感到沮喪的頑固行為下，還是有事情是值得你期待的，那就是你的女兒不會變成一個愛抱怨或是一個個性柔順服從的孩子！她武斷和堅持的特質會幫助她在青春期時，不會因朋友的影響而做不好的

事，這樣的特質也會幫助她成為一個成功的人。

解決方法

1 在有可能的情況下，避免給孩子直接的評論，取而代之的，給她選擇的機會，這個方法的優點在於你可以掌控選擇權，所以不管她做什麼決定，你都可以欣然接受。另外，這也是滿足孩子自主權的機會，例如，不要說：「現在去把你的房間整理乾淨！」這樣的說法會引起一些爭執，較好的說法是「你想要先做什麼？先收衣服或是先鋪床？」或是「你幾時要整理房間？午餐前還是午餐後？」

2 讓孩子參與決策的過程，讓他發表意見，這樣會讓他覺得他擁有決策事情的能力，例如，你可以問他：「你覺得怎樣擺放運動用具才是最好的方式？」

3 固執的孩子對於是非以及公平性會有較誇大的意見，當他們決定了某件事以後，他們會極力的堅持，你越是想說服他們，越會造成強烈的爭論。要讓他們合作的簡單方式是，承認他們的立場並且表現出你明白他們的感受，採取「然而政策」會是較好的方法。你可以說：「我知道你的意思，當你喜歡你的房間這樣子時，要把它打掃成別的樣子，你會感到很沮喪，當你長大後，要把房間弄成布置成什麼樣子是很棒的，然而，家中的每個房間都必須乾淨又整齊是家裡的規定。」

4 訂立一些簡單明瞭的家庭規定，並張貼在容易看到的地方，當一切規範都清楚明確時，你的孩子會知道什麼是該做的，也較不會質疑你日常的決定了。

5 開始時先設立一些例行事件的規定，例如，起床以及睡覺前該做的事、作業、家事或是打掃工作，當這些例行規定越成為孩子的習慣後，你就越不會因為孩子的固執而造成困擾，例如，如果你的孩子總是能在晚餐前就完成回家作業，那你就不用花心力處理孩子的作業問題了。

6 　使用最簡單清楚、不被誤解的方式跟孩子溝通，有些孩子會針對你矛盾或是猶豫的態度開始反抗你，避免說以下的字詞：「你為什麼不……？」「如果你願意做……的話會非常好。」「你不覺得……的時間到了嗎？」「我希望你願意……」所以取代「你不覺得上床睡覺的時間到了嗎？」之類的說法，用簡單明瞭的方式說：「八點半了，請換上睡衣並且刷牙。」

說髒話的行為

請參考：◆浴室裡的笑話◆幽默，不恰當的幽默◆儀態，在家的儀態◆儀態，公開場所的儀態◆教導如何尊重他人◆蓄意的無禮言語評論

情境

　　我無意間聽到我的孩子和朋友說些相當不雅的話，這讓我非常驚訝，我該怎麼處理這樣的情況？

思考

　　就像孩子學習其他事物一樣，他們會學習一些有力的字詞，或是其他更有力的字詞，就像孩子們探討及發掘他們所學的事物一樣，他們也會試驗這些字詞。

解決方法

1 　孩子就像是鸚鵡一樣，他們會重複他們聽到的話，即使是他們完全不知道其字詞的涵義，如果你的孩子還小，不知道其字詞的意思，只因為模仿而說的話，清楚的告訴他：「那個字不是孩子該說的字，你可以用bologna（含牛豬肉的燻製粗香腸）來代替。」（用一個可被接受的字替換，用類似髒話一樣的聲調及音量。）

2 如果是年紀較大的孩子說髒話，而且他也知道其代表的涵義，你可以很平靜的回答他：「那樣的話是無法被接受的，我想你很聰明，知道使用其他較能被接受的字來替換。」

3 孩子說髒話通常都是為了其帶來的影響，你可以打破沈默重複說：「西維亞，**該死**不是一個可在家中使用的字。」通常聽到父母親用這樣的方式重複髒字，可以帶來衝擊效力。

4 確定孩子是從哪裡聽到髒話的，朋友或是家庭成員？電影？或是同輩間？（當然不是從你身上！）這是一個好機會聊聊權力和字詞的涵義，為什麼人會說髒話，而人們覺得什麼是可接受的，提出一些生氣時可說的適當替換字詞，針對孩子從朋友或是電影中聽到的字詞做一些簡單明瞭的評論，這樣可幫助他了解自己的感受，舉例來說：「我喜歡那部電影，也喜歡其中的演員，但是裡面所有的髒話都不是必須的，而且這些髒話讓阿諾這個角色顯得愚蠢又沒教養。」

5 當孩子說髒話時對他們收罰金，再把這些錢捐給教會或是當地的慈善機構。

6 如果髒話行為是直接針對你，這是更嚴重且激怒人的行為，這個情況下，你必須立刻採取有力的行動，針對孩子而言重要的權利下手，使用電話？拜訪朋友？玩電腦遊戲？或是騎腳踏車？

由於你在先前已經仔細思考過並且有計畫，下次你可以用權力來回應冒犯行為，當你的孩子再次對你說髒話時，冷靜的回應他：「那樣的說法是很不尊重人且無法被接受的，你已經失去了三天的電話使用權，再這樣跟我說話的話，我會把你房間的電話拆掉。」

當孩子在家中發脾氣

請參考：◆憤怒◆爭執，和父母親爭執◆合作，不合作◆傾聽，不願意傾聽

情境

我知道發脾氣是一種感到憤怒或是遭遇挫折時，常見的不成熟的反應，然而知道這些，並不表示當我的女兒用刺耳的尖叫來代替她想說的話時，我可以很輕鬆地安撫她，但是我知道會有解決的方式來結束這惱人的事。

思考

孩子發脾氣的狀況是正常的，而你面對這種狀況的反應，將會決定讓她改掉這個習慣，或是讓同樣的事不斷的重複上演！

解決方法

1 讓你的孩子知道，她想要發脾氣時只能在一個特定的地方，像是臥室、浴室，或者是洗衣間。當她開始要發脾氣時，陪同她到「情緒發洩室」，並且明確的告訴她，「當你覺得情緒平復時再出來。」如果她出來時情緒尚未平復，就再帶她回去一次，並且再次告訴她，「當你情緒平復時再出來。」剛開始，你的孩子可能會在情緒平復室待上一整天，但是她很快就會發現，當身旁一個人都沒有時，發脾氣實在不是一件有趣的事。

2 如果你的孩子在發脾氣並且無法靜下來，最好教她如何控制情緒，給她一個擁抱並且說一些能緩和她情緒的話，譬如，「沒事了，冷靜下來。」在脾氣緩解下來後，請她去洗洗臉或者給她一杯水來轉移她的注意力，並且讓自己的情緒保持在冷靜的狀態，不要讓步答應孩子最初的要求，當一切都靜下來時，教導孩子感到生氣時要如何處理自己的情緒（適當的行為及言語）。

3 只要你覺得孩子發脾氣的程度不會對孩子本身或是周遭的東西造成危險，可以跟孩子說：「我先出去了，當你情緒平復下來時再出來找我吧！」之後，你可以做些自己的事，並且耐心的等待你的孩子情緒平復。

4 面對年紀較大的孩子，可以跟他協議當他感到生氣想發脾氣時，你將會要求他回到自己的房間並且讓自己冷靜下來。如果當你要求後，他並沒有馬上回到自己的房間，那麼他將會失去某些權利（譬如使用電話、電視或是腳踏車），或者他將會被要求做一些額外的工作。當然，除了做些額外的工作或是失去權利外，他還是得回到自己的房間讓自己冷靜下來。

5 當你發現你的孩子情緒開始失去控制，在情緒失控轉變成更嚴重的情緒爆發前，分散她的注意力。

6 藉由提供孩子做決定的機會來避免發脾氣的狀況發生。例如，與其說「現在就上床去睡覺」之類會激發情緒的話，倒不如說一些讓孩子感到有選擇性的話，像是：「你想要先做什麼？先換睡衣？或是先刷牙？」除此之外，你也可以藉由避免讓孩子情緒失控的情境來防止孩子發脾氣的狀況發生，像是過度勞累、過餓或是受到過度刺激。

! 如果你的孩子經常有嚴重情緒失控的情況，建議你向小兒科醫師、心理諮詢師或是家庭醫師詢問意見，會是較明智的作法。

T

當孩子在公共場合發脾氣

請參考：◆憤怒◆合作，不合作◆傾聽◆不願意傾聽◆公開行為

情境

當我的孩子無法做自己想要的事時，他會尖叫、跺腳或甚至賴在地板上。他在家時不會這樣做，但他在公共場合會有這樣的行為。譬如在雜貨店、玩具店或是餐廳——任何有感興趣旁觀者的地方。當每個人都看著我們時，我覺得我變得手足無措。

思考

當你的孩子第一次在公共場合這樣做時，你對這樣的情況可能完全沒有防備，在你感到很尷尬的狀況下，你會做任何你能做的事來停止孩子發脾氣的狀況。如果你靠近一點看，你會發現在你孩子的眼中有什麼東西正在閃爍著，而那光芒的閃爍是因為他發現了一個新方法得到他想要的東西。

解決方法

1 在踏進一幢公共建築物之前，使用預先防範的方式，陪著孩子複習一下所期待的行為，「艾瑞克，我們現在要走進玩具店了，我們要買生日禮物給特洛，我們今天不會買任何東西給我們自己，如果你看到喜歡的東西的話，告訴我，我會把它放在你的願望清單上。我要你走在我旁邊並且安分一點。」

2 當你正專心在你的事務時，你的孩子在車上忍受數小時無止境的等待，早已經很不耐煩，這時你也許可以藉著帶些小禮物或是小點心的方式，避免你的孩子發脾氣。同樣地，讓他參與選擇的過程，找一家鞋店，讓他唸菜單給你，或是做其他能讓他忙碌的事。正面的參與

和把注意力放在活動上，會讓他忙碌到忘記發脾氣這回事。

3 當孩子開始發脾氣時，靠近他的耳朵跟他說：「現在停止，不然我們就回車上。」如果他依然繼續發脾氣，就帶他回車上，讓他坐在後座而你自己站在車外（當氣候惡劣時，坐在前座，並且刻意忽略他），除了車子以外，也可以找一張隱秘的長椅，或是一個安靜的角落。如果他沒有立即停止的話，你可以改變你的計畫立即回家，讓他回自己的房間並且待上一段「特定時間」（一歲是三分鐘，例如，五歲的孩子就是十五分鐘）。讓他在房間待一段「特定時間」一次或兩次後，將會建立一種信用，並且可以避免你以後花好幾個小時，痛苦地和一個倔強的青少年僵在購物中心裡。

4 先看著你的孩子的雙眼，並且說：「跟我走。」然後開始走，慢慢的走開讓他能看見你，這樣子做，很多孩子都會跟著，但如果你的孩子沒有跟來的話，停下來等，假裝在看一件有趣的東西或是其他事情，過了幾分鐘後，你的孩子情緒平復下來時，你再走向你的孩子，牽他的手並且告訴他：「我們走吧！」

5 當孩子發完脾氣後，你還是繼續做你自己的事，雙手抱在胸前並且嚴肅的站在你孩子面前告訴他，這些都不代表什麼。當你回到家時，告訴大家因為孩子在外出時發脾氣，所以現在必須受處罰（例如，沒有飯後甜點、不得外出、不能看電視節目或是要早點上床睡覺）。這樣的處罰做一次就好，把它當作是你的「王牌」，當你的孩子下次在公共場合發脾氣時，告訴他：「不要發脾氣，不然你下次就不能跟我們一起出門，就像上週一樣！」你的孩子會記得你在說什麼，而且知道你是認真的。

6 如果你的孩子在公共場合發脾氣的次數太頻繁的話，安排一個訓練課程。到商店買一些你的孩子喜歡的東西，並且依照分類放在推車上（薯片、冰淇淋和餅乾），盡量繞久一點，增加你的孩子發脾氣的可能性，然後推車經過收銀台，並且告訴收銀人員因為你的孩子表現

不佳，所以你必須把這些商品留在這裡（給收銀員一個微笑，而他也很有可能會回給你一個微笑，表示很開心看到客戶管教自己的孩子）。

> 有過不愉快的經驗之後，可以規劃一次短程的旅遊，然後把你的孩子留在家裡給保母帶，並向他解釋，前一天他所鬧的脾氣是讓他得待在家裡的原因，可以預期到孩子可能會哭鬧、尖叫，並苦苦哀求，但還是要保持堅定，一旦這麼做之後，這樣的衝擊必然會延續一陣子。

打小報告

請參考：◆兄弟姐妹間的爭吵◆兄弟姐妹間的嫉妒行為

情境

我有個孩子會為了報復來告密，那些過錯從很小的事情到很大的過錯都有，而且常會有極為荒謬的事情，像是「他故意朝我呼氣」。

思考

孩子會來告密有很多不同的原因，有些是一直想要把世界從道德與自然的錯誤中拯救出來，有些則懂得父母的懲罰是處置違規者很有效的方式，而有些則希望成為一個好人，因為其他人似乎都是壞人，若你能花些時間來決定你們家小小告密者的動機，那會很有幫助。

解決方法

① 用簡短的描述來感激告密者：「我很高興你懂得這個規則」（這將會滿足你孩子需要別人的注意及認可，而不會酬賞到告密這個舉動），然後走開。如果是你需要去處理的情況，可以若無其事地走進正在發生錯誤的房間，並且處理那個情況，就好像你自己才剛發現一樣。若你真的決定要懲戒孩子所犯的錯誤，務必確認告密者沒有看見你的行動，讓她看見的話，只會促使她持續告密。

② 告密總比動手打人來得好，若是告密者受了挫折或生氣，並且在尋求協助上受到限制，這樣的情況是可以主動介入的。試著在你的情緒上保持中立而非去宣告誰是贏家及輸家，沉著地敘述規則並要求遵從。

③ 若是問題牽涉到兩個孩子之間的爭執，不要讓你自己涉入，只要對情況做個總結，並做出細心的建議，同時鼓勵他們去試試看，「我看見你們分享共用這些顏料時會有困難，因為有六種顏色、兩個孩子，我知道你們可以處理這樣的事。」

④ 若是孩子有告密的習慣，則要特別注意，任何時候孩子在解決問題時沒有來告密，就給他許多的讚賞，這樣的增強將可以說明你的孩子可以不用告密就得到特別的關注。

⑤ 使用幽默來感染整個情境，以一種生動而誇大的方式來回應告密者：「哦，不！你是說真的嗎？她做了這樣的事？哇塞！她居然這麼做！快去阻止她！」實際上，這樣的回應可以使錯誤感覺起來不那麼嚴重，而告密者會覺得來找你有點愚蠢。

⑥ 教導孩子告密和告訴你所需要知道的事，這兩種作法之間的差異。舉例而言，若她告訴你她的哥哥正在床上跳來跳去，那是說閒話，若是她說她的哥哥在床上玩火，那就是在告訴你，你所需要知道的事情！

戲弄

請參考：◆惡霸◆恨意表達恨意◆儀態，在家的儀態◆儀態，公開場所的儀態◆惡形惡狀◆辱罵

情境

我的兒子喜歡的室內運動是「戲弄妹妹」，若是她不喜歡她的新髮

型，你可以斷定那將會成為他最喜歡的談話主題，若是她不喜歡他所學的新歌，他會不斷地唱、大聲地唱，而且有著相當的熱忱。若是她對某些事物特別敏感，你可以確定他很容易就知道，並且用它來惹惱她，有什麼最好的方法可以處理這種情形？

思考

戲弄他人是只有孩子才會用的武器，想引人注意、創造權力感和優越感，或者傷害對手而不會留下可見的痕跡。

解決方法

 若是孩子被戲弄而似乎不覺得受到煩擾，那麼就把它當作是無害的孩子氣，就忽略這行為，或者離開房間幾分鐘。

2 不要評論戲弄的行為，但是立即給予被戲弄的孩子一些關愛的注意，並且背對戲弄者，或許你甚至想要離開房間並且大聲地對戲弄者說話讓他聽見，很明顯地他被單獨留下了。例如，「走，我們上樓，我唸新的故事書給你聽。」

3 讓你的孩子不要專注在言辭本身，而是其不適當性，不是透過貶損戲弄行為來試著讓孩子感覺到比較好，而是指出戲弄者是粗魯無禮而且不和善的。

4 給一個直接的命令：「我不允許有人去戲弄別人，現在就停下來」，然後，改變話題並且重新將孩子們的注意力導向別的地方。

5 教導被戲弄的孩子可以如何保護她自己，討論幾種的選擇是她可以用來阻止戲弄者的方法。例如，建議她可以嘲笑這樣的評論，忽略戲弄者，或者走開去參加一個較大的孩子團體，離開並留下戲弄者。

6 確認家裡沒有大人會戲弄孩子，通常成人們會覺得戲弄別人是很有趣的，並且認為孩子也會覺得很有趣，孩子其實很敏感於其他

人，尤其是父母，會去戲弄他們。孩子們可能會笑笑的，並且表現得好像他們也喜歡這樣的戲弄，但事實上，這件事已經傷害了他們的感受並且降低了他們的自尊。在家裡的孩子將會模仿父母親的行為，並且以他們曾被戲弄過的方式來彼此戲弄。

7 注意你的孩子收看的電視劇，有些電視上的喜劇主要幽默感是來自於批評別人，你的孩子可能會注意到這個，並且改編相同的技巧成為他專屬的劇本。

干擾別人講電話

請參考：◆打斷◆儀態在家的儀態

情境

我的孩子常常會干擾我講電話，卻從沒有重要的事情，而且這樣真的很惱人，尤其那是一通生意上的電話，因為那會讓我顯得相當不專業。

思考

在你講電話的時候，孩子沒有辦法看見或聽見另一個人；他們只看見一個安靜、似乎是可以找的父母親，他們會認定那是獲得你全部注意力一個很棒的時間。

解決方法

1 教導你的孩子如何判斷某人是否可以被打斷。畫一張兩欄的表單，列出哪些事情是可以打斷的，而哪些則否，孩子們常常會聚焦於自己的需求，以至於他們並非真的注意到他們是否已經冒犯到別人的事實。

2 告訴你的孩子在你講電話的時候，若是想要某些東西，她應該走過來你這邊，並且溫和地握緊你的手，然後你將會握緊她的手暗示你知道她就在那裡，並且會立刻和她在一起。首先，盡快回應，讓你的孩子知道這個方法有效（否則，你的孩子會握得更緊，像量血壓的橡皮帶那樣緊），隨著時間過去，你可能要等得更久些——每隔幾分鐘，就給一個溫和的緊握，這樣可以提醒你的孩子你記得她的要求。

3 暫停一下，看著你孩子的眼睛，並說：「再過一分鐘我會來陪你」，而後將你的臉、身體和注意從你孩子的身上轉開，不要讓你自己在那邊不斷地懇求孩子不要這樣做！若是干擾的動作持續著，而你有很長的電話線或無線話筒，就進房間去講，並鎖上房門。

4 有些訓練時間來處理會是有幫助的，徵詢一位朋友或者家庭成員的協助，讓你的孩子試著講電話，並同時告訴她和打電話來的人，你將示範這種打斷別人的干擾，然後，以誇張的方式來表現這樣的行為（那真的會很有趣）。接著練習示範前面解決方法所列出的良好舉止，當規則顛倒過來而你的孩子是講電話的人，她將會很清楚地了解到你的要求背後的原因。

5 進行「電話玩具盒子」的活動或遊戲，只有在你講電話的時候他們才能玩，當你掛上電話時，要堅定地把電話收起來，尤其是在開始的前幾次要堅持，孩子反而會開始期待你接下一通電話的時刻來臨！

6 在你撥電話之前，讓你的孩子知道會發生什麼事，「我將要撥個電話，我會需要一些時間，所以在我講電話的時候，請安靜地做自己的事」。

7 稱讚你的孩子表現了良好的行為，記得要說：「不好意思」，讓你講話的時候不會受干擾，或者在有正當原因時才會被打斷。

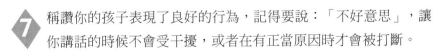

電視，看太多電視

請參考：◆電動遊戲，過度愛現電動遊戲

情境

我的孩子已經快要變成整天只會坐在沙發上看電視的人了，我發現情況變糟，是在他開始計畫將他的娛樂時間都安排在他所喜歡的電視節目上，我一直在告訴他要善用時間找些更有意義的事情做，但他就只是變得生氣和防衛。

思考

看電視是一個會上癮的活動，而你的孩子越是去看，他就越想要看，就像所有的成癮行為一樣，光是要求你的孩子停止是無效的，而且會很容易引起很大的戰爭。

解決方法

1 開始決定你認為看多少電視才是適當的，例如，每天一個小時，製作一張表單來建議替代的活動，給你的孩子在其餘自由時間可以去做。宣布你新的規定是每天只能看一個小時的電視，提供一張建議的表單給你的孩子，要正面一些，預期你的孩子那時會相當地不快樂。要堅定關愛，堅持不要讓步。過兩個星期後，你將會看見一個全新且充滿活力的孩子出現！

2 若是你的孩子有特定看電視的時間，像是在晚餐之後，開始在那個時間規劃更多的活動，安排去拜訪一位朋友，計畫出外購物，或者集合全家到外面去掃落葉。若你可以始終如一地去打破他原來的模式，他將會戒掉原來的習慣，並且更有可能自行去找到一些事情做。

③ 把電視搬到家中比較沒有人想去、也比較不舒服的地方，像是地下室，把它搬離點心及家人聚集處較遠的地方，讓它成為一個孤獨而不舒服的地方，讓你的孩子連續幾個小時站著不動（若你希望的話，當然可以有一台電視機在你的臥室裡，一個孩子禁止進入的地方）。

④ 把電視送到店裡去修理或調整，把它留在那裡兩個星期，在這段期間提供大量的替代性活動來填滿你孩子的時間，到了電視機修好回來之後，你的孩子的成癮行為將已經停止，而你可以立即啟用解決方法來預防行為的復發。

⑤ 慎選你自己所觀賞的電視節目，孩子會學習並模仿你這個例子。

如廁訓練

請參考：尿床

情境

好像每個人的孩子都需要經過上廁所的訓練，但我們家的孩子除外，他唯一的興趣是在他的幼兒便溺座椅裡解決，因為用這種便盆上廁所很安全舒適。

思考

你最後一次看到小學一年級的學生穿尿布是什麼時候的事？

解決方法

① 無論你有多想要你的孩子開始接受如廁訓練（potty trained），那不會發生，直到他自己準備好了，尋找以下的癥兆：尿布可以維持好幾個小時的乾爽，讓你知道他必須要如廁或者將要如廁，穿著濕濕

而髒髒的尿布是很不舒服的一件事,有能力可以自行穿上或脫下衣服,對便盆有興趣,也希望被訓練,一旦你得知你的孩子準備好了,開始讓你的孩子能負責,便盆訓練是他少數可以自己完全控制的範疇之一,若你要求他按照你的時間表做如廁訓練的話,你可能會造成很大力量的掙扎,一個低調而無壓力的方式才是最有效的。

2 當你感覺你的孩子在生理及情緒上都準備好要做如廁訓練時,把這樣的想法提出來,並讓孩子知道這是成長過程中相當令人興奮的學習機會,如此你的想法將會被很好地接收到,勝過於你表示你想要他做,或者需要他去做這件事。

3 以非常講求實際且只需少許心力的方式,教導你的孩子如何使用便盆,使用和過去相同的方式,像是教你孩子如何使用剪刀剪東西、扣上毛衣的釦子、穿上襪子那樣、買一些練習用的褲子,尺寸是比較大一點,讓他們容易穿脫,給他穿上彈性腰帶的褲子,或者,天氣夠溫暖的話,就讓他穿著內褲到處去,約一個星期左右的時間,在剛開始的幾次幫助他方便,接下來就宣布他準備好要自己處理自己的事情,和他握握手,並且持續讓他自己來,當他做對了,要很高興地鼓勵他,但要避免做一些大肆宣揚式的鼓舞,這樣低調的方式可以傳達一個訊息給你的孩子,便盆訓練沒什麼大不了的,而且他可以容易地學好這件事。

4 訓練期間意外總是會不斷發生,使用相同的方式,就像他扣錯毛衣釦子的時候那樣,「哦!這次沒掉進便盆,別擔心,很快你就會每次都成功了。」

5 在市場上有很多精細的新產品,可能是很有趣而且吸引人去嘗試的,有音樂的便溺座椅、會消失的如廁訓練標靶、創意的影片以及書籍,若你喜歡的話可以選用,但使用它們只是有趣而已,畢竟,學習使用廁所只是一般成長過程中的必要步驟罷了。

若你的孩子生理上或情緒上準備好要如廁訓練，但是，因為某種原因沒有辦法達成，試試這個「我很討厭這麼建議，但這方法總是有效（I-hate-to-even-suggest-it-but-it-always-works）的主意（我通常不推薦賄賂，但若你有位孩子不願意做便盆訓練，我知道某個程度上，你可以做任何事來結束這份工作），去玩具店並且買約三十件獎品（到派對用品走道去好好挑選一些廉價的小玩意），將每一樣獎品用包裝紙分開包裝，將它們放在乾淨的玻璃碗當中，並且把這些碗放到浴室中的櫃台上，不透露任何一個字，當你的孩子問起這件事的時候，就平淡地回應他們：「哦！那些是使用便盆之後的獎品，你每到廁所裡去解決大小便一次，你就可以得到一個獎品，但是，慢慢來，等你準備好了以後再說」，大多數的孩子就會立刻「準備」好了，但是，如果你的孩子在決定「準備」好以前的幾天都口水流到碗裡去，也不要太驚訝。你的孩子每去用廁所一次，就讓他選擇一個獎品，當碗裡的獎品空了，習慣也穩固地建立起來了。

刷牙

情境

我的孩子總是會「忘記」要刷他們的牙齒，在我提醒他們的時候，他們會抱怨要這麼做或者就亂刷一通。

思考

孩子們還沒有聰明到可以了解照顧好牙齒的長期價值，他們會視它為你要他們做的那些無聊事的其中之一。

解決方法

1 讓這個過程變得更有趣,使用一個煮蛋計時器計時,並且要孩子們刷牙直到所有的雜質都刷掉為止,投資一組電動牙刷,購買多種不同種類的牙膏,並讓孩子們實驗將不同的口味混在一起。

2 舉辦一個「蛀牙偵探節」,帶著各式各樣的食物進入浴室,像是歐亞甘草、巧克力、麵包和玉米,輪流去吃這些東西,並且在之後檢查牙齒,找出食物殘渣並告訴你的孩子們,若是這些留在他們的牙齒當中,將會導致蛀牙(記得生動地描述這些部分!習慣於看電視、電影和電動玩具的孩子們幾乎很難被這些小小的蛀洞給嚇阻到!)。仔細地刷牙並再次檢查,這些以視覺來呈現的過程會相當有幫助。

3 聚焦於討論壞口氣以及醜醜的牙齒對於友誼及社交情境所帶來的衝擊,孩子是不會太關心到了七十歲時有滿口假牙的想法(因為太久以後了啦),但是會在意牙齒變色的人,其想法可以激發他們做好牙齒保健。

4 善用你的牙醫作為教導牙齒保健的方法之一,許多孩子會願意更注意聽從一位成年的專家所說的,勝過於他們的父母。

! 拒絕聽從你牙齒保健指導的孩子可以安排他經常去看牙醫的時間表,例如,每三個月去一次,有些孩子的牙齒可能很容易有蛀洞,可以透過這種比較經常性的清洗獲得好處,如此一來,也可以有助於讓牙醫在他們的牙齒上做好防止蛀牙的塗層。

旅行,用飛機、船、公共汽車、火車去旅行

請參考:◆假期

T

情境

　　我的先生想和我們全家一起去度個假，而且他有一個很大的想法，希望能來一次浪漫的火車旅程，我們有三個年幼的孩子，而且我對他只有一句話：「想都別想！」

思考

　　不管你相不相信，你可以和三個年幼的孩子有一趟令人愉快的旅行（相信我，我和我的三個孩子就曾經這樣做過好多次）。有三件事是你絕對必要做到的：準備、準備、再準備。

解決方法

① 　無聊是毛躁的孩子一個主要作亂的原因，會在旅程中搗蛋，可以經由打包一個「玩具袋」（fun bags）來預防無聊，使用加侖尺寸大小的塑膠袋（或小盒子）來設計活動背包（to create activity packs），你最愛的玩具店裡派對用品的走道上會有許多不需太多花費的創意，像是小型的塑膠動物玩具、扭蛋、郵票、畫圖紙以及畫筆、紙牌、漫畫書、3D玩具、掌上型繪圖機，以及小型的旅行遊戲、音樂卡帶和童話故事錄音帶，以及收音機耳機組也都是很棒的旅行夥伴，為了避免大的混亂及騷動，同一時間內每個孩子都只能有一個袋子，要求在另一個人拿走之前，袋子要完整地歸還回來，若你可以保持有組織及次序，回程時你也可以用得上這些袋子。

② 　沒有辦法自由活動會是孩子在旅程中搗蛋的另一個作亂原因，有時候你可以做一些小事情來避免這種情況，最好的解決方式是讓孩子們保持快樂，並且乖乖地坐在他們的位子上（回頭看解決方法）。除此之外，讓孩子先行知道他們將會被要求留在座位上多少時間，盡你所能地去檢視許多的細節，如此他們就比較清楚可以盼望些什麼，在長程的航空班機上，花點錢看飛機上的小電影是很值得的花費，只是需要

先檢核，確認一下那些電影是符合你認為兒童適宜觀賞的標準，利用你可以四處走動的時間到走道上去走走，另一個克服久坐疲勞的方式，是幫孩子鋪上非常舒服的墊子，並且允許他們能脫掉他們的鞋子。

③ 提供一些「點心袋」（snack bags），提前詢問適合兒童的餐點並先點好，但是也同時注意你的孩子在任何所提供廣告食物前扭動他們的鼻子，以及他們在餐點供應完後依然覺得餓，帶一些他們喜歡的低糖又健康的點心，像是椒鹽脆餅、乾燥的麥片、爆米花，或者餅乾等等，也帶些果汁飲料及礦泉水。一個絕對的必需品就是口香糖以及棒棒糖——他們需要花很多時間才能吃完，並且飛機上可避免耳鳴（可以打破一些平時的規則，並且買一些好吃的泡泡口香糖！）。

④ 若有可能，在你孩子一天中情緒還不錯的時候好好地玩。無論孩子年紀有多小，不用期待他一定會在旅程中睡著！（我曾經在晚上開車旅行，有六個小時之久，兩歲大的姪女和我一起，她整個晚上都清醒著！）

旅行，開車長途旅行

請參考：◆假期

情境

我們即將啟程開車去長途旅行，若是歷史重演，孩子可能會打架、爭吵及發牢騷，而我會是那個問「我們到了沒」的人。

思考

若是歷史重演，那將會是因為你沒有去改變第一次所發生的任何事情，若你想要改變一些事情，你需要去分析到底出什麼錯誤，並且設計一個計畫以備將來之用。

解決方法

孩子總有許多的能量，且會發現他們很難在後座安靜連續坐幾小時，無可避免地，他們會變得無聊，而無聊就會導致搗蛋，為避免無聊，可以使用加侖尺寸大小的塑膠袋或盒子來設計活動背包，你最愛的玩具店裡派對用品的走道上會有許多不需太多花費的創意，像是磁性跳棋、小型塑膠人物及動物的玩具、扭蛋、集郵冊、彩色書籍以及蠟筆、小巧工藝品、紙牌、漫畫書、3D玩具、掌上型繪圖機，以及微型的旅行遊戲、音樂卡帶和童話故事錄音帶，以及收音機耳機組，在長途旅行中也都是很棒的東西，為了保持有組織及次序，同一時間內每個孩子都只有一個袋子，在回程時你也可以用得上這些袋子，並且作為雨天停留時的備用活動。

規劃常常暫停休息，讓孩子可以去上洗手間，並伸展他們的腿，給他們這些機會活動將可以讓他們在車子行進時保持心情愉快，使用座椅旋轉系統，並且讓孩子們能夠在每次停留後轉換座位，輪流轉換的方式可以改變視野與環境。

不要讓車子裝太多東西，孩子們會被袋子和包包給擠壓，而容易變得暴躁。

讓孩子們提前知道旅行計畫的內容——路程會花多少時間、預定到達的時間、他們將可以吃到多少包的杯子蛋糕等等，給孩子一張地圖、彩色筆，以及指南針，讓他們能夠跟隨並記錄整個旅程，畫上開始的起點以及結束的終點，提供一台計算機以及紙張，這樣當他們問到，「我們還要多久才會到？」你可以教他們如何自行計算出時間。

在車上提供一些「點心袋」，點心可以有很多種用途，它們可以保持孩子們的血糖平衡，尋找正確的點心也是個具有娛樂性的活動，孩子嚼口香糖也會比較少發生爭執，確認多數的點心是低糖又健康的，像是椒鹽脆餅、乾燥的麥片、爆米花，或者餅乾等等，也帶些果汁

飲料及礦泉水（若你有年幼的孩子，要小心避免任何的點心是具有窒息危險的）。

⑥ 開車旅行會讓很多孩子昏昏欲睡，甚至連較大的孩子都沈浸在枕頭山及毯子海裡，幫孩子穿上舒服的衣服，並允許他們脫掉他們的夾克及鞋子——舒適的孩子是快樂的孩子！

旅行，開車短程旅行

請參考：◆汽車◆輪流接送，壞行為

情境

我的孩子甚至連車子從車庫裡開出私人車道的這段路都沒辦法好好地坐在車子裡面！似乎我們一踏進車子裡，我就要開始嘮叨他們，「停下來，坐好，安靜點……」

思考

開車旅遊的父母都必須要採取行動，不能讓這樣的情況繼續下去，嘮叨不能解決你的問題，但是以下這些想法可以。

解決方法

① 在日常的開車旅行裡，無聊是孩子會開始搗蛋的主要惡因，可以利用椅背的口袋、前座椅背的帆布袋，或者把鞋盒放在後座作為活動資源，來避免無聊，把這些袋子及盒子裡裝滿書籍、漫畫書、汽車賓果遊戲、一副紙牌，以及其他簡單的、便利的活動，經常用不同的活動循環更替這些遊戲項目。

② 制定嚴格的車上規則，寫下它們並保留在車子裡，當你的期望清楚、簡單且正確的時候，孩子們將更能遵守，例如，「把你的手放好，使用安靜的內在聲音，將你的垃圾清乾淨」，把違反規則時的後

果訂好，並且確實遵守，一個很棒的下場──要是公平的，與違犯的行為有關的，而且對父母產生樂趣的──就是讓破壞規則的人洗車，並且用真空吸塵器清掃整部車子！

③ 在車子上提供一些「點心袋」，要有趣一些的，孩子有口香糖可嚼時，會有比較良好的行為表現！確認多數的點心是低脂又健康的，像是椒鹽脆餅、乾燥的麥片、爆米花，或者餅乾等等（避免任何具有窒息危險的點心，不要讓年幼的孩子噎到）。

旅行，孩子獨自前往

請參考：◆假期

情境

我的孩子預定要去做一個無同伴未成年人者（an unaccompanied minor）的旅行，我能夠做些什麼來確保他有一個成功的旅程？

思考

這是很大的一步，不要輕忽它，盡你所能的提早去準備及安排，將所有基本的東西都考量進來，確認你做了檢查以及第二次的再檢查，關於旅行的每一個部分，當大人們對旅行期間的各種可能有了足夠的機警之後，一切都會進行得相當順利。

解決方法

① 若有可能，在旅行前先去機場或車站了解狀況（去那兒買票會是令人信服的理由），在你的孩子開始踏上旅程之前，這件事的影響似乎就不會那麼大。

2 和你孩子要一起旅行的團體裡的人員談談，問一些問題，關於他們對於無同伴未成年人者的規定，詢問晚到的處理程序，或者，指定的成人未能準時到達接待時他們會怎麼做，記得確認你對於所得到的資訊感覺夠安心。

3 盡可能和孩子提前去討論關於旅行更多的部分，盡量涵蓋到你所能知道的詳情及細節，對於孩子而言，發現自己處在一個未能預期到的情況，像是在旅途中必須要改變飛機班次的時候，那有可能會嚇壞孩子。

4 幫你的孩子打包他隨身攜帶的袋子或者大型的背包，裝滿點心、果汁、口香糖、書籍以及可以消磨時間的活動，即使是一個十二歲大的孩子在旅行時沒有東西可以排遣無聊，也可能感覺到無趣與煩擾。

5 確認你的孩子在旅行的期間，身上能有很多不同人的電話號碼，並隨身有特定的說明手冊可以知道要如何在航站或車站打電話，提早到達會讓孩子要坐著等一段很長的時間，直到有人來接應她，若你的孩子覺察到會發生這樣的狀況，並且知道可以如何處理，若是情況真的發生了，她會比較冷靜以待。

旅行，搭船旅行

請參考： ♦ 假期

情境

我們搭船去度蜜月，那是我們曾經有過最美好的假期，現在我們打算和我們的孩子們一起搭船旅行，你能否提供一些建議給我們？

解決方法

1 若你愛你的孩子，最好是避免帶年紀小於六歲的孩子搭船旅行，除非你答應在整個旅程中要去娛樂你的孩子們，即使是最好的計畫，也不能保證你的孩子能夠融入搭船旅行在船上這麼不尋常的生活。當然，關於這個規則也是有例外的地方，有些家庭有幼小的孩子還是可以徹底地享受他們的旅程，你會需要採取一個誠實的觀點來看待你的期望，並且在你規劃這次旅行之前，小心地思考清楚這個部分。若你是少數的幸運兒之一，可以隨身帶著一名保母，則先確認你的期待在旅行前有明確地寫出來，讓保母正確地知道她的責任會是什麼，以及她需要花多少時間和孩子在一起。

2 購票時可以選擇坐遊輪，以因應孩子的需求，並且讓你的孩子能有足夠的娛樂，一艘高貴的四星級遊輪也許是受到高度讚揚的，但也許沒能準備好要因應你孩子的需求（沒有任何事情會比到了船上才發現沒有尿布或兒童食物更糟的事了），別把推銷員的話當真了！詢問一兩個曾經帶著孩子搭乘這艘遊輪的人名，而且，若能獲得應許，直接去找對方做詢問，有一些航線在提供父母享受美好假期的同時，也會為孩童的需求提供服務，可以謹慎選擇。

3 即使是一艘好的遊輪提供了許多的活動，你仍然應該隨身帶一些東西來娛樂你的孩子，雨天或壞天氣可能會干擾到安排良好的計畫（要找特定的主意或想法請參考旅行，開車長途旅行）。

4 為暈船的事先做計畫，若你能夠在出發前一段期間，先搭乘短程的航行，你就可以決定是否你的孩子（或你自己！）容易暈船，即使你不認為那會是個問題，無論如何還是做一下這方面的規劃！找個醫師討論關於孩子隨身攜帶的最佳良藥。

假期，假期間的不良行為

請參考：◆憤怒◆合作，不合作◆當叫他們的時候沒有來◆傾聽，不願意傾聽◆兄弟姐妹間的爭吵◆旅行

情境

我們最近一次的假期幾乎被我們的孩子給毀掉了，因為他們一點也不守規矩，我們即將要動身開始今年的旅行，我們能做些什麼避免重蹈去年發生過的災難？

思考

常常在父母親沈浸在度假的心情時，所有平常的規矩以及例行事務都飛出窗外了，即使是工作日中的例行事務都不再堅持了，所以應該要建立一套屬於假期用的規則以及例行事務。

解決方法

1 孩子們若可以正確地知道大人們對他們的期待，那麼他們就能表現得較好一些。在旅程的開始，或者甚至是在出發之前，可寫下一張固定的表單（告訴他們這是必須的），每天早晨一起檢視並複習這些規則，作為一個有力的方法，以避免孩子在一天當中其他時間的抗爭。

2 在不良行為發生時，避免不經思考的大喊大叫的反應，而應該是把孩子拉到旁邊去，看著她的眼睛，同時提醒她所需要遵守的規

則，記得，不要只是一味地說「不要」、「不可以」或者「停止」之類的字眼，或者是告訴她你不想要她做的事，而是提醒她你想要她做的事，例如，不要說「停止大喊大叫」，而要提醒她訂好的規則，「阿曼達，在旅館房間裡的時候，請保持輕聲細語」。

3 給你的孩子一個選擇的機會，「你可以選擇 X，或者是 Y——由你選」，若你的孩子說出第三個選項，只要保持沉著並重複你原先的句子，「柔伊，你可以選擇 X 或 Y，若你無法選擇，我可以幫你選擇。」

4 陳述問題，並做出明確的要求讓孩子遵守，「你已經游得離我太遠了，我希望你不要超過救生員的位置」，包含一個先決的結果，「若是你游得比那兒還遠，你就必須坐在我旁邊的這塊毛巾上十五分鐘。」

5 使用「奶奶的規則」，亦即所謂的「當……時，那麼就……」，以建立優先順序，「當你穿好你的睡衣並刷好牙時，那麼你就可以看你的影片。」

6 放輕鬆並且收好你的武器，挑戰些許的規則是沒關係的，在你離開家裡的時候，不用擔心這麼多，而要專注於你自己所擁有的快樂時光，例如，若你要到外面的餐廳去用餐，不用去擔心你的孩子吃了多少，或者是否他們有把菜吃光光，一旦你的餐點送到，專心享受你的食物，並營造有趣的晚餐談話。

假期，為良好的行為做準備

請參考：◆合作，不合作◆打斷◆傾聽，不願意傾聽◆旅行

情境

我們正規劃一次假期旅遊，我們可以如何確定孩子們能夠適當地表

現，尤其是離開家裡的這段時間？

思考

在你們要出發之前就先思量這樣的問題，會是而後發生戰爭的開端，重新檢視一個計畫，確保孩子能夠在充分的掌握之中，這件事會比計程車來到之前檢查車票來得更為重要！

解決方法

1 孩子對於假期要出外旅行通常都是極為興奮，他們的能量等級是處於極高的狀態下，然後他們會失去該如何正確表現的所有記憶力，若你可以提供一些特定的工作給孩子，讓他們保持專注並且有事佔滿心思（occupied），他們將比較不會以一些惱人的行為來填滿所有的時間，這個方法的每一個步驟中，試著獲取他們的協助，來形成一份有趣的並且需要花時間完成的「工作」。例如，在你忙著打包行李的時候，讓他們幫忙分類、區隔，並且將樂高玩具裝袋，在旅行過程中，給他們地圖以及彩色筆來記錄旅程，當你們到達目的地，並且打開行李時，給他們旅遊小冊、雜誌、筆和紙張，並且請他們記錄有趣的事物，尤其是假期中他們會想要去做的事。

2 在要出發前和孩子討論關於旅遊的詳細情形，讓他們知道要花多久的時間才會到達目的地，你會在哪停留以及會做些什麼，試著涵括你所能想到的部分，孩子擁有的知識越多，他們就會感到越滿足，對於更小的孩子，你甚至可以在旅遊前做一些角色扮演，例如，利用椅子作為客廳裡的一架飛機，假裝你的臥室是旅館房間，演出這段旅程，去討論在這個假期中你們將會發生些什麼事情。

3 若你是少數幸運能夠帶著保母一起去旅遊的人，可以確認你對這趟旅程的期望是否清楚了，寫出保母所擔負的責任，以及時間上的責任區，以免到達目的地後有任何的問題或者不快。

④ 即使你們是要前往熱帶島嶼，總是有可能會遇上下雨，而你們就得待在旅館房間裡等，先做好這個部分的準備，否則，孩子感到無聊時，在旅館房間裡又踢又踹的景象，光是用想的就令人覺得恐怖。

⑤ 閱讀一本親職書籍，有專門介紹一些不錯的教養技巧，以協助你在這樣額外的時間，又是如此緊密的空間裡去面對孩子們，我會推薦伊莉莎白・潘特利所著的《孩子的合作》，那會是個不錯的選擇！

假期，遇上雨天的準備

請參考：◆ 無聊 ◆ 悶得發慌

情境

從來不曾失靈的是：我們去度假時，總會遇上大雨。我們全都被困在旅館房間裡，而且不可避免地，每個人都容易變得乖張，假設再遇到這樣的災難，我們要如何讓孩子們保持愉快？

思考

引用莎士比亞相當有洞見的一段話，「沒有哪件事情必然是好或壞，而是思想讓它變得如此」，嘿！你們還在度假，沒有人需要去上班或上學，而且你們不必準備飯菜並且吃完後洗碗，你們仍然可以找到許多的方法來享受這段時光。

解決方法

① 若你在離開之前讀了本書，你可以打包一些室內專用的遊戲器具，若沒有，試著冒雨去一家當地的商店，並買個組合遊戲，那可能會是你在旅程中花得最值得的錢，一些主意如數字彩繪組合、樂高積木、氣球、音樂，或有聲書的錄音帶及耳機組、拼圖、黏土，以及掌上型電動遊戲，對許多三歲至十歲的孩子而言，是很熱門的玩具，可以選擇像

是塑膠製的縮小型動物或者昆蟲模型，很多孩子能和這些小東西快樂地玩上好幾個小時，許多令人喜愛的遊戲也會製作成旅遊專用的版本，像是西洋跳棋、西洋棋，甚至是一些專賣品，去試試看當地的玩具商店吧！

2 若你很幸運地，房間裡就有一個小廚房，讓孩子們可以扮家家酒，讓他們可以使用這些碟子以及供應品，將用過的凌亂部分做清潔也很值得，因為這個活動可以讓他們在長時間之中保持忙碌，更棒的是，給他們這些房間服務一些額外的小費，並讓他們處理好這團混亂。

3 讓孩子利用桌子、椅子、毯子，以及任何他們能找到的東西建立一個城堡，讓他們去遊玩、吃喝，甚至睡在城堡中，需要我再說一次嗎？這一團亂是很值得去擁有的快樂玩耍時光。

4 將浴缸裝滿水，把所有你找得到的可以當作水中玩具的東西都丟進水裡去，例如，是杯子、塑膠盤子以及空的洗髮乳瓶子等。讓孩子們盡情在裡頭玩樂，而不必擔心水花四濺。

5 利用硬幣來玩「找復活節彩蛋」，將它們藏在房間裡的各個角落，讓孩子們去尋找它們，玩清潔狩獵（scavenger hunt）或者尋寶遊戲（treasure hunt）。

6 營造一個漂亮的沙龍，讓孩子們能練習設計髮型、彩繪彼此的指甲，並且化上美美的妝。

7 讓孩子們可以穿上你的衣服，若你對這主意覺得舒服的話，來場時裝表演秀，演一場戲，或來一場音樂會吧！

8 讓他們到雨中去玩耍！只要在他們回到屋子裡時，把他們吹乾並給他們一些熱巧克力。

蔬菜，孩子不想吃

請參考：◆飲食，挑食的孩子◆過多的垃圾食物

情境

我的孩子不喜歡蔬菜，而且拒絕去吃，每頓飯，我們都會發生同樣的爭吵，而我通常只好用拜託的或者收買他們的方式。

思考

孩子們常常在食物相關的議題上展現他們的獨立性，因為那是他們能完全掌控的唯一範疇，即使你要求或強迫孩子這麼做，但你就是無法叫孩子吃東西，避免讓吃東西變成一個戰場，並要有創意地解決這個問題〔誠實說：你上次想要一大碗好吃利馬豆（lima beans）是什麼時候的事了？〕。

解決方法

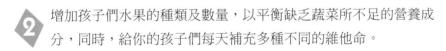

1 給你的孩子們冷凍蔬菜（像是剛從袋子裡取出的豌豆和玉米）或者生食蔬菜，淋上優格或者蘸醬，這其中任何一種都比煮過的蔬菜對許多的孩子更有吸引力。許多孩子也喜歡吃乾燥蔬菜，吃起來像在吃洋芋片一般，但卻含有真正蔬菜的營養成分（注意！不要提供冷凍或堅硬的生食蔬菜給裝有矯正器或敏感性牙齒的孩子，和太年幼的孩子，因為他們可能會噎到）。

2 增加孩子們水果的種類及數量，以平衡缺乏蔬菜所不足的營養成分，同時，給你的孩子們每天補充多種不同的維他命。

3 偷偷地將蔬菜混入其他的食物當中，像是將切碎的菠菜屬入肉片或滷汁麵條中，胡蘿蔔碎片加入馬鈴薯沙拉之中，磨碎的南瓜屬入火腿中，豌豆加入鮪魚沙拉中，萵苣和番茄加在三明治上，或者將球

花甘藍醬加進義大利麵醬料中，磨碎細小的或者切成碎片的蔬菜就可以成為隱藏的附加物，加入許多食物當中，同時，試著製作或購買少糖的南瓜或胡蘿蔔鬆餅，或者其他蔬菜為基底的麵包或點心。

4 讓孩子們幫忙種植一片蔬菜園，孩子們就會願意吃，並且享受他們自己親手栽培的新鮮蔬菜。

5 開始稱呼綠色蔬菜為「有益頭腦發展的食物」（brain food），並且讓你的孩子們知道這些綠色的東西能夠讓他們變得聰明又強壯。

6 對於五歲以下的孩子們，在你準備餐點的時候可以請他們一起過來，並玩一個「彼得兔在麥奎格先生的花園裡」的遊戲，告訴你的孩子，你是麥奎格先生，而且你希望彼得兔不要跳過來吃掉你的蔬菜。當然，你的孩子就會來「偷走」你不小心留在櫃台上的蔬菜，每次都表現得很吃驚且困惑，你切好的蔬菜怎麼不見了，年幼的孩子會愛上這個遊戲，並且在遊戲過程中吃掉非常多的蔬菜。

電動遊戲，過度愛玩電動遊戲

請參考： ♦電視，看太多電視

情境

我的孩子花了太多時間在玩電腦，以及電動遊戲，他太過熱愛玩這些遊戲，當我建議他已經玩得太多了，他就會對我生氣。

思考

你身為一個父母親，最重要的事情不是要讓你的孩子快樂，而是培養一個負責任、有為、能思考的人，因此，並非所有你決定都會受到孩子們的歡迎，你的目標應該是在於做出正確的決定。

解決方法

1 開始試著決定，你認為花多少時間在做這些活動上是恰當的，例如，每天一個小時，列出一張表單，建議你的孩子在其餘自由的時間裡可以做的替代活動，宣告你的新規則是每天只能玩一個小時，提供你的孩子這張替代方案的建議表單，要確定地讓孩子知道，預期孩子可能會很不高興，但要充滿堅定以及關愛，堅持你的立場，約莫兩個星期後，你就會看見一位新的、充滿能量的孩子重現！

2 若是你的孩子有一個特定玩電動遊戲的時間，像是在晚餐之後，開始在這段時間規劃更多的活動。

3 使用「當……那麼就……」的技巧：「當你做完你的功課以及家務，那你就可以打開電腦。」建立這樣的常規作為一個標準的措施。

4 利用你的孩子對於電腦的喜好，進而將它當作是一種教學工具，用一些有創意的、刺激的學習程式，來取代這些不需要用頭腦的或者暴力的遊戲給孩子們玩，現在有許多相當便利的學習程式，是透過刺激的遊戲及動畫來教導歷史、數學、閱讀及思考技巧的，這些課程可能會讓你太高興，而沒有注意到孩子很快樂地投入其中，並持續好久的時間呢！

W

在公開場合亂跑

請參考：◆合作，不合作◆當叫他們的時候沒有來◆傾聽，不願意傾聽

情境

在我們帶孩子逛街購物的時候，或者是到其他公共場合，像是在海邊或公園，我們的孩子都會亂跑，離開我的視線，我可以怎樣把他留在我身邊不亂跑？

思考

在現今的社會上，孩子會亂跑是很危險的情況，家有會亂跑的孩子的父母，必須要有一個重要的目標：隨時注意孩子的行蹤。這樣的關注容易使外出或旅行變得累人而且很有壓力，試試看以下方法來控制這些問題。

解決方法

1 在進入公共場所以前，或者是一到那邊，花些時間來設定清楚的限制，並且與孩子們共同溫習一遍，將你所期待的行為很明確地說明，舉例而言，在你們一到海邊時，設定清楚的界線：「克里斯塔，你看到救生員坐的地方了嗎？不要超過那個地方，你看到那個冰淇淋標誌了嗎？不要跨越那裡。」要你的孩子指出界限在哪裡，並且將這個部分重複一遍回覆給你，還要包括一個若不遵守規則的預先結果：「若你一旦超過這些界限，你就必須待在這裡，和我一起坐在毯子上，暫停遊

戲十五分鐘」，必須堅持到底並且前後一致。

2 就如同你教導孩子，除非每個人都繫上安全帶，否則你不會開動車子，這樣的方式來教孩子，沒有大人在身邊時不可以走上街道或者停車場，若是你手頭上很忙，教孩子緊握住你的裙襬或夾克的末端，在培養這樣的習慣時，你的孩子可能剛開始要自行離開車子和你，使用宏亮的、清晰的聲音說，「站住！停車場——抓著大人！」

3 教導你的孩子，她必須總是要能夠看得到你，每一次若是她開始要移出你的視線時，提醒她：「你能看得到我嗎？」

4 如果你帶著一個年幼的孩子，而你正要去一個擠滿人的地方，這次外出可以利用兒童用的套繩或許會容易一些，同時，它可以很恰當地把她和你綁在一起，因為它有專門設計的一條延伸的鏈條或安全帶。有些人可能會用奇怪的眼光看你們，但是大多數人後來都會習慣看到這種情形，因為這的確是一種極為安全的方式，讓你可以在人群中看顧好你的孩子。

5 舉辦一場「訓練講習」，帶著你的孩子到某個她喜歡的地方，像是公園或者遊樂場，告訴她界限在哪裡，請她留在她可以看到你的地方，小心地看顧她，在她第一次踏出界限之外的時候，告訴她這個時候已經超出界限了，跟她解釋原因，並且**回家**。預期會有一些哭泣及不高興，忽略它，若你有其他孩子跟著，他們會覺得受到牽連，同時抱怨這不公平，只要讓他們看著這個部分，把這件事當作是對他們所有人一個很好的學習經驗，下次你們再出門玩的時候，你可以提醒他們上次發生的事，並且看著他們所有的人會相互幫忙留在你所規定的界限內！

6 當你在逛街購物或者有任何事物要忙的時候，要求孩子耐心地等著你這件事，你要有切合實際的期望，當孩子站著並等待很久而感到無聊的時候，就會想要到處走動，可以試著將你自己的事務分成幾個比較小的部分，或者，隨身攜帶一些東西來吸引孩子等待時的注意力，

可攜帶式的活動包括了扭蛋、一本書、一台計算機，或者一條翻線遊戲的線。另一個部分是讓你的孩子在等待時有事情可以做，舉例而言，給她一張表單來打勾核對你買的東西、請她計算排隊的人數、讓她試穿一些大人的鞋子。

7 指出你的孩子待在你身邊的次數，並且給她一些讚賞或正面的回饋。

浪費

請參考：◆粗心大意◆物質化

情境

我的孩子對於自己的財物或任何其他所有物的重要性，似乎沒有任何的概念，常常他才咬了幾口的三明治就隨意地丟掉，把還相當不錯的畫筆丟掉，只因為他不想清理它們，這些他一點也不在意，他是真的很粗心而且很浪費。

思考

從孩子一出生，在他隨時需要的時候，「東西」就會很神奇地出現，這是值得思考的，你現在就必須要花點時間教他這些物品的價值，並且要求他注意這些被浪費掉的東西，記得責備、訓誡與教導三件事之間的差異！

解決方法

1 孩子不懂得浪費的嚴重性，讓家人們一起去參與慈善團體的工作，那會讓他們看見不同的情況，以及一些缺乏食物及生活物資的人們無法過著舒適的生活，這樣會對孩子們有所幫助，到施粥場協助供餐或者送毯子給無家可歸的人們，可以讓孩子感受到自己生活中擁有的豐

衣足食，不用非得透過傳道或者訓誡的方式，就讓真實的狀況教導你的孩子們所需要學習的東西。

2 讓你的孩子們參與資源回收計畫，在你們家垃圾桶附近設立資源回收站，找個時間到資源回收場去了解並觀察回收再利用的過程，閱讀一些關於回收再利用的書籍或文章。

3 將餐點裝在較小的盤子裡，給你的孩子較少分量的食物，這會很容易讓孩子想要再來一盤，那麼就不會有大量的食物再被留在餐盤裡，因為你會裝太多的食物在大餐盤裡面。

4 若是孩子有太多的「東西」，會容易浪費，不要買給孩子所有他想要的東西，在購買東西前鼓勵他們做出良好的決定，請孩子也要為他自己想要的東西花一些錢，建議可以請他為所想要的東西付其中一部分的錢，並且讓他為買這件東西做出貢獻，讓孩子為所想要的東西花自己的錢，他們就比較不容易浪費或亂丟那些東西。

5 開始教導你的孩子關於你買的這些東西的價值，當你和孩子一起在速食餐廳用餐的時候，讓你的孩子曉得那要花錢，去買食品雜貨的時候，讓你的孩子看見收據及款項，保持你正面的態度，這並不意味著要去訓話，而是一堂學習有關價值的課程。將這些東西的成本和孩子的零用錢做個比較，作為協助孩子了解相對價值的方法：「你的新鞋子花了三十美元，這相當於你六個月的零用錢那麼多。」

發牢騷

請參考：◆抱怨◆哭泣

情境

我的女兒常常發牢騷，每次她一叫：「媽咪！」我就有很強烈的願望想要去改名字或者跑去床下躲起來！請不要告訴我，「她長大就不會

再那樣」，因為若是一直持續這樣的牢騷，她可能無法順利活到她下一個生日！

思考

就像用指甲刮黑板的聲音一樣！發牢騷肯定會是惱人的童年行為中的極致，因為發牢騷的孩子讓人聽起來比瘋狂的警報器更糟糕，我們會盡最大力氣去停止它，因此，我們的小小大贏家就會發現一個很棒的方法來獲得我們全部的注意力。

解決方法

1 絕對不要對牢騷式的要求做出回應或者讓步，只要告知：「在你使用你正常的語調時，我將會聽你說話」，然後，轉過身去背對這個發牢騷的孩子，並且清楚地讓她知道你正在忽略她，不管是唱歌或者把你面前的那本書大聲地朗讀出來，若是孩子持續地發出嘀咕的牢騷聲，重複相同的動作，而不要進一步回應孩子（懇求或者討論將只會增加牢騷的嘀咕聲）。

2 透過你來示範想要聽到的方式來幫助你的孩子：「當你使用牢騷的方式表達時，我沒有辦法聽懂你要表達的東西」，請說：「媽咪，請問我可以喝飲料嗎？」

3 放一個瓶子在廚房的櫃台上，裡面放十枚鎳幣，告訴你的孩子每次當她發牢騷或抱怨的時候，你會從瓶子裡拿出一枚鎳幣來，若有任何鎳幣到了睡覺時間還在櫃台，她就可以留下來作為獎賞，因為她沒有用娃娃音說話。

4 通常孩子並不真的覺察到他們正在發牢騷，可以和他們討論關於牢騷並且表演一下那聽起來像什麼（做個精彩的表演！），告訴你的孩子你想幫她記住不要發牢騷，所以每次她開始的時候，你將會把你的食指放進你的耳朵裡，並說：「喂！」同時做個逗趣的表情，那可

以給她一個信號來發現她自己常出現的聲音及音調。

5 告訴你的孩子你會設定計時器開始計時三分鐘，她可以抱怨三分鐘，然後她必須停止，有些孩子將會抱怨，「這樣的時間不夠！」然後可以去問，「那要多少時間才夠——四或五分鐘？」基本上，當然五分鐘可能會被選中，那就將計時器設定較長的時間，並且告訴她在計時器響起時，她必須停止，大多數的孩子都會在計時器響起之前停下來。若你那持續不斷的發牢騷者在五分鐘後仍停不下來的話，你可以請她暫停，或者讓你自己休息不聽她說，直到她抱怨停止。

6 確定你不是在給牢騷者上課，就像是：「可以請請請你你你停止發發發牢騷嗎？那快要把我給逼逼逼瘋了！」

7 讚美你的孩子有嘗試使用正常的音調，「艾瑞兒，我真的很高興聽到你和氣的音調！」試著稱讚以固定的、有禮的音調做出的請求，例如，若你的孩子正常地吵著要在午餐後吃點心，而且今天她是和氣地做出要求，試著給她至少一塊點心，以獎賞她適當的行為，並且，確認你有告訴她你答應的原因：「是的，你可以有一塊點心，我說可以是因為你以這麼好聽的音調來做要求，而且你沒有因為這樣而發牢騷，你真幸運！」

工作，不想要讓父母出外工作

請參考：◆黏著你，分離的不安感發牢騷

情境

　　每個早晨我準備好去上班的時候，我的兒子都會煩惱、發牢騷，以及抱怨，我必須去上班，而且我想要上班，但是我兒子的態度讓我感覺糟透了，我討厭以這種方式來展開新的一天。

思考

孩子們很容易就能夠注意到父母親對於去上班的矛盾心理，若你有著混雜的心情要離開你的孩子並去上班，很有可能你的孩子會注意到你有這些感覺，若你離開，留下你的孩子和一位相當稱職的照顧者在一起，然後你去上班會是沒什麼問題的，事實上，有些人因為去上班而給了他們一些休息的空間，才能成為較好的父母。調整你自己的感覺，讓你可以開始帶著自信及熱情的態度邁向新的一天。

解決方法

1 試著傳達給孩子你對於這個情境有著沉著的自信，帶著你的笑容、揮揮手，動身迎向新的一天，讓你告別孩子的話語正面一些：「在我回家時，你可以給我看用新的顏料組所畫出的圖畫，我會很期待看見它的，祝你有美好的一天！」

2 保持你簡短地說再見，要離開時都有一些例行事務，每次離開都使用相同的方式，對於年幼的孩子，這樣的例行事務也許就意味，好像你給了孩子一個「小巧可愛的媽咪」可以放在他的口袋裡，並且將你孩子的想像迷你版本放進你的口袋帶著走，有些孩子喜歡成為你的「小幫手」來幫你的上衣扣上釦子，幫忙提你的公事包到門口，或者打開你的車門，他們可以送你上路，而這些動作可以讓他們感覺到對於整個情況更有掌控感。

3 讓你的孩子參觀你上班的地方，那麼他就可以知道你白天會在哪裡，讓他可以坐在你的位子上，使用你的電話或者電腦，並且見到你通常都跟什麼人在一起工作，然後，若可能的話，在一天中特定的時間，讓他可以和你一起打卡，之後，你就可以解說你在哪裡，你在做什麼，而他以後對你的工作場所有一個心理圖像，許多孩子有這樣的經驗之後，在讓你離開時，他們會有更好的感覺。

4 　接受他的感覺，並幫他了解這些感覺，但同樣重要的是，協助他再確認並處理這些感覺，同時學習走過這些感覺，「當我去上班時，我知道你會很想念媽咪，我也會想念你，那是因為我們很愛彼此而會想要能夠在一起，但我的確需要每天去上班，我喜歡我的工作，我不在時，你有很多的事情可以去做，我回家時，你就可以告訴我今天都做了些什麼。」

Y

吶喊與尖叫

請參考：◆憤怒 ◆吵鬧，過分吵鬧 ◆無禮言語評論 ◆發脾氣

情境

我們家的娛樂時間就像是一群人在玩橄欖球那麼吵鬧，這讓我覺得滿丟臉的，我的孩子會吶喊並尖叫，直到我很想要用舊襪子塞滿他們的嘴巴，有任何更好的方法嗎？

思考

你的自動化反應可能會讓他們叫得比原來更大聲，因為他們想要讓你能夠聽見。下次當你對孩子吼說「**不要在屋子裡大叫！**」之前，先考量當時情況的混亂和爆笑。

解決方法

1 告訴孩子你想要他們能夠安靜地、輕聲地發出聲音，為了讓他們能夠聽見你，你需要放棄奢侈的想法──想要在十六間房間那麼遠的距離去糾正他們的行為。分別去找他們，搭著他們的肩膀，看著他們的眼睛，然後清楚地、輕聲地和他們談談，要具體不要只是說：「停止喊叫」，清楚地告訴他們你真正想要的：「在屋內請輕聲細語。」

2 建立屋子裡關於噪音的規則，寫下這些規則並且將它們貼在顯而易見的地方，包含描述違反規則時的後果，像是暫停並回到各自

房間裡或者喪失特權。

3 若有兩個孩子互相叫喊，走過去那裡，站在他們中間，皺著眉頭並擺出一副不滿意的表情，把雙手扠在腰際間，然後看著他們，不要說任何話，通常這樣就足以提醒他們規則是什麼。

4 有些孩子有很充足的能量以及飽滿的音量，確認這些孩子狂歡的內在聲音能夠有個出口，報名讓他參加一支運動隊伍，或者啦啦隊，在那裡他們可以擁有一個合適的環境去喊叫，讓他們參與唱詩班，帶著他們到戶內的遊戲場或者大型公園，通常就可以讓他們的肺活量得以充分展現。

國家圖書館出版品預行編目資料

完美教養手冊：1000 個育兒小提示字典 ／Elizabeth
Pantley 著 ； 黃詩殷, 唐子俊, 戴谷霖譯. -- 初版.
-- 臺北市 ： 麥格羅希爾, 2007.12
    面； 公分
譯自：Perfect parenting : the dictionary of 1,000
parenting tips
  ISBN 978-986-157-504-9（平裝）

  1. 育兒 2. 詞典

428.04   96023789

完美教養手冊 ： 1000 個育兒小提示字典

Original: Perfect Parenting: The Dictionary of 1,000 Parenting Tips
        By Elizabeth Pantley
        ISBN: 978-0-80-922847-8
        Copyright © 1998 by McGraw-Hill, Inc.
        All rights reserved.

        1 2 3 4 5 6 7 8 9 0   Y C   2 1 0 9 8

作   者 Elizabeth Pantley

譯   者 黃詩殷 唐子俊 戴谷霖

執 行 編 輯 林怡倩

總 編 輯 林敬堯

合作出版 美商麥格羅‧希爾國際股份有限公司 台灣分公司
暨發行所 台北市中正區博愛路 53 號 7 樓

        TEL: (02) 2311-3000   FAX: (02) 2388-8822
        http://www.mcgraw-hill.com.tw

        心理出版社股份有限公司
        台北市和平東路一段 180 號 7 樓

        TEL：(02) 2367-1490   FAX: (02) 2367-1457
        E-mail: psychoco@ms15.hinet.net

總 代 理 心理出版社股份有限公司

駐 美 代 表 Lisa Wu

        TEL：973 546-5845   FAX: 973 546-7651

出 版 日 期 西元 2008 年 1 月 初版一刷

定   價 新台幣 350 元

ISBN：978-986-157-504-9

讀者意見回函卡

No. _____   填寫日期：　年　月　日

感謝您購買本公司出版品。為提升我們的服務品質，請惠填以下資料寄回本社【或傳真(02)2367-1457】提供我們出書、修訂及辦活動之參考。您將不定期收到本公司最新出版及活動訊息。謝謝您！

姓名：_____　性別：1□男　2□女

職業：1□教師 2□學生 3□上班族 4□家庭主婦 5□自由業 6□其他____

學歷：1□博士 2□碩士 3□大學 4□專科 5□高中 6□國中 7□國中以下

服務單位：_____　部門：_____　職稱：_____

服務地址：_____　電話：_____　傳真：_____

住家地址：_____　電話：_____　傳真：_____

電子郵件地址：_____

書名：_____

一、您認為本書的優點：（可複選）

　❶□內容 ❷□文筆 ❸□校對 ❹□編排 ❺□封面 ❻□其他____

二、您認為本書需再加強的地方：（可複選）

　❶□內容 ❷□文筆 ❸□校對 ❹□編排 ❺□封面 ❻□其他____

三、您購買本書的消息來源：（請單選）

　❶□本公司 ❷□逛書局⇨_____書局 ❸□老師或親友介紹

　❹□書展⇨____書展 ❺□心理心雜誌 ❻□書評 ❼其他_____

四、您希望我們舉辦何種活動：（可複選）

　❶□作者演講 ❷□研習會 ❸□研討會 ❹□書展 ❺□其他____

五、您購買本書的原因：（可複選）

　❶□對主題感興趣 ❷□上課教材⇨課程名稱_____

　❸□舉辦活動　❹□其他_____　（請翻頁繼續）

廣 告 回 信
台 北 郵 局 登 記 證
台 北 廣 字 第 940 號
（免貼郵票）

 心理出版社 股份有限公司

台北市 106 和平東路一段 180 號 7 樓

TEL: (02) 2367-1490
FAX: (02) 2367-1457
EMAIL:psychoco@ms15.hinet.net

沿線對折訂好後寄回

六、您希望我們多出版何種類型的書籍

❶□心理 ❷□輔導 ❸□教育 ❹□社工 ❺□測驗 ❻□其他

七、如果您是老師，是否有撰寫教科書的計劃：□有□無

　　書名／課程：＿＿＿＿＿＿＿＿＿＿＿＿＿＿＿＿＿＿＿＿

八、您教授／修習的課程：

上學期：＿＿＿＿＿＿＿＿＿＿＿＿＿＿＿＿＿＿＿＿

下學期：＿＿＿＿＿＿＿＿＿＿＿＿＿＿＿＿＿＿＿＿

進修班：＿＿＿＿＿＿＿＿＿＿＿＿＿＿＿＿＿＿＿＿

暑　假：＿＿＿＿＿＿＿＿＿＿＿＿＿＿＿＿＿＿＿＿

寒　假：＿＿＿＿＿＿＿＿＿＿＿＿＿＿＿＿＿＿＿＿

學分班：＿＿＿＿＿＿＿＿＿＿＿＿＿＿＿＿＿＿＿＿

九、您的其他意見

謝謝您的指教！　　　　　　　　　　　　　45027